SPSS를 활용한

앙케트의 통계분석

STATISTICAL ANALYSIS OF QUESTIONNAIRE *using* SPSS

노형진 지음

MEDIA JIPHIL
(주)지필미디어

머/리/말

앙케트 조사는 학자의 연구활동이나 기업인의 경영활동 또는 일반인의 사회활동의 장에서 빈번하게 실시되는 데이터의 수집활동이다. 데이터를 수집하는 것은 데이터에 기초해서 의사결정을 하고 싶다거나 가설을 검정하고 싶다거나 새로운 발견을 하고 싶다거나 하는 목적이 있기 때문이다. 이 목적을 달성하기 위해서는 수집한 데이터를 분석할 필요가 있고, 이때에 필요한 방법으로서 다변량분석을 비롯한 여러 가지 통계분석 수법이 있다.

여기에서 왜 다변량분석이 필요한지를 언급하고자 한다. 앙케트 조사에 있어서의 질문의 수는 세 개 이상이 되는 경우가 많고, 질문의 수가 하나인 조사는 거의 존재하지 않을 것이다. 예를 들면, 학생들의 취미를 조사할 목적으로 한 앙케트 조사를 실시할 것을 상정해 보자. 취미를 조사하는 것이 목적이라고는 하더라도 취미를 묻는 질문만으로 끝나는 일은 없을 것이다. 취미 외에 성별이나 학년 등도 질문할 것이다. 취미, 성별, 학년을 묻는 것만으로 이미 세 가지 질문을 하게 된다. 하나의 관측대상에 대해서 세 가지 이상의 측정항목이나 질문항목에 관한 데이터가 얻어져 있을 때, 이들 데이터의 모임을 다변량 데이터라고 부르고 있다. 앙케트 조사에서 얻어지는 데이터는 다변량 데이터가 되는 것이 일반적이다. 따라서 앙케트 조사의 데이터를 분석하려면, 다변량 데이터를 분석하는 방법을 알아두는 것이 필요하다.

이 책은 앙케트 조사의 데이터를 주로 다변량분석의 수법에 의해서 처리하는 방법을 습득하기 위한 서적으로, 연구활동이나 경영활동에 있어서 앙케트 조사를 실시하여 데이터를 분석하지 않으면 안 될 학자, 경영인 및 사회인을 대상으로 하고 있다.

다변량분석을 실시하려면 다변량분석을 위한 소프트웨어가 필요하게 된다. 이 책에서 사용하고 있는 소프트웨어는 SPSS 버전 22이다. SPSS를 사용한 이유는 앙케트 조사에서 수집한 데이터의 집계에 도움이 되는 기능이 충실하다는 사실, 다변량분석의 수법이 풍부하게 갖추어져 있다는 사실에 있다. 또한 세계적으로 널리 보급되어 있는 소프트웨어이며 신뢰성이 높다고 하는 것도 그 이유의 하나이다.

이 책의 특장은 앙케트의 통계분석에 대한 이해와 활용에 SPSS라고 하는 통계 소프트웨어를 활용하고 있다는 점이다.

이 책은 전체 15장으로 구성되어 있다.

제1장은 앙케트 조사표 작성에 대해서 해설하고 있다. 앙케트 조사의 추진방법, 조사방법의 선정, 조사대상자의 선정, 표본추출방법, 조사표의 작성 등에 대하여 해설하고 있다.

제2장은 데이터의 유형과 입력에 대해서 해설하고 있다. 데이터 편집기, 변수의 이름 붙이기, 다중응답의 입력 형식 등에 대해서 자세히 설명하고 있다.

제3장은 데이터의 크리닝에 대해서 해설하고 있다. 부정회답의 처리, 이상치나 입력 실수의 발견, 부정합의 발견 등에 대하여 소개하고 있다.

제4장은 조사결과의 집계에 대해서 해설하고 있다. 단순집계 방법, 크로스 집계 방법 등에 대하여 소개하고 있다.

제5장은 집계결과의 그래프 표현에 대하여 설명하고 있다. 통계량에 의한 데이터의 요약과 그래프에 의한 데이터의 시각화에 대해서 소개하고 있다.

제6장은 다변량분석의 개요를 소개한다. 다변량분석의 목적, 분산, 산점도, 공분산과 상관계수, 변량의 표준화 등을 소개하고 있다.

제7장은 상관분석을 다룬다. 상관행렬, 상관계수, 순위상관계수 등에 대하여 예제 풀이를 통하여 자세히 해설하고 있다.

제8장은 분할표의 분석이라고 불리는 수법을 소개한다. 여기에서는 독립성의 검정, 적합도의 검정 등을 소개한다.

제9장은 로지스틱 회귀분석 개요를 소개한다. 로지스틱 회귀분석의 이론과 실제에 대하여 설명하고 있다. 종속변수가 명목척도 데이터인 경우의 회귀분석의 용도를 소개한다.

제10장은 주성분분석에 대해서 소개한다. 분산공분산행렬에 의한 주성분분석과 상관행렬에 의한 주성분분석 대하여 상세히 해설하고 있다.

제11장은 요인분석에 대하여 예제 풀이를 통하여 상세히 해설하고 있다. 요인분석의 목적, 주축 요인추출법에 의한 요인분석, 최대우도법에 의한 요인분석 등을 소개하고 있다.

제12장은 대응분석에 대해서 소개하고 있다. 대응분석의 역사적 배경, 대응분석의 이론과 실제에 대하여 예제를 통하여 해설하고 있다.

제13장은 군집분석에 대해서 소개한다. 질문항목을 변수로 한 군집분석, 조사회답자를 변수로 한 군집분석, 주성분점수를 변수로 한 군집분석 등에 대하여 예제 풀이를 통하여 상세히 해설하고 있다.

제14장은 판별분석에 대하여 소개하고 있다. 분류와 판별의 차이, 판별분석의 이론과 실제에 대하여 상세히 해설하고 있다.

제15장은 비모수적 검정에 대하여 소개한다. 그룹 간의 차의 검정, 비모수적 검정의 종류, 비모수적 검정의 실제를 예제풀이를 통하여 해설하고 있다.

이 책에서 이용한 SPSS의 버전은 22다. 이 책에서는 SPSS의 초보적인 조작방법에 대해서 필요최소한의 것밖에 설명하고 있지 않다. SPSS에 아직 익숙하지 않은 독자는 매뉴얼이나 시판되고 있는 입문서를 참고하기 바란다. 그러나 이 책에 따라서 공부하다 보면 자기도 모르게 생소하던 SPSS라는 소프트웨어에 이미 익숙해져 있는 자신을 발견할 것이다.

마지막으로 이 책의 출판에 많은 도움을 주신 지필미디어 사장님 이하 관계자 여러분의 노고에 깊은 감사의 말씀을 드린다.

2015년 8월

저자 씀

목/차

제1장 앙케트 조사표의 작성 1

1.1 앙케트 조사 ······ 2
1.2 조사 테마 · 연구 테마의 결정 ······ 5
1.3 구체적인 앙케트 조사의 기획 ······ 7
1.4 조사표의 작성 ······ 10
1.5 앙케트 조사표의 수정 및 점검 ······ 17
1.6 앙케트 조사표의 완성 ······ 18
1.7 앙케트 조사의 개시 ······ 21
1.8 보고서 · 논문의 작성 ······ 22

제2장 데이터의 유형과 입력 23

2.1 데이터의 행과 열 ······ 24
1. 데이터 편집기 ······ 24
2. 데이터의 유형 ······ 26
2.2 변수의 이름 붙이기 ······ 32
1. 변수의 이름과 설명 ······ 32
2. 대화상자나 출력결과의 변수 표시방법 ······ 35
2.3 입력하는 변수값 ······ 41
1. 변수 유형 ······ 41
2. 변수값 설명 ······ 43
2.4 다중응답의 입력 형식 ······ 44
2.5 앙케트 조사 결과의 입력 ······ 55

제3장 데이터의 크리닝 57

3.1 부정회답의 처리 ······ 58
3.2 이상치나 입력 실수의 발견 ······ 61
3.3 부정합의 발견 ······ 72
3.4 분석에서 제외해야 할 데이터 ······ 78

제4장 조사결과의 집계 85

4.1 단순집계 ······ 86
1. 단순집계의 방법 ······ 86
2. 복수회답의 단순집계 ······ 92
4.2 크로스 집계 ······ 100
1. 크로스 집계의 방법 ······ 100
2. 분할표의 종류 ······ 104

제5장 집계결과의 그래프 표현 111

5.1 단순집계결과의 그래프화 ······ 112
1. 단일회답의 그래프화 ······ 112
2. 복수회답의 그래프화 ······ 125
3. 순위회답의 그래프화 ······ 127
5.2 크로스 집계결과의 그래프화 ······ 128
1. 2×2 분할표의 그래프화 ······ 128
2. $L \times M$ 분할표의 그래프화 ······ 133

제6장 다변량분석의 개요 137

6.1 다변량분석의 목적 ······ 138
6.2 분산 ······ 142
6.3 산점도 ······ 145
6.4 공분산 · 상관계수 ······ 147
6.5 변량의 표준화 ······ 151

제 7 장 상관분석 153

7.1 앙케트 조사에서의 상관분석 ··· 154
7.2 상관분석의 실시 ··· 155
7.3 순위상관계수 ··· 158
7.4 범주별 상관계수의 산출 ··· 160
1. 파일의 분할 ··· 160
2. 남녀별 상관계수의 산출 ··· 162

제 8 장 분할표의 분석 167

8.1 질문항목 사이의 관계 ··· 168
8.2 독립성검정 ··· 169
8.3 다른 항목 사이의 독립성검정 ··· 172

제 9 장 로지스틱 회귀분석 177

9.1 예측확률 ··· 178
9.2 로지스틱 회귀분석 ··· 179
9.3 다른 조건에서의 로지스틱 회귀분석 ··· 185

제 10 장 주성분분석 189

10.1 종합적 특성 ··· 190
10.2 주성분분석의 실제 ··· 192
10.3 상관행렬에 의한 주성분분석 ··· 203

제 11 장 요인분석 207

11.1 공통요인 추출 ··· 208
11.2 요인분석의 실제 ··· 211
11.3 주축요인추출에 의한 요인분석 ··· 217

제 12장 대응분석 221

12.1 항목 간의 대응관계 ··· 222
12.2 대응분석의 실제 ··· 224

제 13장 군집분석 231

13.1 분류 및 유사성 ··· 232
13.2 질문항목을 변수로 한 군집분석 ··· 232
13.3 조사회답자를 변수로 한 군집분석 ··· 236
13.4 주성분점수를 변수로 한 군집분석 ··· 240
13.5 네 개 군집의 그래프 표현 ··· 246
13.6 상관행렬에 의한 방법 ··· 248

제 14장 판별분석 251

14.1 분류와 판별 ··· 252
14.2 판별분석의 실제 ··· 253
14.3 그룹마다의 중요항목 탐색 ··· 259

제 15장 비모수적 검정 265

15.1 그룹 간의 차이 검정 ··· 266
15.2 비모수적 검정의 실제 ··· 267

참고문헌 ··· 279

찾아보기 ··· 282

CHAPTER

1

앙케트 조사표의 작성

CHAPTER 1 **앙케트 조사표의 작성**

1.1 | 앙케트 조사

» 성공적인 앙케트 조사의 추진방법

최근에는 신문 · TV · 잡지 등 여러 가지 분야에서 앙케트 조사가 한창 실시되고 있다. 대통령에 대한 국민 지지율, 유력한 대선 후보자들에 대한 지지율 등 정치적인 조사결과에도 관심이 집중되고 있다.

이와 같은 앙케트 조사의 결과를 보고 있노라면, 취직하고 싶은 기업의 순위라든지 연봉이 높은 직종의 순위 등 흥미진진한 내용으로 가득 차 있다.

앙케트 조사는 여러 가지 질문을 준비해서 상대방의 의견을 묻는 것뿐이므로, 누구라도 간단히 실시할 수 있다. 그러나 여기에도 함정이 있다.

그렇다면 어떻게 하면 실패하지 않는 앙케트 조사를 추진할 수 있을까? 그래서 앙케트 조사의 흐름을 한눈에 알 수 있도록 앙케트 조사의 추진방법에 대한 작업 공정 경로도(flow chart)를 제시해 보기로 한다.

» 앙케트 조사 추진방법의 작업 공정 경로도

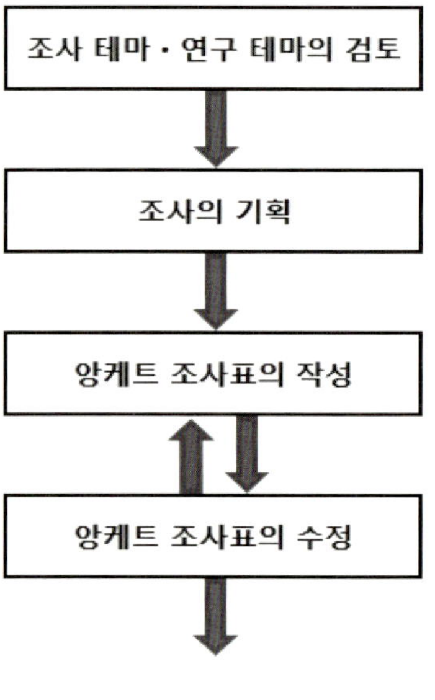

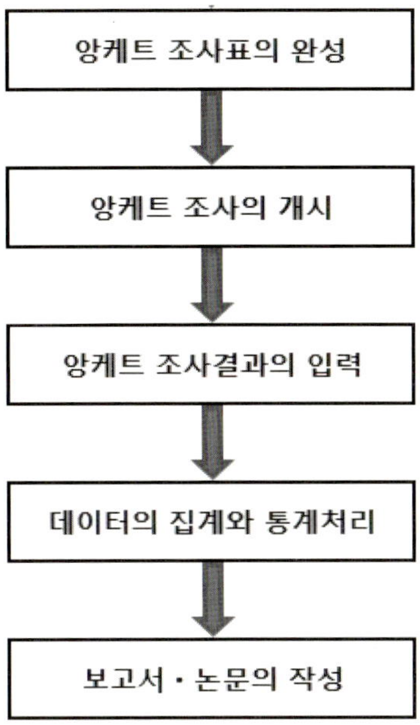

» 조사 테마 · 연구 테마의 검토

1. 연구 테마를 정한다
2. 질문항목의 내용을 정한다
3. 연구 테마에 따른 통계처리를 검토한다

» 조사의 기획

1. 조사방법을 선정한다
2. 조사대상자를 선정한다
3. 앙케트 조사표의 배포 · 회수방법을 선정한다

» 앙케트 조사표의 작성

1. 면접상황 기록표(face sheet)의 작성
2. 연구 테마에 관한 질문항목의 작성
3. 표지의 작성

» 앙케트 조사표의 수정

1. 예비조사의 반복
2. 신뢰성 및 타당성 검증
3. 앙케트 조사표의 수정

» 앙케트 조사표의 완성

1. 질문항목의 순서 확인
2. 질문항목 수의 확정

» 앙케트 조사의 개시

1. 앙케트 조사표의 배포
2. 앙케트 조사표의 회수

» 앙케트 조사결과의 입력

1. 데이터의 준비
2. 데이터의 입력
3. 데이터의 크리닝

» 데이터의 집계와 통계처리

1. 데이터의 집계
2. 데이터의 통계적 추정
3. 데이터의 통계적 검정
4. 데이터의 다변량분석

» 보고서 · 논문의 작성

1. 연구의 목적
2. 앙케트 조사의 방법
3. 앙케트 조사의 결과와 고찰
4. 문헌 · 자료의 소개

힌트 : 앙케트

통계조사에서는 대상에 관해서 직접 관찰하는 직접조사가 일반적이지만, 앙케트는 간접조사의 일종이다. 즉 직접 대상에 관한 관찰을 하지 않고 관찰하고자 하는 사항에 대해 미리 정보나 지식을 가지고 있는 전문가에 대해 알고자 하는 것을 자문함으로써 그 목적을 달성하는 방법이다.

앙케트의 구체적인 방법으로는 '자기식' 조사표를 배포하여 의견을 구하는 방법이 취해진다. 최근에는 조사대상이 그 영역에 대하여 당연히 전문적 지식을 가지고 있다는 전제하에 자기식 조사표를 사용하는 조사를 앙케트 조사라고 하는 경우가 많다.

1.2 | 조사 테마 · 연구 테마의 결정

조사 테마 · 연구 테마를 어떻게 정하면 좋을까?

» 선행연구에 대한 조사

조사 테마 · 연구 테마는 바로 '자신에게 흥미가 있는 것'이다. 예를 들면, "젊은이들이 일에 대해서 어떠한 생각을 갖고 있을까?"를 알고 싶다면, '일'이나 '노동의식'이라고 하는 단어가 키워드가 된다.

최근 한국은 한류라는 문화 수단을 통해 국가이미지 향상의 호기를 맞고 있음은 분명하다. 그래서 "중국인들이 한국제품을 평가하고 구매의도를 갖는 데 국가이미지가 어떠한 영향을 미치는가?"에 대해서 알고 싶다면, '한류', '국가이미지', '제품평가' '구매의도' 등이 키워드가 될 것이다.

이와 같은 키워드를 기초로 관련이 있는 책이나 논문을 찾아, 조사 테마 · 연구 테마에 관한 지식을 넓혀간다. 키워드로 책이나 논문을 검색할 때는 인터넷이나 데이터 베이스를 활용한다.

많은 문헌을 읽으면, 이미 밝혀져 있는 결과나 아직 명확하게 되어 있지 않은 점 등이 분명해진다.

[검색방법]

구체적인 검색방법으로서 인터넷으로 문헌을 검색할 때는, 국립중앙도서관, 국립국회도서관, 주요 대학도서관 등에 액세스(access)하여 조사 테마 · 연구 테마에 관한 키워드로 문헌을 찾아본다. 그리고 인터넷으로 통계 데이터를 검색하려면, 기획재정부, 미래창조과학부, 교육부, 외교부, 해양수산부, 행정안전부, 통계청 등에 액세스하여 조사 테마 · 연구 테마에 관한 키워드로 문헌을 찾아볼 수 있다.

스티브 와인버그의 『Investigative Reporter's Handbook』에 따르면 데이터(data, 자료)는 그 수집원천에 따라 1차 데이터와 2차 데이터로 나눌 수 있다. 1차 데이터란 조사자 자신이 직접 조사한 데이터를 말한다. 즉, 자신이 조사하고자 하는 것에서 바로 나올 수 있는 데이터이다. 2차 데이터란 다른 조사자에 의해 수집되어 공개된 데이터를 말한다. 찾고자 하는 데이터에 대해 다른 사람들이 어떻게 이야기하느냐를 의미하는 것이다.

1차 데이터는 2차 데이터에 비해 데이터를 수집하기도 어렵고 비용이 많이 들기 때문에 일반적으로 2차 데이터를 많이 사용한다. 다만, 2차 데이터에 비해 정확도, 타당성, 신뢰성이 높다는 점과 의사결정이 필요한 시기에 적절히 사용할 수 있다는 점이 1차 데이터를 수집하게 만드는 힘이라고 할 수 있다.

» 조사 테마 · 연구 테마의 결정

선행연구나 선행연구의 통계 데이터로부터 "아직 해명되어 있지 않은 것은 무엇인가?"를 검토하여 조사 테마 · 연구 테마를 결정한다.

예를 들면, 연구 테마가 다음과 같이 되어 있다고 하자.

- 젊은이들이 일에 대하여 어떠한 생각을 갖고 있을까?
- 젊은이들의 일에 대한 의욕은?
- 젊은이들이 생각하고 있는 노동내용과 급여의 관계는?
- 젊은이들이 생각하고 있는 자신의 능력과 전직 희망

이와 같은 문제점을 기초로 앙케트 조사의 질문항목을 만든다.
예를 들면, 질문항목은 다음과 같이 된다.

항목 A. 귀하의 고용형태는?
항목 B. 귀하는 전직을 한 적이 있습니까?
항목 C. 귀하는 전직하고 싶다고 생각하십니까?
항목 D. 귀하는 종신고용제도를 중시하십니까?
항목 E. 귀하는 회사와의 일체감을 중시하십니까?

힌트 : 테마의 선정과 구체화

최근의 논문과 개론서를 읽고 이론과 방법론을 익혀 새로운 문제에 적용하는 방식, 선행 연구의 치명적인 결점을 보완하는 방식, 선행 연구의 논의나 결론에 제기된 한계점이나 새로운 연구 테마를 채택하는 방식, 학계나 사회에서 논쟁이 일고 있는 테마를 선택하는 방식, 전공 분야의 문헌 색인집에 기록된 주제어들 중에서 선택하는 방식 등이 주제 선정의 대표적인 방법이다.

1차 데이터의 확보나 분석이 불가능한 테마는 피해야 한다. 이것은 연구자의 시간적 · 분석적 · 경제적 능력에 따라 판단할 문제이다. 정해진 기간 안에 구할 수 없는 데이터나, 언어 또는 조사방법 면에서 분석이 불가능한 데이터, 혹은 경제적으로 감당해낼 수 없는 값비싼 데이터들을 대상으로 삼는 것은 어리석은 일이다.

또한 그에 못지않게 중요한 것이 선정된 테마를 다시 구체화하는 것이다. 목표로 하는 논문의 성격과 분량에 맞게 테마의 범위를 좁히라는 이야기다. 사회 현상을 연구하는 테마라면 시간적 · 공간적 범위를 줄여나가고, 이론이나 사상 혹은 개념을 연구하는 테마라면 의미 영역을 좁힐 수 있다.

선행연구가 지나치게 많다는 것은 테마를 구체화하지 않은 것이며, 참고문헌이 너무 많다는 것은 대부분 지식 자랑을 늘어놓았거나 쓸데없는 문헌들이 언급되었다는 것을 뜻한다.

1.3 | 구체적인 앙케트 조사의 기획

조사 테마 · 연구 테마가 정해지면, 구체적인 조사기획을 시작한다.

» 조사방법의 선정

[앙케트 조사]

앙케트 조사란 조사할 항목을 정리한 조사표를 조사대상자에게 건네주고 기입해 받아서, 그 회답에 의해서 데이터를 수집하는 방법이다.

- 장점 : 모든 조사대상자에 대해서 같은 질문항목에 회답해 받으므로, 여러 가지 비교 · 검토에 적합하다. 많은 사람에게 동시에 조사가 가능하므로, 시간과 비용도 비교적 적게 든다.
- 단점 : 조사를 하는 사람의 의도나 열의가 전달되지 않는 경우가 있다.

[인터뷰 조사]

인터뷰 조사란 조사할 사람이 조사대상자를 직접 만나서 조사할 항목을 질문하고, 그 회답에 의해서 데이터를 수집하는 방법이다.

인터뷰 조사에서는 앙케트 조사와 달리 조사대상자의 반응에 따라서 질문내용의 변경이나 추가가 가능하다.

- 장점 : 조사대상자의 질문에 대한 반응을 관찰할 수 있으므로, 조사대상자의 표정이나 손동작 등을 파악할 수 있다. 조사대상자의 회답에 따라서 질문내용의 변경이나 추가가 가능하므로, 더 깊이 묻는다거나 예기치 못한 회답을 얻는 경우도 있다.
- 단점 : 한 번에 많은 조사를 실시할 수 없으므로, 조사에 많은 시간이나 비용이 든다.

» 조사대상자의 선정

조사 · 연구의 대상이 될 사람들을 **모집단**이라고 한다. 이 모집단으로부터 뽑힌 사람들을 **표본**이라고 하고, 표본을 뽑는 것을 **표본추출**(sampling)이라고 한다.

예를 들면, 한국의 젊은이들의 노동의욕을 조사하고 싶은 경우, 연구대상은 한국의 젊은이 전원이라고 하는 것이 된다. 그러나 실제로 조사를 실시하는 경우는, 한국의 젊은이들 전원에 대해서 조사하는 것은 불가능하므로, 그 중에서 몇 명인가를 무작위로 추출하고 그 사람들에 대해서 실제의 앙케트 조사를 실시한다. 이 무작위로 추출된 젊은이들이 표본이다.

표본추출의 대표적인 방법에는 다음과 같은 것이 있다.

[단순무작위추출법](simple random sampling method)

모집단에 포함되는 모든 대상에 번호를 붙여, 난수표 등을 사용해서 표본을 뽑는 방법이다. 예를 들면, 600명 중에서 50명을 무작위로 추출하는 경우는, 먼저 600명에게 1번에서 600번까지의 번호를 매긴다. 다음에 난수표로부터 600 이하의 난수를 50개 추출해서 그 난수에 대응하는 사람을 표본으로 한다.

[층화추출법](stratified sampling method)

모집단을 몇 개인가의 층으로 나누고, 그 층별로 표본을 추출하는 방법이다. 예를 들면, A시의 100만 명의 유권자를 20대, 30대, 40대, 50대, 60세 이상의 다섯 개의 층으로 나누고 각 층마다 독립적으로 표본을 추출한다. 각 연대에서 200명씩 뽑으면 1000명의 표본이 추출된 셈이 된다.

[계통추출법](system extraction method)

최초의 표본을 무작위로 뽑고, 그 이후는 등간격으로 표본을 뽑는 방법이다. 예를 들면, 10만 명의 모집단 중에서 500명의 표본을 추출한다고 하는 경우는 100000÷500=200이므로 모집단 중에서 200명 간격으로 표본을 추출하면 된다. 최초의 한 사람은 No.1에서 No.200 중에서 무작위로 뽑는다.

[다단추출법](multistage extraction method)

모집단으로부터 단계적으로 표본을 추출하는 방법이다. 예를 들면, 전국에서 노인보건시설을 추출하는 경우는 ① 시도를 추출한다, ② 그 시도 중에서 노인보건시설을 추출한다. 이것이 2단추출법이다. 실제의 조사에서는 다단추출법과 층화추출법을 합쳐서 '층화다단추출법'을 이용하는 수도 있다.

» 앙케트 조사표의 배포와 회수의 방법

앙케트 조사표의 배포나 회수의 방법에 의해서 회수율이나 회답내용의 신뢰성에 차이가 발생한다. 대표적인 배포・회수방법에는 다음과 같은 것이 있다.

[우송조사법]

조사대상자에게 앙케트 조사표를 우송하고, 회답・반송해 받는 방법이다. 회답의 회수율, 신뢰성 모두 낮아지지만 시간이나 비용은 적게 끝나기 때문에, 자주 이용되고 있다. 이 방법이 가장 일반적이다.

[전화조사법]

전화를 이용해서 조사를 하는 사람이 질문항목을 읽어 주고, 조사대상자에게 회답해 받는 방법이다. 비용이나 시간은 적게 끝나지만, 질문항목의 수를 줄일 필요가 있다. 또한 복잡한 질문은 피해야 한다. 전화를 받은 사람만의 조사로 표본에 치우침이 생길 우려가 있다.

[유치조사법]

조사를 하는 사람이 조사대상자가 있는 곳으로 가서 앙케트 조사표를 건네 주고, 이후에 회수하는 방법이다. 회수율은 비교적 높아진다. 유치조사법(留置調査法)은 배포에서 회수까지의 기간은 어느 정도가 적절한지 잘 생각해서 설정해야 한다. 회수하러 가기까지의 시간을 너무 많이 잡으면 조사회답자가 잊는다거나 앙케트 조사표를 잃어버린다거나 할 염려가 있다.

[집합조사법]

조사대상자를 한 곳에 모으고, 그 곳에서 앙케트 조사표를 배포하고 회답해 받는 방법이다. 회수율은 높고 시간과 비용은 적게 끝나지만, 조사대상자가 집단의 분위기에 영향을 받아 회답에 영향을 미치는 경우가 있다.

» 비용이나 시간의 검토

제한된 비용이나 시간 중에서 최대의 효과를 올릴 수 있도록 면밀히 기획을 세워야 한다.

[앙케트 조사의 경우]

- 앙케트 조사표의 종이값, 복사비
- 앙케트 조사표의 우송이나 반송을 위한 봉투값, 우표값
- 수신인명 작성 등에 드는 아르바이트 비용
- 데이터 입력을 위한 아르바이트 비용

등이 든다.

[인터뷰 조사의 경우]

- 조사회답자에 대한 사례
- 음료수대, 교통비
- 인터뷰 내용 녹음을 위한 녹음기재 대금
- 조사원에 대한 아르바이트 비용

등의 든다.

(주) 아르바이트를 쓰지 않고 조사자 자신이 모두 실시하는 경우도 있다. 그 경우는 대단히 시간이 걸리는 것을 감안해서 전체의 계획을 세워야 한다.

» 앙케트 조사 관련자

앙케트 조사는 다음과 같은 사람들에 의해서 이루어진다.

- 조사자 … 조사·연구를 실시하는 사람
- 조사원 … 조사자와 함께 앙케트 조사를 하는 사람
- 조사대상자 … 앙케트 조사의 대상이 되는 사람

실제의 앙케트 조사에서는 처음에 예비조사로서 인터뷰 조사로 여러 가지 의견을 모아 그것을 기초로 질문항목을 작성하고, 그 후 앙케트 조사를 실시한다고 하는 식으로 양쪽의 조사방법을 이용하는 방법도 있다.

앙케트 조사표에 회답해 받는 사람을 '조사회답자'라고 부르고 있다.

> **힌트 : 전자조사법**
>
> E-mail이나 인터넷을 이용하는 조사방법이다. E-mail은 우송조사법의 우편 대신에 사용한다. 이 방법을 이용하면 회답결과를 PC에 입력하는 작업이 대폭 경감된다.

1.4 | 조사표의 작성

앙케트 조사표는 어떻게 작성될까. 앙케트 조사표는 다음의 세 부분으로 성립된다.

- 표지
- 면접상황 기록표(face sheet)
- 질문항목

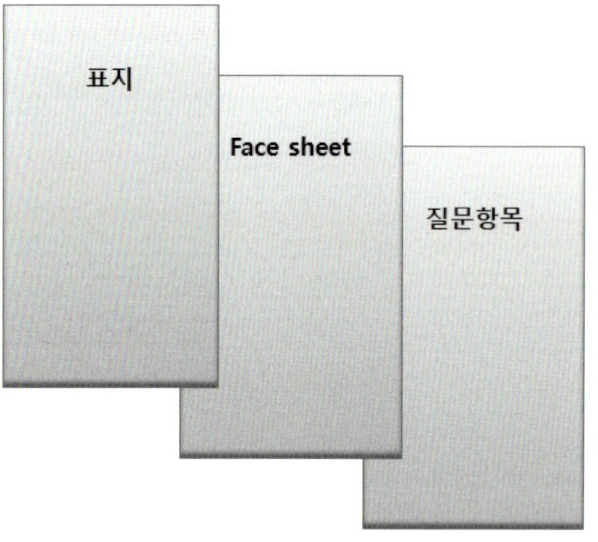

» 표지의 작성

앙케트 조사표의 표지에는 어떠한 내용을 기입하면 좋을까?

1. 조사연월일
앙케트 조사표의 발송일을 조사자나 조사대상자가 알 수 있도록 한다.

(예) ○○○○년 ○○월 ○○일

2. 제목
제목은 조사내용을 단적으로 표현할 수 있도록 너무 길지 않게 한다.

(예) 일에 대한 의식조사에 관한 앙케트

3. 조사자의 명기
어떠한 조사자가 조사를 실시하고 있는지를 조사대상자에게 알릴 필요가 있다.

(예) 저는 현재 ○○대학교 대학원 ○○학과 ○○과정에서 ○○○을 전공하고 있는 학생입니다.

앙케트 조사표의 표지

○○○○년 ○○월 ○○일

일에 대한 의식조사에 관한 앙케트

저는 ○○대학교 대학원 ○○학과 ○○과정에서 ○○○○를 전공하고 있는 학생입니다.

최근의 젊은이들의 일하는 방식에 관심을 갖고 연구를 하고 있습니다. 이 문제에 대하여 젊은이 여러분들이 어떠한 생각을 갖고 있는지 여쭙고자 합니다.

회답의 내용은 오직 연구 목적으로만 활용될 것이며, 자료의 처리 과정 및 그 이후에도 비밀이 절대 보장될 것임을 약속드립니다. 조사는 무기명으로 실시됩니다. 있는 그대로를 대답해 주실 것을 부탁드립니다. 바쁘신 중에도 본 연구조사를 위해 귀중한 시간을 할애해 주셔서 진심으로 감사드립니다.

<기입에 대한 부탁의 말씀>

- 작성하실 때에 다른 사람과 상담하지 마시고 혼자서 작성해 주십시오.
- 회답이 끝나면 회답 난에 기입 누락이 없는지 다시 한 번 확인해 주십시오.

<조사결과 및 질문에 대해서>

- 조사 결과를 아시고 싶은 분은 아래 연락처로 알려 주시면 후일 보고해 드리겠습니다.
- 질문이 있으신 분은 아래 연락처로 문의해 주시기 바랍니다.

연 락 처 : ○○대학교 대학원 ○○학과 ○○과정 ○○○
서울시 ○○구 ○○동 ○○길 12-34
전 화 : 02-○○○-○○○○
휴대전화 : 010-○○○○-○○○○
E-mail : ○○○@○○○○.ac.kr

4. 조사의 목적

조사목적을 간결하게 기입한다. 이때, 회답에 영향을 주는듯한 기술은 피한다.

(예) 최근의 젊은이들의 일하는 방식에 관심을 갖고 연구를 하고 있습니다. 이 문제에 대하여 젊은이 여러분들이 어떠한 생각을 갖고 있는지 여쭙고자 합니다.

5. 조사결과의 활용방법

조사결과를 어떻게 이용할 것인지를 명기한다. 프라이버시가 침해 받는 일은 없다는 것을 전한다.

(예) 회답의 내용은 오직 연구 목적으로만 활용될 것이며, 자료의 처리 과정 및 그 이후에도 비밀이 절대 보장될 것임을 약속드립니다.

6. 주의

앙케트를 실시하는 과정에서 주의해야 할 사항이 있는 경우는, 질문항목에 회답해 받기 전에 언급한다.

(예) 작성하실 때에 다른 사람과 상담하지 마시고 혼자서 작성해 주십시오.
회답이 끝나면 회답 난에 기입 누락이 없는지 다시 한 번 확인해 주십시오.

7. 조사결과의 보고

조사결과를 알고 싶다고 생각하고 있는 사람에게는 조사결과를 알리도록 한다.

(예) 조사 결과를 아시고 싶은 분은 아래 연락처로 알려 주시면 후일 보고해 드리겠습니다.

8. 질문

앙케트 작성 중에 질문사항이 있으면 문의해 줄 것을 부탁한다.

(예) 질문이 있으신 분은 아래 연락처로 문의해 주시기 바랍니다.

9. 연락처

조사에 관한 질문 등을 받기 위해서도 반드시 연락처를 명기한다.

(예)

연락처	: ○○대학교 대학원 ○○학과 ○○과정 ○○○ 서울시 ○○구 ○○동 ○○길 12-34
전화	: 02-○○○-○○○○
휴대전화	: 010-○○○○-○○○○
E-mail	: ○○○@○○○○.ac.kr

10. 인사

(예) 바쁘신 중에도 본 연구조사를 위해 귀중한 시간을 할애해 주셔서 진심으로 감사드립니다.

» 면접상황 기록표(face sheet)의 작성

면접상황 기록표란 성별, 연령 등 '조사대상자의 속성'에 대해서 묻는 것이다. 나중에 실시할 통계처리에 필요한 질문항목이 빠져 있지 않은지, 반드시 체크해야 한다.

(예 1) 귀하의 연령은? ( )세

(예 2)

귀하의 성별은? 해당되는 곳에 ○표 하십시오.	
❶ 남	❷ 여

(예 3)

귀하가 속한 부서의 업무는 무엇입니까?		
❶ 관리부문	❷ 생산부문	❸ 기타

(예 4)

귀하의 직급은 무엇입니까?		
❶ 임원	❷ 관리자	❸ 사원

» 질문항목의 작성

여기에서는 어떠한 질문항목과 그것에 대한 회답의 방법이 있는지, 예를 들어 가면서 설명하기로 한다.

[양자택일법]

이것은 회답의 카테고리가 두 개로 나누어져 있으므로, '2건법(二件法)'이라고도 한다.

(예 1)

귀하는 장래 전직하고 싶다고 생각하십니까?	
❶ 생각한다	❷ 생각하지 않는다

2건법 외에 "어느 쪽이라고도 할 수 없다" 등을 넣은 '3건법'도 있다.

귀하는 장래 전직하고 싶다고 생각하십니까?		
❶ 생각한다	❷ 어느 쪽이라고도 할 수 없다	❸ 생각하지 않는다

[평정법]

(예 2)

귀하는 업무에서 스트레스를 받습니까?	
❶ 전혀 받지 않는다	❷ 별로 받지 않는다
❸ 조금 받는다	❹ 많이 받는다

이것은 정도 등을 물을 때의 방법으로 4단계로 되어 있다.
그 밖에 "어느 쪽이라고도 할 수 없다" 등을 추가한 5단계나 7단계의 척도도 있다.

> 귀하는 업무에서 스트레스를 받습니까?
> ❶ 전혀 받지 않는다
> ❷ 별로 받지 않는다
> ❸ 어느 쪽이라고도 할 수 없다
> ❹ 조금 받는다
> ❺ 많이 받는다

[다지선택법(多肢選擇法)]

많은 선택지(選擇肢)로부터 적합한 것을 고르는 방법이다.

(예 3)

> 귀하가 '일의 목적'이라고 생각하는 것 모두에 ○표를 해 주세요.
> ❶ 수입을 얻기 위해서 ❷ 가족을 부양하기 위해서
> ❸ 자신의 성장을 위해서 ❹ 보람을 얻기 위해서
> ❺ 저축을 위해서 ❻ 취미나 여가의 충실을 위해서
> ❼ 꿈을 실현하기 위해서 ❽ 사회와의 연결을 갖기 위해서
> ❾ 사회공헌을 위해서 ❿ 사회적 지위를 얻기 위해서

[순위법]

선택 수를 정하지 않고 모든 선택지에 순위를 매기도록 하는 경우도 있다.

(예 4)

> 귀하가 일을 선택할 때에 중시하는 것을 1위, 2위, 3위의 순으로 기입해 주십시오.
> ❶ 급료 ❷ 근무시간 ❸ 근무지
> ❹ 유급휴가 ❺ 복리후생 ❻ 직장의 분위기
> ❼ 고용의 안정 ❽ 지식이나 기술이 몸에 밴다
> ❾ 하고 싶은 일을 할 수 있다.
> ❿ 자신의 경험이나 전문을 살릴 수 있다.
>
> 1위 ( ) 2위 ( ) 3위 ( )

[자유기술법]

이것은 미리 선택지를 설정하지 않고 회답을 자유롭게 기술해 받는 방법이다. 자유기술법(自由記述法)의 경우 텍스트 마이닝이 유효하다. 텍스트 마이닝(text mining)은 다른 사람이 써 놓은 글을 분석해서 뭔가 쓸 만한 것을 뽑는 것을 가리킨다.

힌트 : 텍스트 마이닝

텍스트 마이닝(text mining)은 다른 사람이 써놓은 글을 분석해서 뭔가 쓸 만한 것을 뽑는 것을 말한다. 텍스트 데이터는 특성상 많이 모아야 뭔가 쓸 만한 것이 나온다. 텍스트 마이닝이 빅 데이터(big data)에서 언급되고, 마치 전부인 것처럼 얘기되기도 하는 이유는 원래 빅 데이터의 출발이 IR(Information Retrieval)이 전문인 구글, 야후, 페이스북, 아마존, 넷플릭스 등의 온라인 회사에서 시작되었기 때문이다.

검색 포털이나 온라인 리테일 회사를 상상하시면 된다. 구글, 아마존이 대표적이라고 할 수 있다. 주지하는 바와 같이 현존하는 텍스트 마이닝의 최강자는 구글이다. 여하튼 이 회사들의 공통점은 온라인회사이며 데이터가 매우 많고 대용량 정보처리기술이 회사의 핵심기술이라는 공통점이 있다. 텍스트 데이터는 처리하는데 컴퓨팅 자원이 많이 소모된다는 점도 있다. 분산 컴퓨팅 기술이 필요한 빅 데이터를 사용하지 않을 수 없는 회사들이다.

어찌되었든 텍스트 마이닝을 잘 하려면 필수적인 것은 아니지만 빅 데이터 기반 기술이 있는 것이 매우 유리하며 경험이 있다면 그럴 수밖에 없다는 것이 업계 기술자들의 정론이다. 그렇다고 해서 빅 데이터를 텍스트 마이닝에만 쓴다는 얘기가 절대 아니다. 다시 텍스트 마이닝으로 돌아오면 텍스트 마이닝은 텍스트 데이터를 분석해서 의미, 의도, 경향 등을 보는 것을 기본으로 하고 그런 결과물을 다른 데이터와 연동해서 분석하거나 결합해서 부가정보로 쓰는 것이 일반적이다. 그 이상을 하려면 텍스트 마이닝 결과물 자체가 비즈니스 모델이 되거나 회사의 이윤을 창출하는 뭔가를 만들어 주어야 하는데 그런 것이 상식적으로나 전문적으로도 많지 않다.

텍스트 마이닝이 그 자체로 비즈니스 모델이 되는 것은 기계 번역이나 문서 자동 요약 등과 같은 것이 있기 때문이다.

» 질문항목 작성상의 주의

질문항목은 이해하기 쉽게 만들어야 한다.

(예 1)

귀하는 기업의 활동에 있어서의 <u>컴플라이언스(compliance)</u>에 대해서 어떻게 생각하십니까?

주의 1 : 어려운 말이나 전문용어를 사용하지 않도록 한다. 이 경우, '컴플라이언스'에 대해서 설명을 하든가, 알기 쉬운 말로 표현할 필요가 있다.

힌트 : 컴플라이언스

기업에 있어서 컴플라이언스(compliance)의 중요성은 나날이 커지고 있다. 컴플라이언스라는 원래의 단어가 가진 뜻은 규제와 규칙의 준수라는 의미다. 기업에게 컴플라이언스라는 의미는 기업들이 기업 행위를 함에 있어 각종 관련 법령과 규정 등을 준수한다는 것을 뜻한다.

최근 기업들은 별도의 'compliance officer' 조직을 신설 · 운영해 나가고 있다. 'compliance officer'는 우리말로 흔히 '준법감시인'으로 불리고 있다. 기업의 업무에 있어서 법률에 위배되는 사항이 없는지를 감시하는 업무를 맡고 있다고 보면 된다. 보험, 증권, 투신사에서 준법감시인은 펀드매니저들이 관련 법령을 준수하여 공정하게 투자했는지를 감시하는 업무를 담당한다.

국내외 각종 감독당국의 규제법안은 폭주하고 있다. 이는 해당 국가와 거래하는 기업의 입장에서는 국가별 새로운 진입장벽을 의미한다. 규제는 기업 규제, 제품규제 등에서부터 환경규제 등에 이르기까지 다양한 형태를 띤다.

(예 2)

> 노동조건으로서 높은 급여나 플렉스타임제는 귀하에게 있어서 어느 정도 중요합니까?

주의 2 : 하나의 질문에서 두 가지 사항을 묻는 것은 피해야 한다. 이 경우, '높은 급여'와 '플렉스타임(flex-time)제'는 두 가지의 질문항목으로 나누어서 만들어야 마땅하다. 이와 같은 질문은 '더블 바렐(double barrel) 질문'이라고 한다.

(예 3)

> 근년, 프리터의 증가가 문제로 되어 있는데, "정규직에 취업하고 싶지 않다"라고 하는 생활방식을 귀하는 어떻게 생각하십니까?

힌트 : 프리터

프리터(일본어: フリーター 후리타, 영어: freeter)는 일본에서 정규직 이외의 취업 형태(아르바이트나 파트 타이머 등)로 생계를 유지하는 사람을 가리키는 말이다. 하루 중 근무시간이 일정하다는 것은 프리랜서와 공통점이지만, 자신의 근무 시간을 선택, 조정할 수 없다는 점에서 프리랜서와는 다소 다르다. 일본식의 조어 (프리랜서와 아르바이터의 약칭)이다. 프리아르바이터라고도 불린다. 영어권에서는 정규직이라는 용어 자체가 없기 때문에 명확하게 대응하는 용어는 존재하지 않는다. 자유롭게 살기 위해 아르바이트로 생계를 해결한다는 의미의 프리터는 최근 한국에서는 취업하기 힘들어 프리터족이 되는 경우가 많아지고 있으며 청년층으로만 제한을 두었던 프리터족은 중장년층까지 확산되고 있다.

주의 3 : 유도적인 질문은 피해야 한다. 밑줄 친 부분의 표현이 나쁜 사실이라고 암시하고 있게 되어, 조사대상자가 정직한 회답을 거부해 버릴 염려가 있다.

(예 4)

> Q1 : 근년, <u>실력주의를 채택하고 있는 기업이 증가하고 있는데</u>, 귀하는 어떻게 생각하십니까?
>
> Q2 : 대기업에 들어가기 위해서 유명대학을 목표로 하는 것을, 귀하는 어떻게 생각하십니까?

주의 4 : 앞의 질문이 그 다음 질문에 영향을 미치지 않도록 해야 한다.
이 경우에 Q1에 회답하게 됨에 따라 Q2의 회답에 대해서 비판적인 의견이 많아질 가능성이 있다.
이것을 잔류효과(carryover effect)라고 한다.

> **힌트 : 잔류효과(carryover effect)**
>
> 표본에 서로 다른 처치를 가하면서 반복측정을 실시하는 실험에서 먼저 투입한 처치의 효과가 나중에 투입한 처치에 효과를 가져오는 것을 가리킨다. 처치의 효과를 정확하게 측정하지 못할 수 있는 단점이 있다.

1.5 | 앙케트 조사표의 수정 및 점검

앙케트 조사표를 다시 한 번 평가하고 수정한다.

» 앙케트 조사표의 수정

앙케트 조사를 시작하기 전에 질문항목의 내용을 제3자에게 확인하게 하도록 한다. 그리고 앙케트 조사표를 사용해서 예비조사를 실시해 본다. 이 예비조사의 결과를 보고,

- 이해하기 어려운 질문항목
- 오해를 불러올 만한 질문항목

등이 있으면, 수정한다. 예비조사를 몇 번이고 반복해서 보다 나은 앙케트 조사표를 만들도록 한다.

» 앙케트 조사표의 점검

앙케트 조사표의 질문항목의 수정이 끝나면, 마지막으로

- 오자(誤字) · 탈자(脫字)
- 레이아웃

등 전체의 점검을 실시한다.

1.6 | 앙케트 조사표의 완성

완성된 앙케트 조사표의 예를 들면 다음과 같다.

앙케트 조사표 No.1

○○○○년 ○○월 ○○일

일에 대한 의식조사에 관한 앙케트

저는 ○○대학교 대학원 ○○학과 ○○과정에서 ○○○○를 전공하고 있는 학생입니다.

최근의 젊은이들의 일하는 방식에 관심을 갖고 연구를 하고 있습니다. 이 문제에 대하여 젊은이 여러분들이 어떠한 생각을 갖고 있는지 여쭙고자 합니다.

회답의 내용은 오직 연구 목적으로만 활용될 것이며, 자료의 처리 과정 및 그 이후에도 비밀이 절대 보장될 것임을 약속드립니다. 조사는 무기명으로 실시됩니다. 있는 그대로를 대답해 주실 것을 부탁드립니다. 바쁘신 중에도 본 연구조사를 위해 귀중한 시간을 할애해 주셔서 진심으로 감사드립니다.

<기입에 대한 부탁의 말씀>
- 작성하실 때에 다른 사람과 상담하지 마시고 혼자서 작성해 주십시오.
- 회답이 끝나면 회답 난에 기입 누락이 없는지 다시 한 번 확인해 주십시오.

<조사결과 및 질문에 대해서>
- 조사 결과를 아시고 싶은 분은 아래 연락처로 알려 주시면 후일 보고해 드리겠습니다.
- 질문이 있으신 분은 아래 연락처로 문의해 주시기 바랍니다.

연 락 처 : ○○대학교 대학원 ○○학과 ○○과정 ○○○
서울시 ○○구 ○○동 ○○길 12-34
전 화 : 02-○○○-○○○○
휴대전화 : 010-○○○○-○○○○
E-mail : ○○○@○○○○.ac.kr

앙케트 조사표 No.2

귀하 자신에 대해서 여쭙겠습니다.
해당하는 숫자에 ○표를 해 주십시오. 그리고 공란에는 숫자를 기입해 주시기 바랍니다.

항목 1.1 귀하의 성별을 답해 주십시오.
1. 여성 2. 남성

항목 1.2 귀하의 연령을 답해 주십시오.
(　　　)세

항목 1.3 귀하의 현재 결혼 여부는?
1. 미혼 2. 기혼

항목 1.4 귀하의 고용형태는 다음 중 어느 것입니까?
1. 정식사원 2. 계약사원 3. 파견사원
4. 파트타이머 5. 프리터

항목 1.5 귀하는 전직한 경험이 있습니까?
1. 있다 2. 없다

앙케트 조사표 No.3

귀하의 업무에 대한 생각에 대해서 여쭙겠습니다.
해당하는 숫자에 ○표를 해 주십시오.

항목 2.1 귀하는 장래 전직하고 싶다고 생각하십니까?

1. 생각한다 2. 생각하지 않는다

항목 2.2 귀하는 회사선택에 있어서 이하의 조건을 어느 정도 중시하십니까?

	중시하지 않는다	별로 중시하지 않는다	약간 중시 한다	중시 한다	
(1) 근속년수에 따라 확실히 연봉이 오를 것	1	2	3	4	(연공서열)
(2) 종신고용제도가 보증되어 있을 것	1	2	3	4	(종신고용)
(3) 노동시간이 짧을 것	1	2	3	4	(노동시간)
(4) 급여수준이 높을 것	1	2	3	4	(급여수준)
(5) 어느 정도의 규모 있는 기업일 것	1	2	3	4	(기업규모)
(6) 일의 계획이나 예정을 자신이 정할 것	1	2	3	4	(자유재량)
(7) 자신의 능력을 살릴 수 있을 것	1	2	3	4	(능력주의)
(8) 회사에 일체감을 느낄 것	1	2	3	4	(귀속의식)

♣ 조사에 협력해 주셔서 대단히 감사합니다.

1.7 | 앙케트 조사의 개시

» 조사원에 대한 교육과 앙케트 조사표의 배포

앙케트 조사를 조사원에게 의뢰할 경우, 조사원에게 조사의 내용을 상세히 전해 놓지 않으면 안 된다.

구체적으로는 조사원에게 조사의 목적, 조사결과의 이용방법 등을 이해시키는 것이 중요하다. 그리고 조사회답자에게 불쾌한 생각을 갖지 않도록 하는 것도 중요하다는 것을 인식시켜야 한다.

조사실시를 위한 매뉴얼을 작성해서 조사원에게 건넨다. 특히 주의해야 할 사항은 회답률을 올리기 위해서 조사자 자신이 조사표에 응답하는 일은 절대 있어서는 안 된다.

» 앙케트 조사표 회수 시의 점검

회수한 앙케트 조사표의 점검을 실시한다. 회수했다고 해서 모든 앙케트 조사표가 유효하다고는 할 수 없다.

점검 1. 대부분 회답하고 있지 않은 앙케트 조사표는 무효이다. 또한 무회답의 부분에 대해서, 다시 조사회답자에게 의뢰할 수 있다면 회답해 받는 것이 바람직하다. 단, 일부러 회답하지 않은 경우도 있다. 회답하고 싶지 않기 때문에 무회답이 된 경우에는 무리하게 회답을 요구해서는 안 된다.

점검 2. 잘못된 기입이 있는 경우, 그 개소(個所)가 무효 또는 그 앙케트 조사표 자체가 무효가 되는 일이 있다. 잘못된 기입이 많은 경우에는 무효로 처리하는 편이 낫다.

점검 3. 분명히 진지하게 회답하지 않고 있다고 느끼는 경우, 무효로 처리한다. 모든 질문 항목에 대해서 "어느 쪽이라고도 할 수 없다"를 선택한 경우도 무효로 처리한다.

» 앙케트 조사 결과

앞의 앙케트 조사표에 의해서 무작위 표본 100명을 대상으로 조사한 결과는 다음과 같다.

표 1.1 앙케트 조사결과

ID	성별	연령	결혼	고용 형태	전직 경험	전직 희망	연공 서열	종신 고용	노동 시간	급여 수준	기업 규모	자유 재량	능력 주의	귀속 의식
1	2	31	2	1	2	2	4	4	1	4	4	1	1	4
2	1	37	2	4	1	1	1	1	4	2	1	3	3	1
3	2	34	2	1	2	2	4	3	1	4	3	2	2	3
4	2	39	2	1	1	1	3	3	2	3	2	3	3	2
5	2	38	1	3	1	1	1	1	4	4	1	3	3	1

6	1	28	1	1	2	1	3	3	3	3	2	2	3	2
7	1	29	1	3	1	1	2	2	3	3	1	3	4	1
8	2	33	2	1	2	1	3	3	3	4	3	3	3	2
…	…	…	…	…	…	…	…	…	…	…	…	…	…	…
100	2	33	2	3	1	1	2	2	3	3	2	4	4	1

(주) 데이터 파일 '앙케트의 통계분석 1-1'에 수록되어 있음.

1.8 ㅣ 보고서 · 논문의 작성

앙케트 조사표를 회수하고 데이터의 분석도 끝났다고 해서 앙케트 조사의 종료는 아니다. 그 다음은 앙케트 조사결과를 공표하기 위한 보고서 · 논문의 작성이다.

» 앙케트 조사 · 연구의 목적의 기입

조사의 목적을 기입하고, 선행연구와의 차이를 명확히 한다.

» 앙케트 조사의 방법의 기입

조사의 대상, 표본추출의 방법, 조사기간, 조사방법, 앙케트 조사표의 배포 · 회수방법 · 회수율, 데이터의 분석방법 등에 대해서 설명한다.

보고서나 논문에 맞추어서 기술할 내용을 선택한다. 특히 어떠한 통계처리를 했는지 분명히 밝힌다.

» 앙케트 조사의 결과와 고찰의 기입

데이터의 분석결과와 그것에 대한 해석이나 설명, 그리고 남은 문제나 장래에 대한 과제에 대해서 기입한다.

결과만을 기입하는 경우나 고찰과 결과를 별도로 기입하는 경우도 있다. 또한 결과와 고찰 다음에 토론이나 종합적인 고찰을 기입하는 경우도 있다.

» 문헌의 기입

보고서 · 논문 중에 인용한 문헌을 기입한다. 참고로 한 문헌도 기입한다.

» 자료의 기입

앙케트 조사표, 도표, 집계표를 기입하는 경우도 있다.

» 사사(謝辭)의 기입

도움을 받은 분들에 대한 감사의 말씀을 기입한다.

CHAPTER

2

데이터의 유형과 입력

CHAPTER 2 데이터의 유형과 입력

2.1 | 데이터의 행과 열

1. 데이터 편집기

» 케이스와 변수

SPSS에는 여러 가지의 분석 기법이 준비되어 있는데, 모든 지정은 '케이스'와 '변수'에 의해서 이루어진다. 컴퓨터는 지정된 대로 계산을 실행하는데, 데이터가 행하고 싶은 분석 기법에 적합한 행렬구조를 갖고 있지 않으면, 잘 지정할 수 없게 된다거나 틀린 결과가 출력되고 만다. SPSS에 데이터를 입력할 때에는 취급하는 데이터의 무엇이 '케이스'이며, 무엇이 '변수'인지를 확인하는 것이 중요하다.

케이스 :	분석에 이용되는 '단위'이다. 설문조사의 실시대상, 실험의 측정대상, 혹은 시계열 데이터에 있어서의 어떤 1시점 등이다.
변 수 :	분석에 이용되는 '정보'이다. 하나의 변수에는, 케이스에 대한 특정의 동질적인 정보가 포함된다. 설문조사의 질문항목, 실험의 측정내용, 시계열 데이터의 관측내용 등이다.

SPSS에서는 데이터의 행을 '케이스', 열을 '변수'라고 부른다.

데이터 편집기의 '데이터 보기' 화면은 다음과 같다.

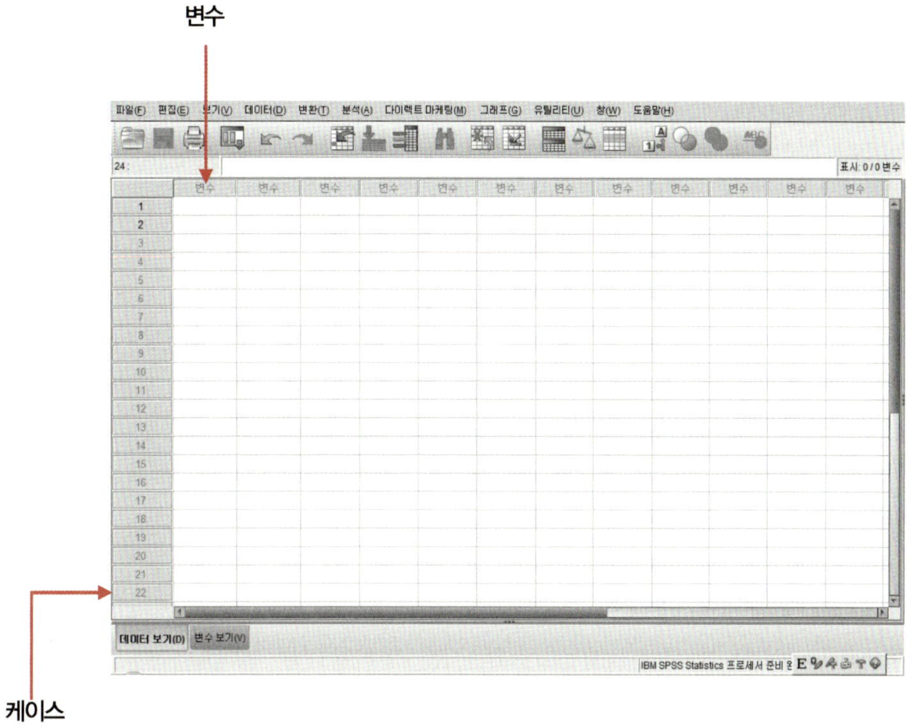

그리고 데이터 편집기의 '변수 보기' 화면은 다음과 같다.

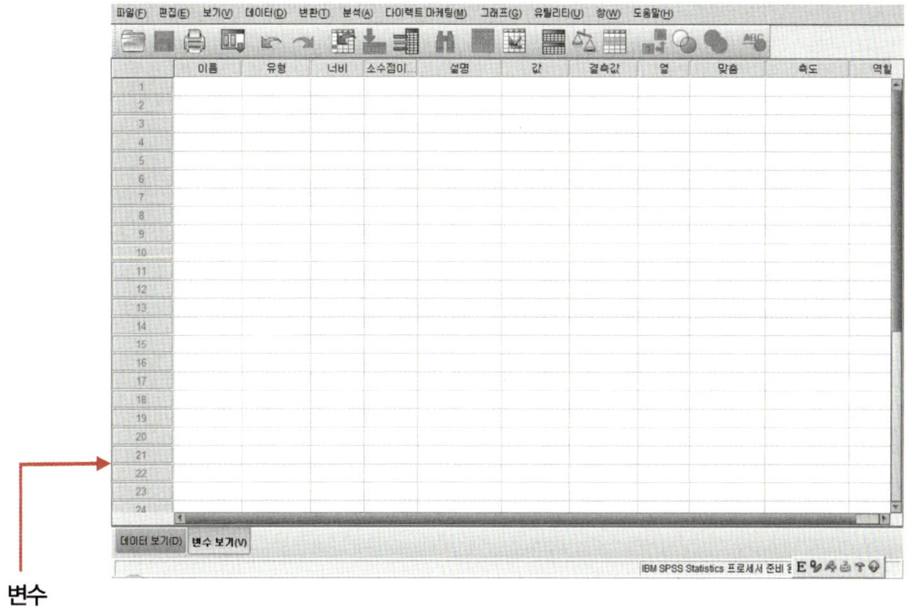

그러면 대표적인 종류의 데이터 예(설문조사 데이터, 실험 데이터, 시계열 데이터)를 참고로 적절한 데이터 구조를 확인해 보기로 한다.

2. 데이터의 유형

» 설문조사 데이터

▸[예 2-1]

병원을 찾아온 환자에게 성별 · 연령 · 방문횟수를 질문하는 간단한 설문조사를 실시했더니, 10명의 회답이 얻어졌다. 이 데이터의 케이스와 변수는 각각 무엇이 될까?

환자가 분석의 단위, 성별 · 연령 · 방문횟수가 환자에 대한 정보이기 때문에, 10명의 환자가 케이스, 세 가지 질문이 변수가 된다. 따라서 데이터는 다음과 같이 입력한다.

	No	성별	연령	방문횟수	변수	변수	변수
1	1	남성	54	4			
2	2	여성	33	2			
3	3	여성	19	6			
4	4	남성	26	7			
5	5	남성	30	3			
6	6	남성	45	2			
7	7	여성	37	7			
8	8	남성	31	5			
9	9	여성	36	3			
10	10	남성	33	11			

데이터 보기(D) 변수 보기(V)

그 밖에도 환자관리 데이터, 약품관리 데이터, 장비관리 데이터 등도 이와 같은 입력 형식이 적합하다. 각각 고객, 약품, 장비 등이 케이스가 된다.

여기에서 중요한 것은 이와 같은 형식의 경우, 특정의 대상(케이스)에 관한 데이터는 반드시 1행으로 되어 있다고 하는 사실이다. 중복이 없음으로써 케이스가 일의적인 분석단위로서 성립하여 정확한 분석이 가능하게 된다.

» 실험 데이터

▸ [예 2-2]

간단한 계산문제를 풀고 있는 사이에 음악을 흘리는 그룹과 흘리지 않는 그룹으로 나누고, 게다가 성별에 따라 정답 수에 차이가 있는지 어떤지를 조사하는 것이 목적이다. 적절한 분석방법은 대응이 없는 이원배치 분산분석이 된다.

음 악	있음		없음	
성 별	남	여	남	여
정답 수	28	25	25	27
	25	29	26	26
	20	28	24	29
	18	28	25	28
	22	27	29	30
	25	24	21	26

이와 같은 경우에 다음과 같이 입력한다.

	No	음악	성별	정답수	변수	변수
1	1	있음	남성	28		
2	2	있음	남성	25		
3	3	있음	남성	20		
4	4	있음	남성	18		
5	5	있음	남성	22		
6	6	있음	남성	25		
7	7	있음	여성	25		
8	8	있음	여성	29		
9	9	있음	여성	28		
10	10	있음	여성	28		
11	11	있음	여성	27		
12	12	있음	여성	24		
13	13	없음	남성	25		
14	14	없음	남성	26		
15	15	없음	남성	24		
16	16	없음	남성	25		
17	17	없음	남성	29		
18	18	없음	남성	21		
19	19	없음	여성	27		
20	20	없음	여성	26		
21	21	없음	여성	29		
22	22	없음	여성	28		

데이터 보기(D) 변수 보기(V)

여기에서 24명의 피험자가 케이스, 음악의 있음·없음, 성별, 그리고 측정결과인 정답 수가 변수가 된다.

이 경우에 변수 입력 및 변수값 설명은 다음과 같이 한다.

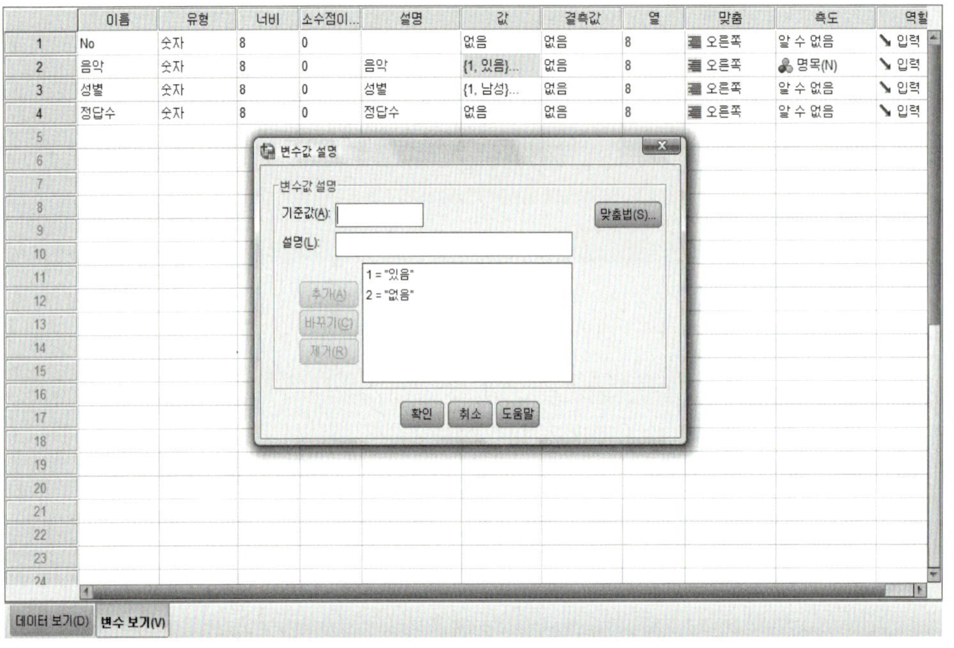

그렇다면 다음과 같은 데이터의 경우는 어떻게 입력하면 좋을까?

▸ [예 2-3]

식사요법(alimentotherapy)에 대해서 정기적으로 지도를 받고 있는 환자와 그렇지 않은 환자의 치료개시시·1년후·2년후의 혈압 데이터에서 지도의 효과가 있는지 어떤지를 조사하는 것이 목적이다. 적절한 분석 수법은 1요인에 대응이 있고 1요인에 대응이 없는 이원배치 분산분석이다.

지도		있음			지도		없음		
측정시		개시시	1년후	2년후	측정시		개시시	1년후	2년후
혈압	A	175	150	145	혈압	F	186	178	180
	B	160	158	128		G	179	180	170
	C	163	160	161		H	190	168	157
	D	180	174	154		I	168	153	148
	E	192	178	156		J	160	148	145

이와 같은 데이터는 다음과 같이 입력한다.

	환자	지도	개시시	일년후	이년후	변수	변수	변수
1	A	있음	175	150	145			
2	B	있음	160	158	128			
3	C	있음	163	160	161			
4	D	있음	180	174	154			
5	E	있음	192	178	156			
6	F	없음	186	178	180			
7	G	없음	179	180	170			
8	H	없음	190	168	157			
9	I	없음	168	153	148			
10	J	없음	160	148	145			
11								
12								

데이터 보기(D) 변수 보기(V)

10명의 환자가 케이스, 지도의 있음·없음 및 혈압의 3회 측정 결과가 변수가 된다.

» 시계열 데이터

여기에서 말하는 시계열 데이터란 어떤 대상에 대해서 계속적 혹은 계속적으로 관측된 정보를 말한다. 알기 쉬운 예로서는 매일 매일의 주가 변동, 매년의 인구 증감 혹은 매월의 매출 합계 추이 등을 들 수 있다.

분석의 목적에 따라서 다르지만, 일반적으로는 시간의 단위(년, 월, 일 등)가 케이스, 대상에 대해서 관측된 정보가 변수가 된다.

▸[예 2-4] 대형 소매점의 품목별 매출 데이터

	년월	상점수	신사복매출	숙녀복매출	식음료매출	상품권매출	변수	변수	변수	변수	변수	변수
1	AUG 2010	3582	84198	256584	762458	45986						
2	SEP 2010	3578	82478	354252	689548	46556						
3	OCT 2010	3598	125847	425485	702358	48665						
4	NOV 2010	3623	135878	389654	700256	48886						
5	DEC 2010	3645	185648	425845	1124585	65845						
6	JAN 2011	3678	155654	425689	689756	48965						
7	FEB 2011	3698	98456	298678	668954	39875						
8	MAR 2011	3655	112547	388968	689756	45625						
9	APR 2011	3690	111245	356875	701245	42158						
10	MAY 2011	3721	156230	320564	712458	38956						
11	JUN 2011	3734	154214	389654	869548	46523						
12	JUL 2011	3789	145812	256897	789654	55621						
13	AUG 2011	3767	78568	289654	863221	45215						
14	SEP 2011	3812	85465	399875	699878	38965						
15	OCT 2011	3824	128756	412564	698565	42516						
16	NOV 2011	3856	135681	425686	725456	53289						
17	DEC 2011	3834	155658	435687	755895	60235						
18												
19												
20												
21												
22												

데이터 보기(D) 변수 보기(V)

▸[예 2-5] 점포의 POS 데이터

	거래번호	명세표번호	금전출납계번호	매출연월일	점포ID	카드ID	상품번호	매출금액
1	113561	2	305	11-MAR-2012	432	284762	76520	245875
2	113562	1	524	11-MAR-2012	725	75634	65478	45872
3	113563	1	305	11-MAR-2012	432	345762	25647	66581
4	113564	3	524	11-MAR-2012	725	335467	33564	565845
5	113565	1	305	11-MAR-2012	432	245875	54875	33526
6	113566	1	305	11-MAR-2012	432	986542	35784	54878
7	113573	2	305	11-MAR-2012	725	785425	66547	98564
8	113575	2	524	11-MAR-2012	725	665542	154758	25412
9	113576	2	524	11-MAR-2012	432	88987	23564	125446
10	113582	1	316	11-MAR-2012	432	754782	111245	154875
11	113583	1	316	11-MAR-2012	432	335647	32546	98654
12	113621	1	524	11-MAR-2012	725	335647	85476	256475
13	113622	2	524	11-MAR-2012	725	457821	125468	77548
14								
15								

데이터 보기(D) 변수 보기(V)

이와 같은 매출 데이터도 동시구매의 경향을 탐색하는 분석과 같이 '고객'에 착안해서 분석하고 싶은 경우에는, 고객을 케이스로 한 데이터로 변환하는 것이 기본이다.

▸[예 2-6] 술소비량, 국민소득, 물가지수 등에 대한 시계열 데이터

다음의 시계열 데이터는 1956년부터 2005년까지의 영국에 있어서의 술소비량, 국민소득, 물가지수를 조사한 것이다.

No.	년	술소비량	국민소득	물가지수	No.	년	술소비량	국민소득	물가지수
1	1956년	1.9414	1.9363	2.0097	26	1981년	1.7888	2.0216	2.0341
2	1957년	1.9685	1.9548	2.0097	27	1982년	1.8751	1.9896	1.9445
3	1958년	1.9727	1.9453	2.0097	28	1983년	1.7853	1.9843	1.9939
4	1959년	1.9736	1.9292	2.0048	29	1984년	1.6075	1.9764	2.2082
5	1960년	1.9499	1.9209	2.0097	30	1985년	1.5185	1.9965	2.2700
6	1961년	1.9432	1.9510	2.0296	31	1986년	1.6513	2.0652	2.2430
7	1962년	1.9569	1.9776	2.0399	32	1987년	1.6247	2.0369	2.2567
8	1963년	1.9647	1.9814	2.0399	33	1988년	1.5391	1.9723	2.2988
9	1964년	1.9710	1.9819	2.0296	34	1989년	1.4922	1.9797	2.3723
10	1965년	1.9719	1.9828	2.0146	35	1990년	1.4606	2.0136	2.4105
11	1966년	1.9956	2.0076	2.0245	36	1991년	1.4551	2.0165	2.4081
12	1967년	2.0000	2.0000	2.0000	37	1992년	1.4425	2.0213	2.4081
13	1968년	1.9904	1.9939	2.0048	38	1993년	1.4023	2.0206	2.4367
14	1969년	1.9752	1.9933	2.0048	39	1994년	1.3991	2.0563	2.4284
15	1970년	1.9494	1.9797	2.0000	40	1995년	1.3798	2.0579	2.4310
16	1971년	1.9332	1.9772	1.9952	41	1996년	1.3782	2.0649	2.4363
17	1972년	1.9139	1.9924	1.9952	42	1997년	1.3366	2.0582	2.4552
18	1973년	1.9091	2.0117	1.9905	43	1998년	1.3026	2.0517	2.4838
19	1974년	1.9139	2.0204	1.9813	44	1999년	1.2592	2.0491	2.4958
20	1975년	1.8886	2.0018	1.9905	45	2000년	1.2635	2.0766	2.5048
21	1976년	1.7945	2.0038	1.9859	46	2001년	1.2549	2.0890	2.5017
22	1977년	1.7644	2.0099	2.0518	47	2002년	1.2527	2.1059	2.4958
23	1978년	1.7817	2.0174	2.0474	48	2003년	1.2763	2.1205	2.4838
24	1979년	1.7784	2.0279	2.0341	49	2004년	1.2906	2.1205	2.4636
25	1980년	1.7945	2.0359	2.0255	50	2005년	1.2721	2.1182	2.4580

이와 같은 데이터는 다음과 같이 입력한다.

1. 먼저 술소비량, 국민소득, 물가지수의 변수를 정의한 다음에 지난 50년 동안의 데이터를 입력한다.

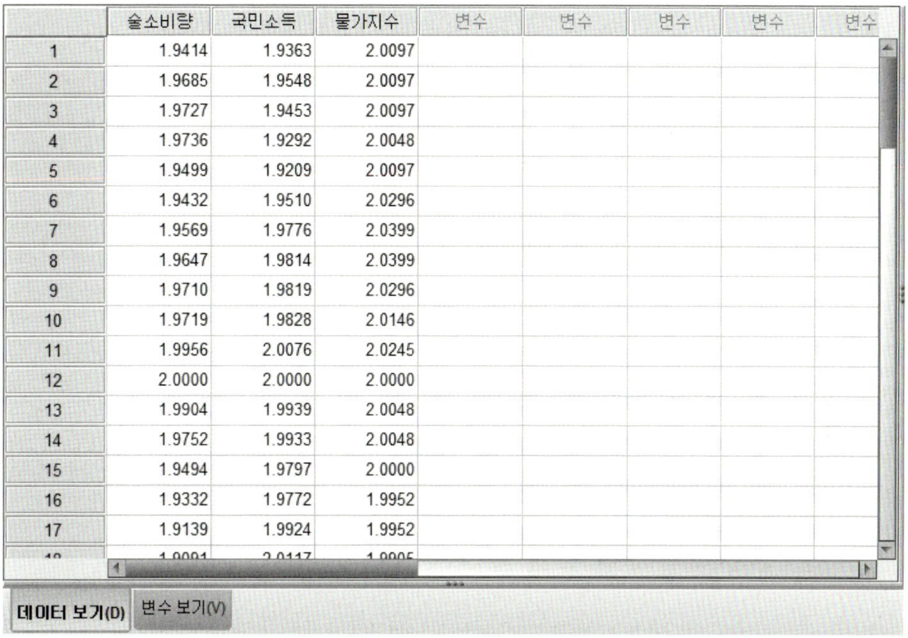

	술소비량	국민소득	물가지수	변수	변수	변수	변수	변수
1	1.9414	1.9363	2.0097					
2	1.9685	1.9548	2.0097					
3	1.9727	1.9453	2.0097					
4	1.9736	1.9292	2.0048					
5	1.9499	1.9209	2.0097					
6	1.9432	1.9510	2.0296					
7	1.9569	1.9776	2.0399					
8	1.9647	1.9814	2.0399					
9	1.9710	1.9819	2.0296					
10	1.9719	1.9828	2.0146					
11	1.9956	2.0076	2.0245					
12	2.0000	2.0000	2.0000					
13	1.9904	1.9939	2.0048					
14	1.9752	1.9933	2.0048					
15	1.9494	1.9797	2.0000					
16	1.9332	1.9772	1.9952					
17	1.9139	1.9924	1.9952					

데이터 보기(D) 변수 보기(V)

2. 마우스 포인터로 1행 4열의 셀을 지정한 다음에 메뉴에서 [데이터(D)] – [날짜 정의(A)]를 선택한다.

3. [날짜 정의] 대화상자가 나타나면 다음과 같이 선택·입력하고 [확인] 버튼을 클릭한다.

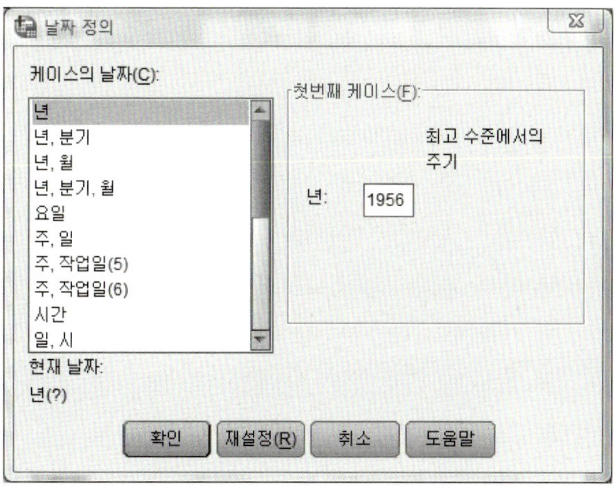

4. 다음과 같이 데이터 파일의 화면에 년이 입력되어 있음을 확인할 수 있다.

	술소비량	국민소득	물가지수	YEAR_	DATE_	변수	변수	변수
1	1.9414	1.9363	2.0097	1956	1956			
2	1.9685	1.9548	2.0097	1957	1957			
3	1.9727	1.9453	2.0097	1958	1958			
4	1.9736	1.9292	2.0048	1959	1959			
5	1.9499	1.9209	2.0097	1960	1960			
6	1.9432	1.9510	2.0296	1961	1961			
7	1.9569	1.9776	2.0399	1962	1962			
8	1.9647	1.9814	2.0399	1963	1963			
9	1.9710	1.9819	2.0296	1964	1964			
10	1.9719	1.9828	2.0146	1965	1965			
11	1.9956	2.0076	2.0245	1966	1966			
12	2.0000	2.0000	2.0000	1967	1967			
13	1.9904	1.9939	2.0048	1968	1968			
14	1.9752	1.9933	2.0048	1969	1969			
15	1.9494	1.9797	2.0000	1970	1970			
16	1.9332	1.9772	1.9952	1971	1971			
17	1.9139	1.9924	1.9952	1972	1972			

데이터 보기(D) 변수 보기(V)

2.2 | 변수의 이름 붙이기

1. 변수의 이름과 설명

SPSS에서는 변수명을 '이름'이라 부르고, 각각에 '설명'이라고 하는 해설을 붙일 수 있다. 이 두 가지를 잘 분간해서 쓰고 능숙하게 변수의 이름을 붙임으로써 그 후의 데이터 분석의 효율을 비약적으로 높일 수가 있다.

» 변수의 이름

1. 하나의 데이터 파일 내에서 변수 이름은 중복해서는 안 된다.
2. 영어의 대문자와 소문자는 구별되지 않는다.
   Age, age, AGE 등은 모두 같은 뜻으로 인식함으로써 중복되어 입력할 수 없다.
3. 변수 이름은 문자부터 시작하지 않으면 안 된다.
   반각(半角)의 숫자로 시작하는 변수 이름은 붙일 수 없다.
4. 변수 이름은 마침표로 그칠 수 없다.
5. 공백과 특수문자(! ? * 등)는 사용할 수 없다.

※ 이상의 주의사항에 따르지 않을 때에는 경고문이 나온다.

» 변수의 설명

최대 문자 수는 반각으로 256문자(전각으로 128문자)이다.

※전각이란 활자의 폭과 똑같은 크기의 공간이나 간격을 말한다.

예를 들면 다음과 같이 입력된 데이터의 경우, 어떻게 변수의 이름과 설명을 붙이고 있을까?

	no	q1	q2	q3	변수	변수	변수
1	1	남	45	2			
2	2	남	34	3			
3	3	남	55	5			
4	4	여	43	4			
5	5	여	56	4			
6	6	남	38	5			
7	7	남	75	3			
8	8	여	49	3			
9	9	여	50	2			
10	10	남	39	2			
11							
12							

데이터 보기(D) 변수 보기(V)

[변수 보기]를 보면 다음과 같이 이름과 설명을 붙이고 있다.

	이름	유형	너비	소수점이...	설명	값	결측값	열	맞춤	측도
1	no	숫자	8	0	회답자번호	없음	없음	8	오른쪽	명목(N)
2	q1	숫자	8	0	성별	{1, 남}...	없음	8	오른쪽	명목(N)
3	q2	숫자	8	0	연령	없음	없음	8	오른쪽	척도(S)
4	q3	숫자	8	0	치료빈도	없음	없음	8	오른쪽	척도(S)
5										
6										
7										
8										
9										
10										
11										

데이터 보기(D) 변수 보기(V)

[이름]에는 변수명을 기입하고, [설명]에는 구체적인 변수의 속성을 기입한다. [값]에는 변수값 설명을 한다.

[측도]에서는 각 변수의 척도를 지정한다. 명목형, 순서형, 척도 등 세 가지가 준비되어 있다.

» **출력결과**

위의 데이터에 있어서 성별에 대한 빈도분석을 실시해 보자.

1. 메뉴에서 [분석(A)]—[기술통계량(E)]—[빈도분석(F)]을 선택한다.

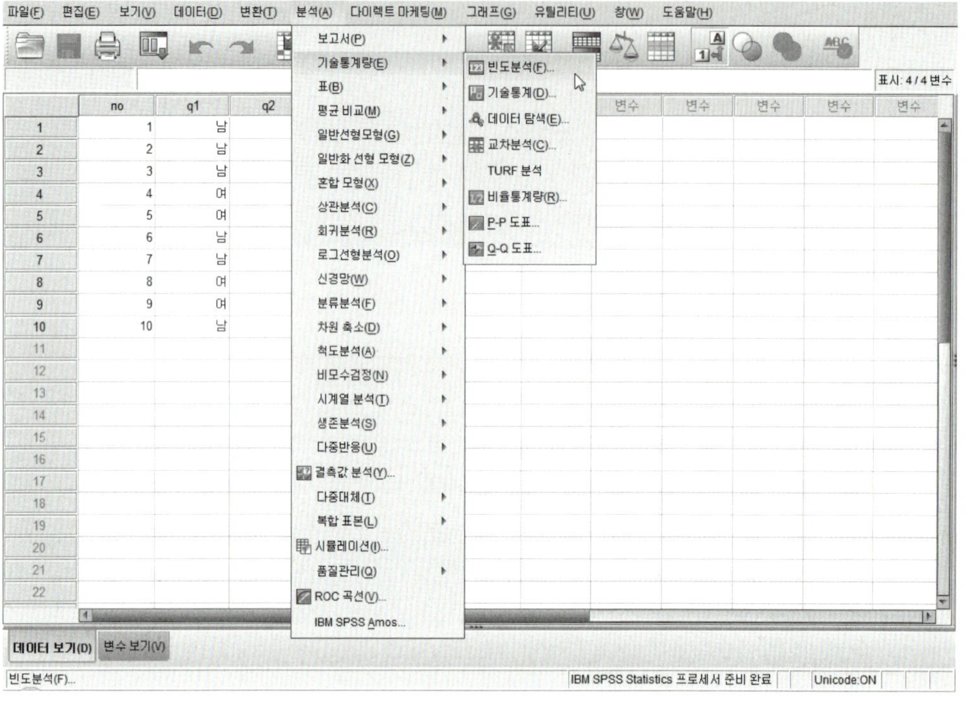

2. [빈도분석] 대화상자에서는 '설명[이름]'으로 표시되고 있음을 확인할 수 있다.

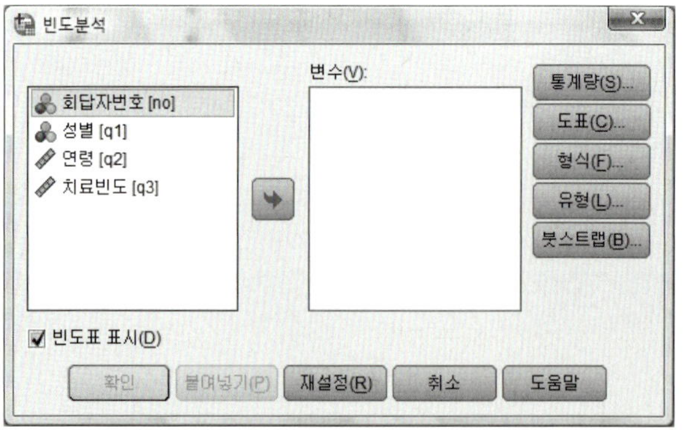

3. '성별[q1]'을 선택하여 [변수(V)] 난으로 옮긴다.

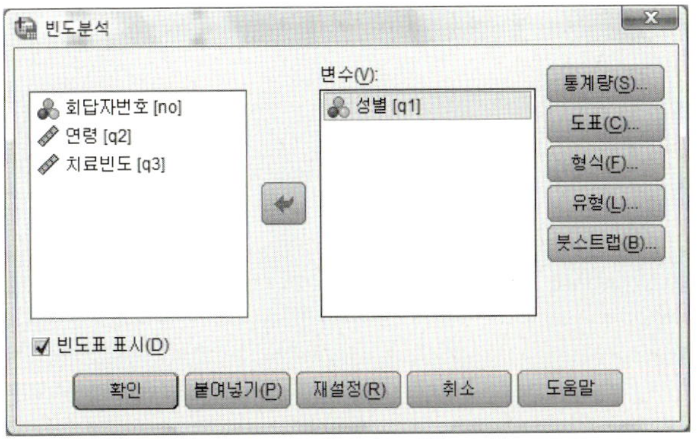

4. [확인] 버튼을 클릭하면 다음과 같은 결과를 얻게 된다.

성별

		빈도	퍼센트	유효 퍼센트	누적 퍼센트
유효	남	6	60.0	60.0	60.0
	여	4	40.0	40.0	100.0
	전체	10	100.0	100.0	

즉, 표나 그래프 등 출력결과에 표시하고 싶은 내용을 변수의 [설명]에 설정해 놓으면 되는 것이다.

2. 대화상자나 출력결과의 변수 표시방법

대화상자나 출력결과에서의 변수에 대한 표시방법(변수의 이름이나 설명 등)은 [편집] 메뉴의 [옵션]에서 변경할 수 있다.

» 대화상자의 변수 리스트 표시방법의 변경

앞의 [빈도분석] 대화상자에서 다음과 같이 변수의 이름만이 표시되도록 하고 싶다.

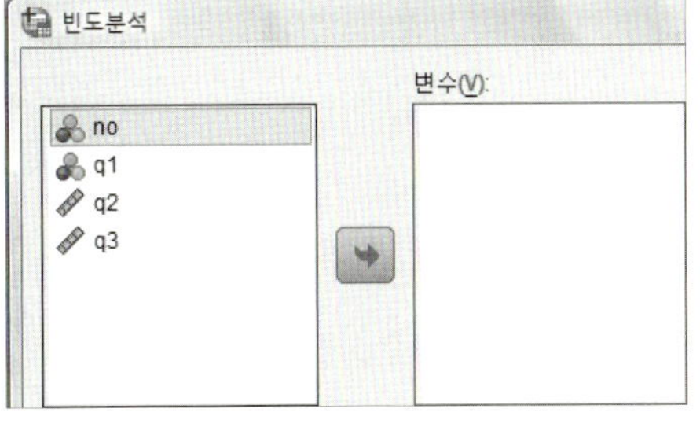

1. 메뉴에서 [편집(E)]—[옵션(N)]을 선택한다.

2. [옵션] 대화상자에서 [일반] 탭의 [변수 목록] 중 [이름 표시(N)]를 선택하고 [확인]을 클릭한다.

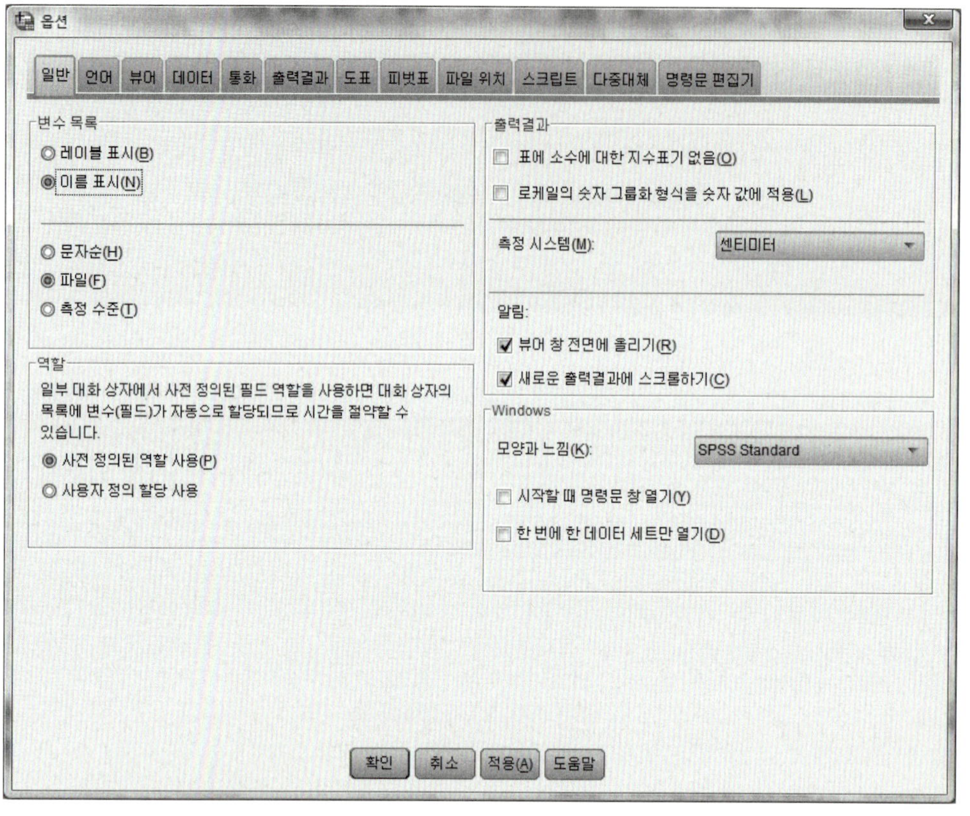

3. [빈도분석] 대화상자에서 변수의 이름만이 표시되고 있음을 확인할 수 있다.

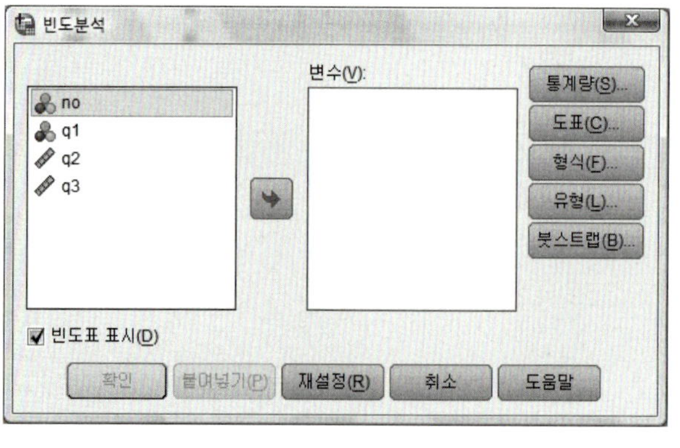

또한 표시순서에 대해서는 다음과 같은 두 가지를 선택할 수 있다.

1. [파일] … 디폴트의 설정(SPSS 설치 시의 초기설정)이다. 데이터 편집기 상의 변수의 순번으로 표시된다.
2. [문자순] … [레이블 표시]를 선택하면 변수 설명의 문자순으로, [이름 표시]를 선택하면 변수 이름의 문자순으로 리스트가 작성된다.

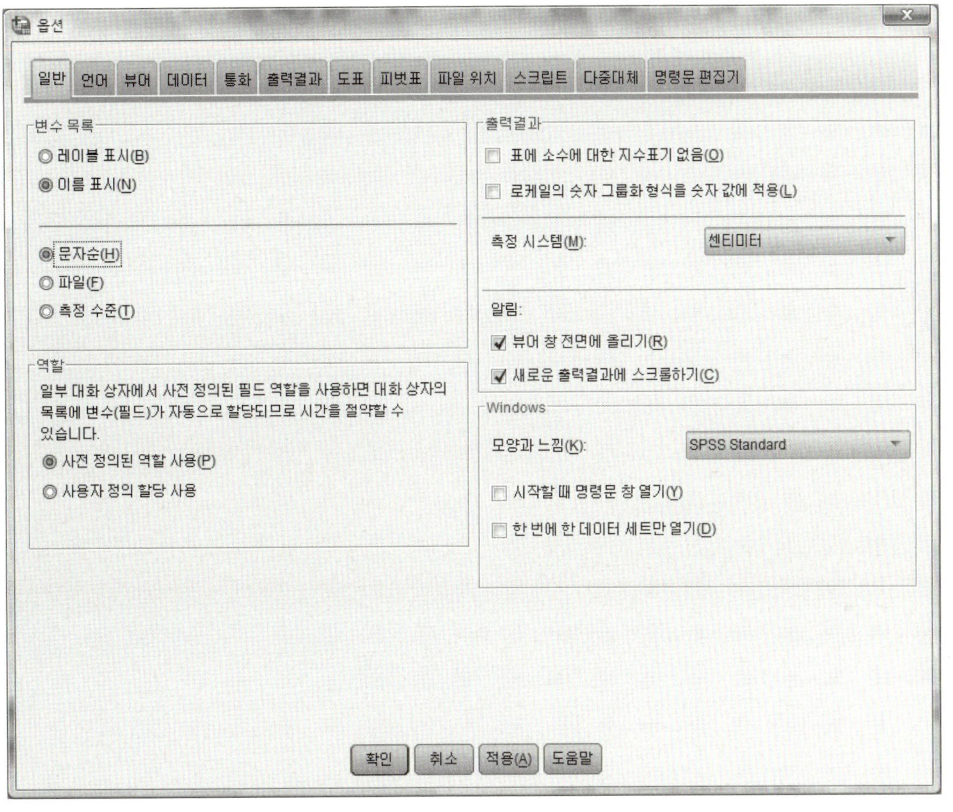

» 출력결과의 변수 표시방법의 변경

출력결과 아웃라인 설명에서 변수의 이름과 설명 양쪽이 모두 표시되도록 하고 싶다.

q1 성별

		빈도	퍼센트	유효 퍼센트	누적 퍼센트
유효	남	6	60.0	60.0	60.0
	여	4	40.0	40.0	100.0
	전체	10	100.0	100.0	

[옵션] 대화상자에서의 선택방법은 다음과 같다.

1. [옵션] 대화상자에서 [출력결과] 탭을 클릭한다.
2. [레이블 붙이기 개요]에서 [변수의 항목 레이블] 중 '이름과 레이블'을 선택하고 빈도분석을 실시한다.

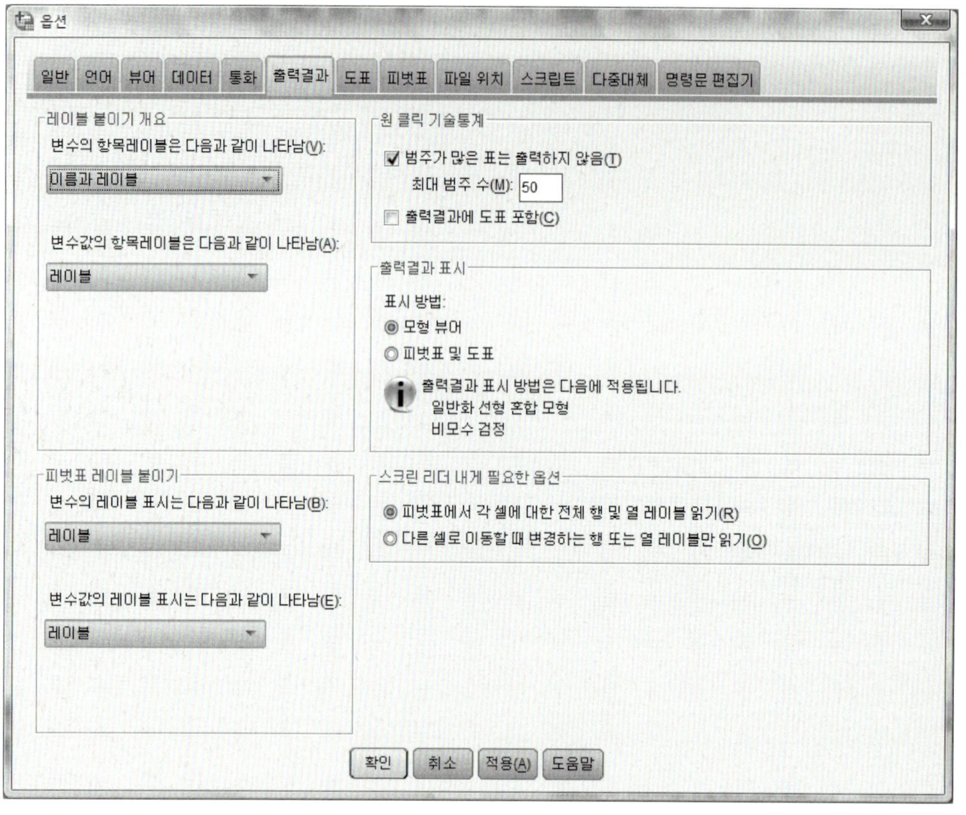

출력결과 피벗표 설명에서 변수의 값과 레이블 양쪽이 모두 표시되도록 하고 싶다.

성별

		빈도	퍼센트	유효 퍼센트	누적 퍼센트
유효	1 남	6	60.0	60.0	60.0
	2 여	4	40.0	40.0	100.0
	전체	10	100.0	100.0	

[옵션] 대화상자에서의 선택방법은 다음과 같다.

1. [옵션] 대화상자에서 [출력결과] 탭을 클릭한다.
2. [피벗표 레이블 붙이기]에서 [변수값의 레이블 표시] 중 '값과 레이블'을 선택하고 빈도분

석을 실시한다.

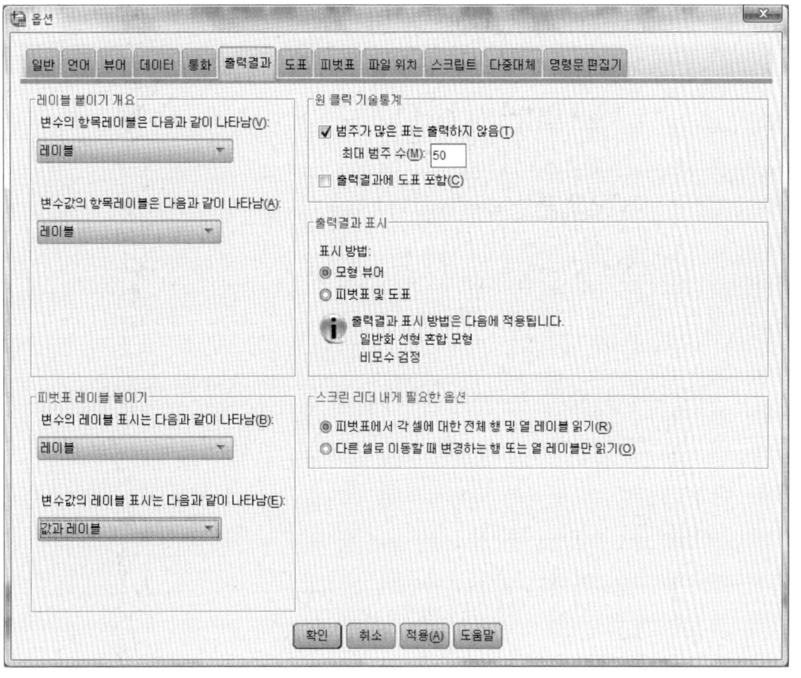

» SPSS를 충분히 구사하기 위한 철칙

SPSS를 충분히 구사하기 위해서 변수의 '이름'과 '설명'을 잘 분간해서 쓰는 철칙은,

"변수의 이름은 단순한 반각 영숫자(英數字)로, 변수 설명에는 내용을!"

이다. 예를 들면 아래와 같은 데이터의 경우, 변수의 이름에 '성별', '연령', '방문횟수' 등으로 붙여도 좋고, 다음과 같이 각각 'q1', 'q2', 'q3'로 대응시키고 '성별', '연령', '방문횟수' 등은 변수의 설명을 붙여도 좋을 것이다.

성별 ⇒ q1
연령 ⇒ q2
방문횟수 ⇒ q3

	No	성별	연령	방문횟수	변수	변수	변수
1	1	남성	54	4			
2	2	여성	33	2			
3	3	여성	19	6			
4	4	남성	26	7			
5	5	남성	30	3			
6	6	남성	45	2			
7	7	여성	37	7			
8	8	남성	31	5			
9	9	여성	36	3			
10	10	남성	33	11			
11							
12							
13							
14							
15							

데이터 보기(D) 변수 보기(V)

그런데 무엇보다도 변수 이름에 단순한 반각 영숫자의 사용을 권장하는 것은 Syntax 명령문을 효율적으로 실수 없이 실행하기 위함이다.

변수 이름을 붙이는 방법의 요령은 다음의 세 가지이다.

[Point 1] [두문자(頭文字) + 연속번호]를 이용한다.

'두문자 + 연속번호'라고 하는 것은 다음과 같은 것이다.

q1, q2, q3, …
f1, f2, f3, …
q1_1, q1_2, q1_3, …

동일한 두문자의 연속번호를 변수 이름으로 가지고 있으면, Syntax 상에서 같은 가공을 행하는 경우에 효율적으로 복수의 변수 지정이 가능하기 때문이다. 또한 동일한 두문자를 사용함으로써 같은 질문군(質問群)이라는 것을 이해하기 쉽게 된다.

[Point 2] 가능한 한 적은 문자수로 한다.

일부 메뉴에서는 원래의 변수 이름에 밑줄과 연속번호를 붙여서 새로운 변수가 자동적으로 작성된다. 변수를 가공할 때에도 원래의 변수 이름에 알기 쉬운 문자나 연속번호를 붙여 가므로, 가능한 한 최대 문자수를 8문자까지 여유를 가질 수 있다.

[Point 3] **[두문자(頭文字) + 연속번호]를 이용하지 않는 경우는, 전각 문자를 사용하지 않고 반각 영숫자만의 이름으로 한다.**

변수 이름에 전각 영숫자를 사용하고 있으면, 데이터 편집기 상에서는 전각인지 반각인지 구별하기 어렵고, Syntax 상에서 변수 이름을 틀리게 입력할 수가 있다.

2.3 | 입력하는 변수값

1. 변수 유형

SPSS에서는 셀에 입력하는 숫자나 문자를 '변수 유형'이라고 부르고, 각각에 '변수값 설명'이라고 하는 해설을 붙일 수 있다. '변수값'과 '변수값 설명'의 관계는 전술한 '변수 이름'과 '변수 설명'의 관계와 같다.

변수 유형에는 종류가 있어서 그것을 '유형'이라고 부른다. 유형에는 크게 나누어 숫자와 문자가 있다. SPSS에서는 다음과 같은 설정 항목이 있다.

» 변수 유형

- **숫자**

  예) 123456.00

  숫자의 디폴트 표기방법으로 소수점 이하 두 자리까지 표시된다.

- **콤마**

  예) 123,456.00

  숫자의 표기방법 중 하나. 세 자리마다 콤마로 구분 짓는다. 소수 부분의 구분 문자는 마침표이다.

- **점**

  예) 123.456,00

  숫자의 표기방법 중 하나. 세 자리마다 마침표로 구분 짓는다. 소수 부분의 구분 문자는 콤마이다.

- **지수표기**

  숫자의 표기방법 중 하나. 1.53E+06, 1.26E-03 등으로 표기되어, E 다음의 부호와 숫자가 10이 멱승(冪乘)을 나타내는 멱지수(冪指數)를 나타낸다. 따라서 1.53E+06은

'1.53×10^{6}=1530000'을, 1.26E-03은 '1.26×10^{-3}=0.00126'을 의미한다.

- **날짜**

  예) 04/30/2012　15-JAN-99　15:30:26

  날짜나 시간의 표기방법으로 숫자의 하나다. 내부적으로 날짜는 1582년 10월 14일부터의 초수(秒數)로 해서, 시간은 초수로서 보존된다.

※ 두 자리로 입력된 년(年)이 나타내는 100년의 범위는, 디폴트에서는, 현재의 년의 69년 전부터 30년 후까지가 된다.

- **달러**

  예) $123,456.00

  통화의 표기방법 중 하나. 달러 기호와 함께 세 자리마다 콤마로 구분 짓고 소수 부분의 구분 문자는 마침표로 표시된다.

- **사용자 정의 통화**

  예) ₩123,456-

  사용자가 설정한 통화의 포맷(format)으로 표기된다.

- **문자**

  예) 남자　서울특별시

  문자가 표시된다. 문자의 폭은 반각(半角)으로 255문자까지이다. 대문자와 소문자는 구별된다.

※ 문자의 변수는 그대로 계산에 사용할 수 없다.

하나의 변수에 입력되는 변수값은 같은 데이터 유형을 갖는다.

메뉴에 따라서는 특정한 데이터 유형의 변수밖에 받아들이지 않는 경우가 있고, 바르게 데이터 유형이 설정되지 않으면 내고 싶은 결과를 낼 수 없는 경우가 있다. 데이터의 내용과 목적에 따른 데이터 유형을 설정하는 것이 중요하다.

2. 변수값 설명

다음과 같이 입력된 데이터의 경우, 변수 q1의 문자 데이터에 대해서 어떻게 변수값 설명을 붙이고 있을까?

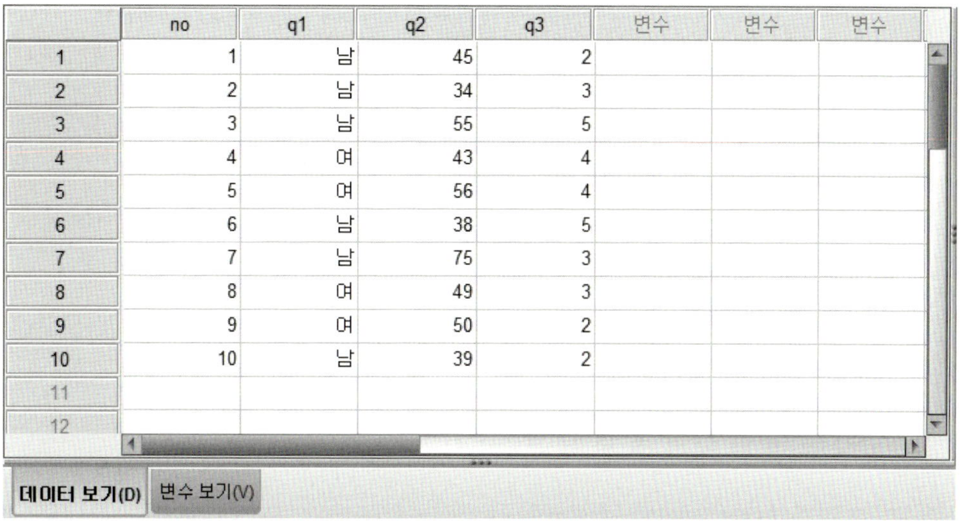

	no	q1	q2	q3	변수	변수	변수
1	1	남	45	2			
2	2	남	34	3			
3	3	남	55	5			
4	4	여	43	4			
5	5	여	56	4			
6	6	남	38	5			
7	7	남	75	3			
8	8	여	49	3			
9	9	여	50	2			
10	10	남	39	2			
11							
12							

데이터 보기(D) 변수 보기(V)

[변수 보기]를 보면 [값 레이블] 대화상자에서 [기준값] 난에 '남', '여'를 각각 '1', '2'라고 입력하여 문자 데이터를 코드화한다.

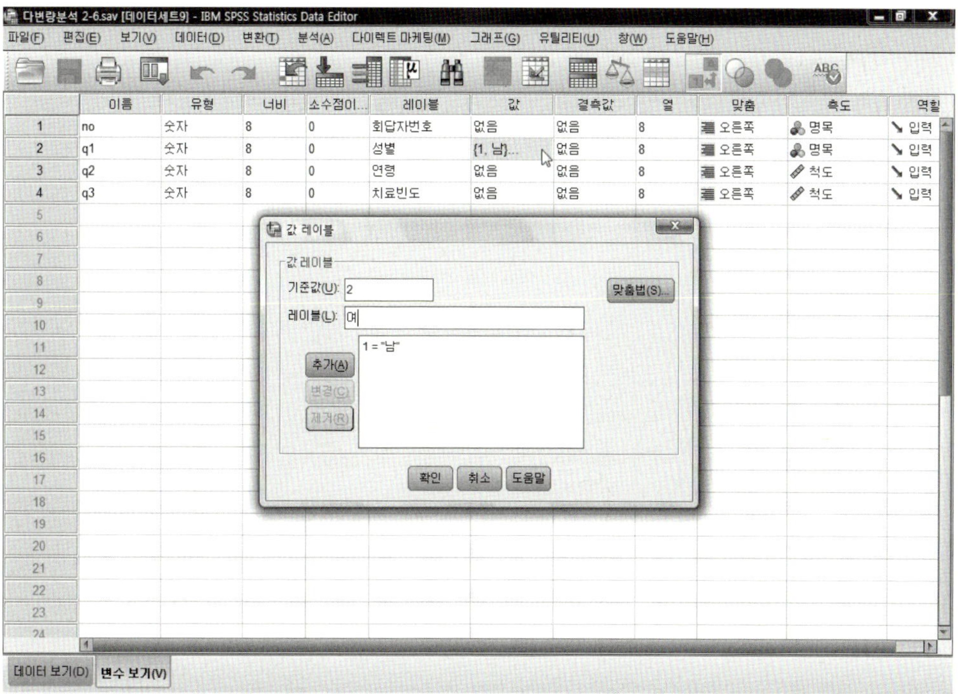

그렇게 하면 출력결과에서는 다음과 같이 변수값 설명(레이블)이 표시된다.

성별

		빈도	퍼센트	유효 퍼센트	누적 퍼센트
유효	남	6	60.0	60.0	60.0
	여	4	40.0	40.0	100.0
	전체	10	100.0	100.0	

변수값 입력의 요령은 다음의 두 가지이다.

[Point 1] 가능한 한 숫자로 한다.

사람 이름이나 자유회답의 코멘트 등 코드화하는 것이 어려운 것을 제외하고, 범주(category)값도 가능한 한 숫자로 입력한다.

예) 예=1, 아니오=0
고=3, 중=2, 저=1
경기도=1, 충청남도=2, …, 제주도=9

문자 변수를 받아들이지 못하는 메뉴가 있고, 입력에 시간이 걸리거나 입력실수를 하기 쉬운 등, 문자 입력의 장점은 별로 없다.

[Point 2] 반드시 변수값 설명을 붙여 둔다.

범주값을 숫자로 입력한 경우에는 특히 범주값의 내용을 변수값 설명으로 붙여 둔다. 나중에 어느 범주가 어떤 숫자에 대응하는지 알 수 없게 되면 데이터의 신뢰성이 손상되고 만다.
또한 변수값 설명을 붙임으로써 출력결과에 범주값의 내용을 표시할 수 있다.

2.4 | 다중응답의 입력 형식

하나의 질문에 대해서 복수의 회답이 존재하는 것을 SPSS에서는 '다중응답'이라고 부른다. 하나의 변수는 하나의 정보를 다루는 것이 기본이므로, 다중응답에 대해서는 복수의 변수로 그 정보를 나타내고, 또한 그들 변수를 일괄해서 다룰 필요가 있다.

다중응답의 예를 몇 가지 들어 보기로 한다.

▸[예 2-1] 다이어트 치료 중인 환자에게 묻는 앙케트의 예

다이어트를 위해 자주 먹는 음식은? (몇 개도 가능)

1. 검은콩 두부
2. 현미밥
3. 된장국
4. 도토리묵
5. 배추김치
6. 오이김치
7. 닭 가슴살
8. 흑미밥
9. 메밀국수

▸[예 2-2] PC 사용자에 대한 앙케트의 예

PC를 구입할 때에 중시하는 점은? (두 개까지)

1. 디자인
2. 가격
3. 성능
4. 브랜드
5. 애프터서비스
6. 인기

▸[예 2-3] 환자에 대한 앙케트 조사의 예

환자분의 취미를 세 개까지 기입해 주십시오.

(　　　　)

(　　　　)

(　　　　)

※ 예 2-3에 대해서는 회답내용을 몇 개의 범주로 분류할 필요가 있다.

다중응답의 입력 형식에는 두 종류가 있는데, SPSS에서는 각각 '범주 코드화', '2분 코드화'라고 부른다. 어느 쪽의 코드화를 행하더라도 다중응답 그룹으로서 도수분포표를 작성한다거나 다른 변수와의 분할표를 작성하게 되면, 완전히 같은 결과가 얻어진다. 그러나 입력하는 분량이나 그 밖의 분석에 대한 응용 등의 점에서 다르므로, 개개의 사정이나 목적에 맞춰서 입력 형식을 결정해야 한다.

» 범주 코드화

복수의 변수에 다중응답의 선택 항목 모두를 변수값으로서 갖게 한다. 선택 항목 수가 상한이 정해져 있는 경우, 그 상한 수만큼 변수를 작성한다(예 2-2의 경우는 두 개, 예 2-3의 경우는 세 개). 회답이 있는 정도만큼 변수에 값을 입력하고, 선택 수가 상한 수에 충족되지 않는 경우는, 사용자 지정의 결측값으로 한다.

선택의 상한 수가 적은 경우, 입력하는 분량을 억제할 수 있는 것이 장점이다. 상한이 선택 항목 수에 가까운 경우나 상한이 없는 경우에는 적합하지 않다.

▸ 예 2-2의 범주 코드화 입력 예

	no	q1_1	q1_2	변수	변수	변수	변수
1	1	성능	브랜드				
2	2	브랜드	애프터서비스				
3	3	가격	성능				
4	4	가격	브랜드				
5	5	디자인	애프터서비스				
6	6	브랜드	무회답				
7	7	애프터서비스	인기				
8	8	브랜드	애프터서비스				
9	9	인기	디자인				
10	10	디자인	가격				
11							
12							
13							
14							
15							

데이터 보기(D) 변수 보기(V)

두 개의 변수 q1_1. q1_2에는 다음과 같은 변수값 설명을 설정한다.

1. 디자인
2. 가격
3. 성능

4. 브랜드
5. 애프터서비스
6. 인기

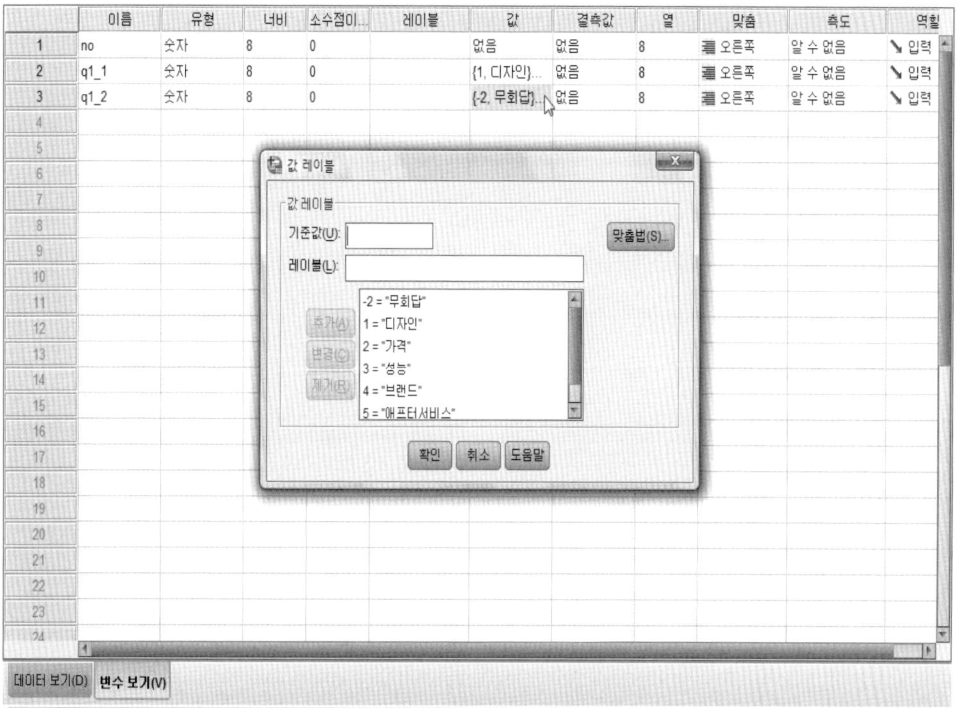

번호(no) 6의 케이스는 '브랜드'밖에 선택하고 있지 않으므로, [q1-2]는 '-2'(무회답) 등의 값을 부여하여, 사용자 지정의 결측값으로 한다.

또한 첫 번째로 중시하는 점, 두 번째로 중시하는 점이라고 하는 두 개의 선택에 순위가 있는 경우에는 (다른 분석에서 사용할 목적으로서는) 순위대로 입력해야 하지만, 어떠한 순번으로 입력되어 있더라도 다중응답 그룹으로서의 출력결과에는 영향을 미치지 않는다.

» 2분 코드화

선택 항목의 수만큼 변수를 작성하고, 그 항목의 비선택, 선택 [0, 1]의 두 변수값을 갖게 한다. 선택 항목 수가 대단히 많은 경우에는 적합하지 않지만, 다중응답으로서 뿐만 아니라 개별 항목으로서 분석을 행할 가능성이 있는 경우에는, 이 코드화를 추천한다.

▸ **예 2-1의 2분 코드화 입력 예**

	q1_1	q1_2	q1_3	q1_4	q1_5	q1_6	q1_7	q1_8	q1_9	변수
1	.00	.00	.00	1.00	.00	.00	1.00	.00	1.00	
2	.00	.00	.00	1.00	.00	.00	1.00	.00	1.00	
3	.00	.00	.00	.00	.00	1.00	1.00	.00	.00	
4	.00	.00	.00	.00	.00	1.00	.00	.00	.00	
5	.00	.00	.00	.00	.00	1.00	.00	1.00	.00	
6	.00	.00	1.00	.00	1.00	1.00	.00	1.00	.00	
7	.00	1.00	.00	.00	1.00	.00	.00	1.00	.00	
8	.00	1.00	.00	.00	1.00	.00	.00	1.00	.00	
9	1.00	1.00	1.00	1.00	.00	.00	.00	.00	1.00	
10	.00	.00	1.00	1.00	.00	.00	10.00	.00	1.00	
11	.00	.00	.00	1.00	.00	.00	.00	.00	1.00	
12	.00	.00	.00	1.00	1.00	.00	.00	.00	1.00	
13	.00	.00	.00	.00	1.00	1.00	.00	.00	.00	
14	.00	1.00	.00	.00	1.00	1.00	1.00	.00	.00	
15	.00	.00	.00	.00	.00	.00	1.00	1.00	.00	
16										
17										
18										

데이터 보기(D) 변수 보기(V)

각각의 음식에 대해서 선택하면 '1', 선택하지 않으면 '0'을 입력한다. 여기에서 소숫점 이하 자리수가 두 자리로 되어 있는 '.00'을 '0', '1.00'을 '1'로 해도 상관없다.

SPSS에서는 기본 메뉴로서 Base System에 탑재되어 있는 [다중응답] 절차에 따라서 다중응답의 설정이 가능하다. 설정방법과 출력결과 예를 소개하기로 한다.

» Base System [다중응답] 절차

▸ 범주 코드화 다중응답 그룹의 설정방법

앞의 예 2-2를 사용해서 다중응답 그룹을 설정해서 빈도분석을 실시해 보자.

〈순서 1〉 메뉴에서 [분석]-[다중반응]-[변수군 정의]를 선택한다.

〈순서 2〉 [변수군에 포함된 변수] 리스트에 다중반응 그룹을 구성할 변수를 모두 투입한다.

〈순서 3〉 [변수들의 코딩 형식]에서 [범주형]에 체크하고, [범위]에는 범주 값의 범위 '1'에서 '6'을 입력한다.

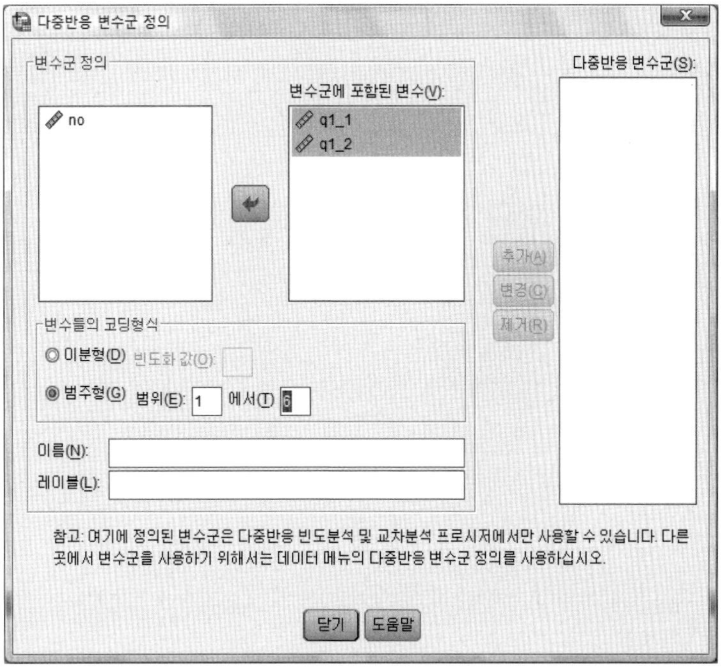

〈순서 4〉 [이름]에는 다중반응 그룹의 변수 이름을, [설명]에는 다중반응의 질문내용을 설명으로서 설정한다.

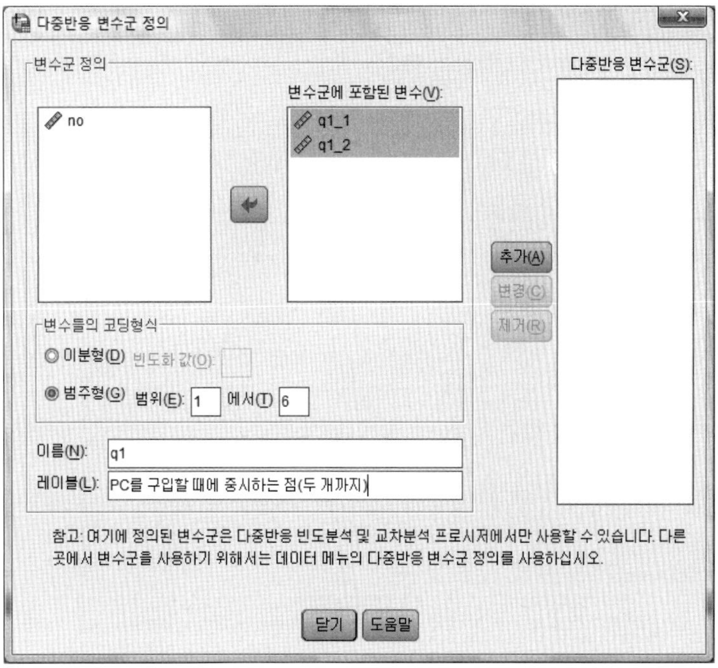

〈순서 5〉 이상의 설정이 완료되면, [추가] 버튼을 클릭한다. 그러면 [다중반응 변수군] 난에 '$q1'이라고 하는 새로운 다중반응 그룹이 등록된다(맨 앞의 '$' 마크는 다중반응 그룹이라는 표시다).

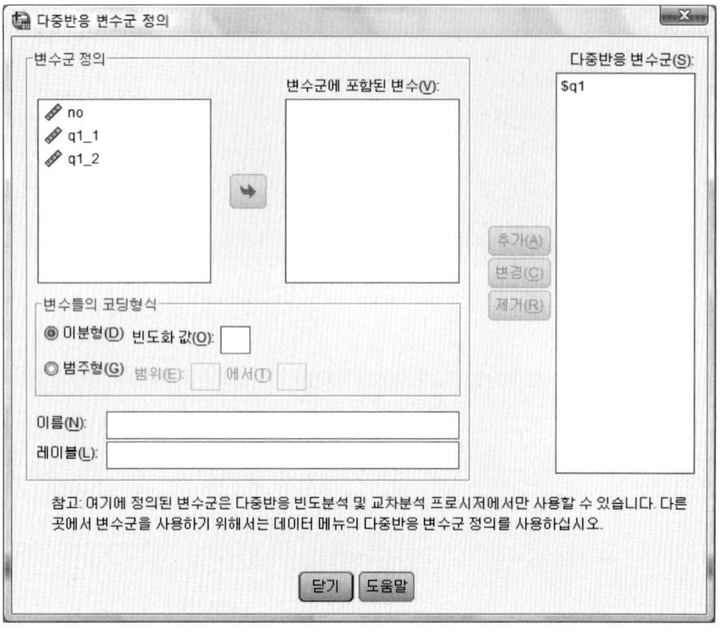

〈순서 6〉 복수의 다중반응 그룹이 존재하는 경우에는 같은 순서를 계속한다. 다음에는 [닫기] 버튼을 누르면 설정이 완료된다.

〈순서 7〉 메뉴에서 [분석]-[다중반응]-[빈도분석]을 선택한다.

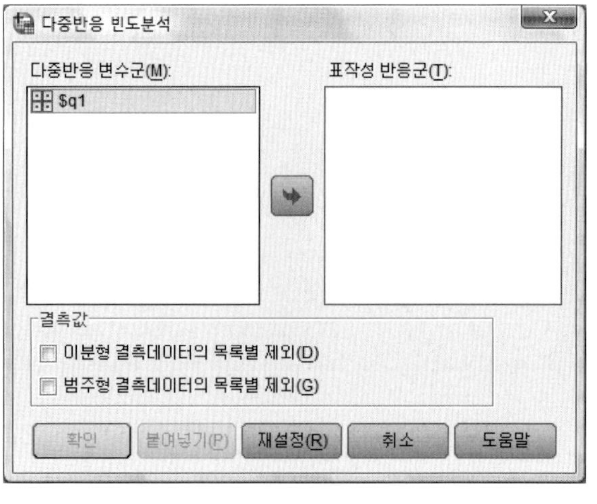

〈순서 8〉 [다중반응 빈도분석] 대화상자에서 다음과 같이 선택 · 지정하고 [확인] 버튼을 클릭한다.

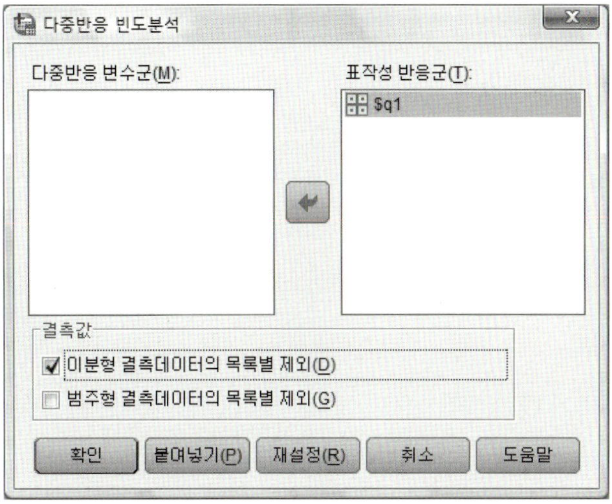

〈순서 9〉 다음과 같은 빈도분석 결과가 출력된다.

$q1 빈도

		반응		케이스 중 %
		N	퍼센트	
PC를 구입할 때에 중시하는 점(두 개까지)[a]	디자인	3	15.8%	30.0%
	가격	3	15.8%	30.0%
	성능	2	10.5%	20.0%
	브랜드	5	26.3%	50.0%
	애프터서비스	4	21.1%	40.0%
	인기	2	10.5%	20.0%
전체		19	100.0%	190.0%

a. 범주형 변수 집단

▸ 2분 코드화 다중응답 그룹의 설정방법

예 2-1의 2분 코드화 입력 데이터를 이용하여 다중응답 그룹을 설정해서 빈도분석을 실시해 보자.

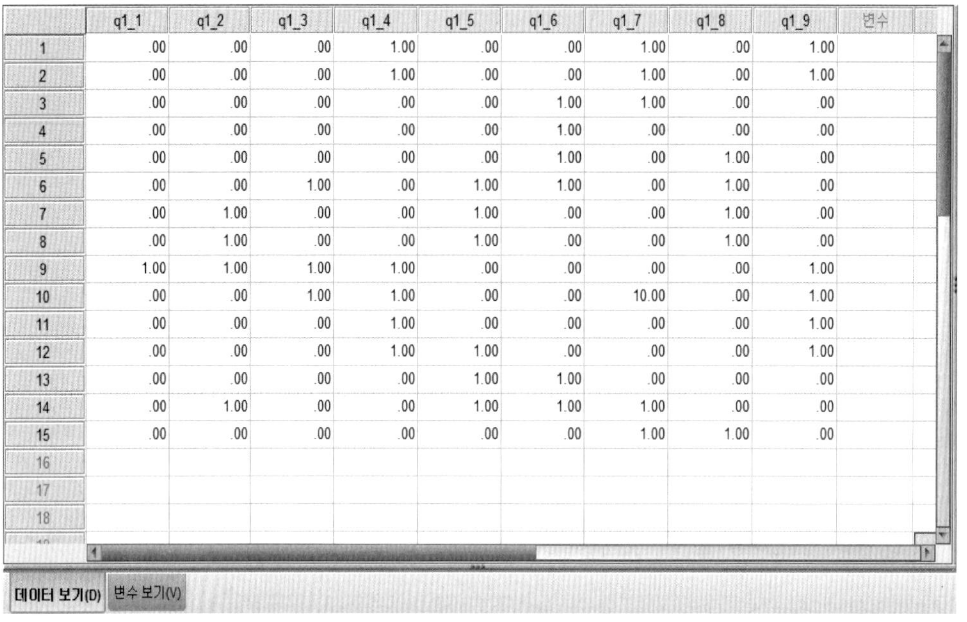

	q1_1	q1_2	q1_3	q1_4	q1_5	q1_6	q1_7	q1_8	q1_9	변수
1	.00	.00	.00	1.00	.00	.00	1.00	.00	1.00	
2	.00	.00	.00	1.00	.00	.00	1.00	.00	1.00	
3	.00	.00	.00	.00	.00	1.00	1.00	.00	.00	
4	.00	.00	.00	.00	.00	1.00	.00	.00	.00	
5	.00	.00	.00	.00	.00	1.00	.00	1.00	.00	
6	.00	.00	1.00	.00	1.00	1.00	.00	1.00	.00	
7	.00	1.00	.00	.00	1.00	.00	.00	1.00	.00	
8	.00	1.00	.00	.00	1.00	.00	.00	1.00	.00	
9	1.00	1.00	1.00	1.00	.00	.00	.00	.00	1.00	
10	.00	.00	1.00	1.00	.00	.00	10.00	.00	1.00	
11	.00	.00	.00	1.00	.00	.00	.00	.00	1.00	
12	.00	.00	.00	1.00	1.00	.00	.00	.00	1.00	
13	.00	.00	.00	.00	1.00	1.00	.00	.00	.00	
14	.00	1.00	.00	.00	1.00	1.00	1.00	.00	.00	
15	.00	.00	.00	.00	.00	.00	1.00	1.00	.00	
16										
17										
18										

〈순서 1〉 메뉴에서 [분석]-[다중반응]-[변수군 정의]를 선택한다.

〈순서 2〉 [변수군에 포함된 변수] 리스트에 다중반응 그룹을 구성할 변수를 모두 투입한다.

〈순서 3〉 [변수들의 코딩 형식]에서 [이분형]에 체크하고, [빈도화 값]에는 '선택'에 할당된 '1'을 입력한다.

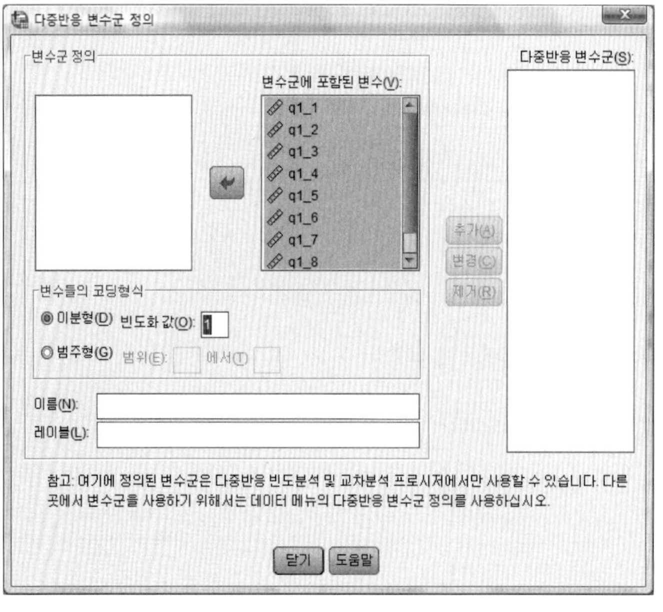

〈순서 4〉 [이름]에는 다중반응 그룹의 변수 이름을, [레이블]에는 다중반응의 질문내용을 설명으로서 설정한다.

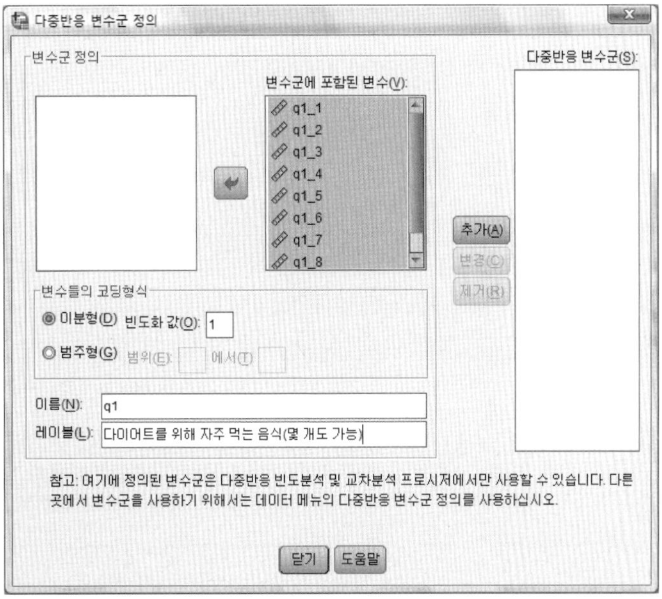

〈순서 5〉 이상의 설정이 완료되면, [추가] 버튼을 클릭한다. 그러면 [다중반응 변수군] 난에 '$q1'이라고 하는 새로운 다중반응 그룹이 등록된다(맨 앞의 '$' 마크는 다중반응 그룹이라는 표시다).

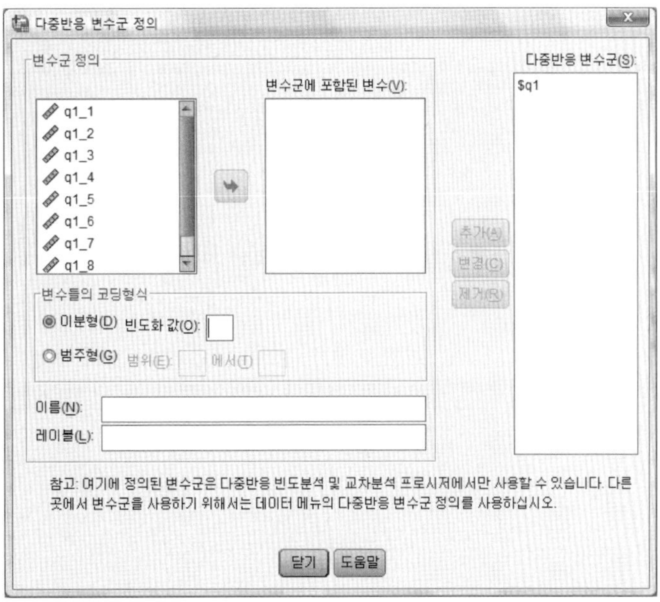

〈순서 6〉 다음에는 [닫기] 버튼을 누르면 설정이 완료된다.

〈순서 7〉 메뉴에서 [분석]–[다중반응]–[빈도분석]을 선택한다.

〈순서 8〉 [다중반응 빈도분석] 대화상자에서 다음과 같이 선택 · 지정하고 [확인] 버튼을 클릭한다.

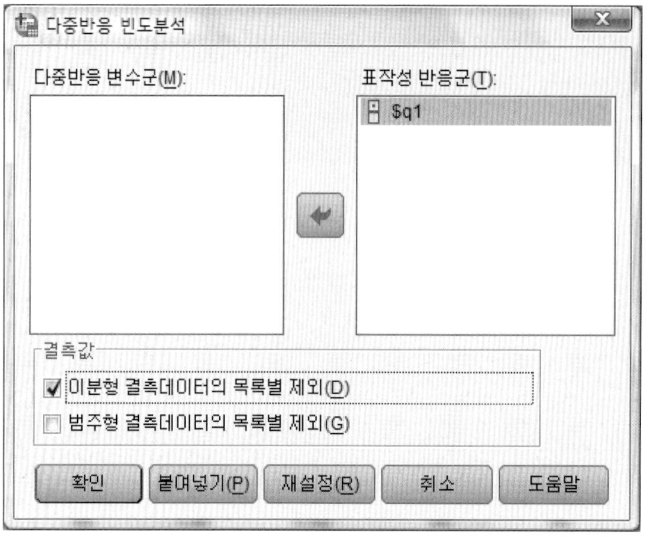

〈순서 9〉 다음과 같은 빈도분석 결과가 출력된다.

$q1 빈도

		반응		케이스 중 %
		N	퍼센트	
다이어트를 위해 자주 먹는 음식(몇 개도 가능)[a]	q1_1	1	2.4%	6.7%
	q1_2	4	9.5%	26.7%
	q1_3	3	7.1%	20.0%
	q1_4	6	14.3%	40.0%
	q1_5	6	14.3%	40.0%
	q1_6	6	14.3%	40.0%
	q1_7	5	11.9%	33.3%
	q1_8	5	11.9%	33.3%
	q1_9	6	14.3%	40.0%
전체		42	100.0%	280.0%

a. 값 1을(를) 가지는 이분형 변수 집단입니다.

2.5 | 앙케트 조사 결과의 입력

제1장에서의 앙케트 조사결과 <표 1.1>을 SPSS에 입력하면 다음과 같다.

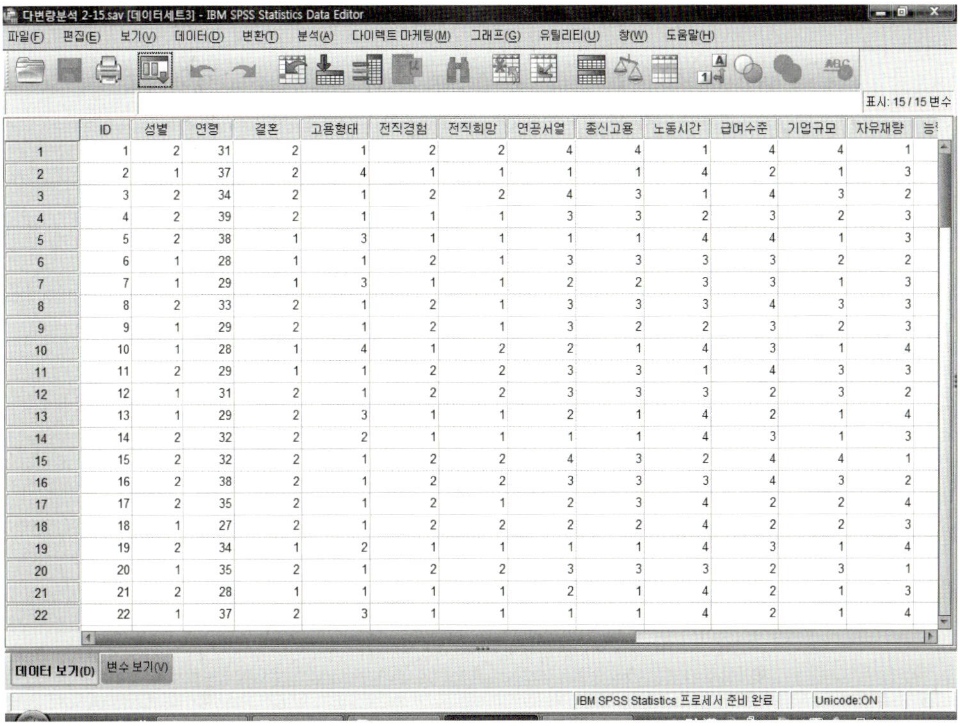

	ID	성별	연령	결혼	고용형태	전직경험	전직희망	연공서열	종신고용	노동시간	급여수준	기업규모	자유재량
1	1	2	31	2	1	2	2	4	4	1	4	4	1
2	2	1	37	2	4	1	1	1	1	4	2	1	3
3	3	2	34	2	1	2	2	4	3	1	4	3	2
4	4	2	39	2	1	1	1	3	3	2	3	2	3
5	5	2	38	1	3	1	1	1	1	4	4	1	3
6	6	1	28	1	1	2	1	3	3	3	3	2	2
7	7	1	29	1	3	1	1	2	2	3	3	1	3
8	8	2	33	2	1	2	1	3	3	3	4	3	3
9	9	1	29	2	1	2	1	3	2	2	3	2	3
10	10	1	28	1	4	1	2	2	1	4	3	1	4
11	11	2	29	1	1	2	2	3	3	1	4	3	3
12	12	1	31	2	1	2	2	3	3	3	2	3	2
13	13	1	29	2	3	1	1	2	1	4	2	1	4
14	14	2	32	2	2	1	1	1	1	4	3	1	3
15	15	2	32	2	1	2	2	4	3	2	4	4	1
16	16	2	38	2	1	2	2	3	3	3	4	3	2
17	17	2	35	2	1	2	1	2	3	4	2	2	4
18	18	1	27	2	1	2	2	2	2	4	2	2	3
19	19	2	34	1	2	1	1	1	1	4	3	1	4
20	20	1	35	2	1	2	2	3	3	3	2	3	1
21	21	2	28	1	1	1	1	2	1	4	2	1	3
22	22	1	37	2	3	1	1	1	1	4	2	1	4

이때 [변수 보기]에서 변수 값 설명과 [측도] 설정은 다음과 같다.

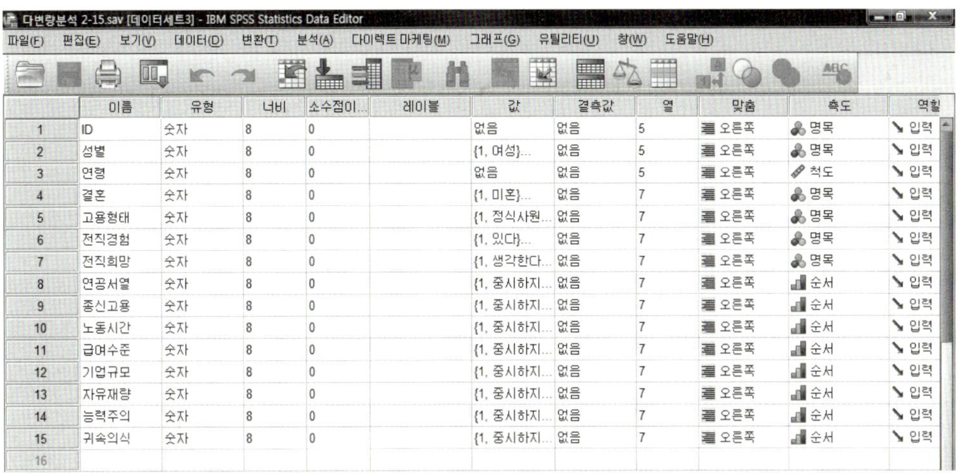

	이름	유형	너비	소수점이...	레이블	값	결측값	열	맞춤	측도	역할
1	ID	숫자	8	0		없음	없음	5	오른쪽	명목	입력
2	성별	숫자	8	0		{1, 여성}...	없음	5	오른쪽	명목	입력
3	연령	숫자	8	0		없음	없음	5	오른쪽	척도	입력
4	결혼	숫자	8	0		{1, 미혼}...	없음	7	오른쪽	명목	입력
5	고용형태	숫자	8	0		{1, 정식사원...	없음	7	오른쪽	명목	입력
6	전직경험	숫자	8	0		{1, 있다}...	없음	7	오른쪽	명목	입력
7	전직희망	숫자	8	0		{1, 생각한다...	없음	7	오른쪽	명목	입력
8	연공서열	숫자	8	0		{1, 중시하지...	없음	7	오른쪽	순서	입력
9	종신고용	숫자	8	0		{1, 중시하지...	없음	7	오른쪽	순서	입력
10	노동시간	숫자	8	0		{1, 중시하지...	없음	7	오른쪽	순서	입력
11	급여수준	숫자	8	0		{1, 중시하지...	없음	7	오른쪽	순서	입력
12	기업규모	숫자	8	0		{1, 중시하지...	없음	7	오른쪽	순서	입력
13	자유재량	숫자	8	0		{1, 중시하지...	없음	7	오른쪽	순서	입력
14	능력주의	숫자	8	0		{1, 중시하지...	없음	7	오른쪽	순서	입력
15	귀속의식	숫자	8	0		{1, 중시하지...	없음	7	오른쪽	순서	입력

CHAPTER

3

데이터의 크리닝

CHAPTER 3 **데이터의 크리닝**

3.1 | 부정회답의 처리

앙케트 데이터의 경우 회답방법의 지시를 충족하지 못하는 부정(不正)한 회답이 포함되는 경우가 있다. 이와 같은 부정회답은 데이터 입력 전에 미리 체크하고, 어떠한 값으로 입력할지를 정해 놓는 것이 필요하다.

몇 가지의 부정회답의 예와 그 처리방법을 소개하기로 한다.

> 설문지의 데이터를 입력한 Excel이나 SPSS의 데이터에 결측값이 없는지 또는 잘못된 값으로 입력한 것은 없는지 확인하는 작업을 SPSS에서 실시할 수 있다.

» 예 1 단회답(하나만 선택지를 고르는)의 질문에서 복수의 회답을 한다.

문1 본 병원을 찾게 된 동기는 무엇입니까? 다음중 하나만 선택해 주십시오.

1. 교통이 편리해서
2. 의료진이 좋아서
3. 매스컴에 널리 알려져서
4. 의료장비가 좋아서

이와 같이 복수의 선택지를 선택하고 있는 데이터는 부정회답으로 하고, '-1' 등의 값을 부여해서 사용자 지정의 결측값으로 한다. 어느 쪽인가 한쪽의 회답을 자의적으로 골라서 입력해서는 안 된다.

그러나 위의 예와 같이 '2'와 '3'의 양쪽을 선택하고 있는 회답자가 어느 정도 존재하여, 그러한 회답도 분석하고 싶은 경우에는 새로 '5'라고 하는 범주값을 할당한다고 하는 방법도 생각할 수 있다.

주의

이와 같이 부정회답에 패턴이 인정되는 경우에는, 질문의 방식이나 선택지가 적절한지 어떤지를 검토할 필요가 있다. 이 경우에 '하나 선택한다'고 하는 지시가 전해지기 어려웠는지도 모른다. 혹은 '2'와 '3'의 어느 쪽에도 해당되지 않는 '의료진이 좋기로 널리 매스컴에 알려져서'라고 하는 회답이 딱 들어맞는 회답자가 많다고 하는 경우가 있기 때문에, 선택지를 재검토해야 할지도 모른다.

» 예 2　다중응답의 질문에서 지시된 최대수 이상의 회답을 한다.

문2　휴대폰 구입 시 중시하는 것은? (최대 2개까지)

1. 디자인
2. 색
3. 가격
4. 성능
5. 브랜드
6. 애프터서비스
7. 인기

이러한 케이스도 부정회답으로 한다. 선택지의 수만큼 변수를 작성하는 2분 코드화 형식으로 입력하는 경우나, 최대 회답수의 수만큼 변수를 작성하는 범주화 형식으로 입력하는 경우도, 모든 변수에 '-1' 등의 값을 부여하여 사용자 지정의 결측값으로 한다.

» 예 3　다중응답의 질문에서 지시된 수 미만의 회답을 한다.

최대 5개까지 선택할 수 있는 것을 2개만 선택하고 있다. 나머지 3개분은 무회답이 되므로, 5개 고른 상태에서 선택되지 않은 비선택의 경우와 구별하기 위해서, '-2' 등의 '무회답'의 값을 부여하여 사용자 지정의 결측값으로 한다.

2분 코드화 형식의 경우는 선택되지 않은 선택지의 변수 모두에, 범주 코드화 형식의 경우는 선택되지 않은 갯수분의 변수에 무회답의 값을 할당한다.

문3 다음에 구입하고 싶은 디지털 기기는 무엇입니까? (최대 5개까지)	
(1.) 액정 데스크탑 PC	2. 데스크탑 PC
3. A4 올인원 노트 PC	4. A4 액정 노트 PC
5. B5 노트 PC	6. B5 박형 노트 PC
7. 미니 노트 PC	8. 휴대폰
9. 디지털 카메라	10. 디지털 비디오카메라
11. MP3 플레이어	12. DVD 플레이어
13. 잉크젯프린터	(14) 스캐너
15. 액정 디스플레이	16. 터미널 어댑터
17. CD-R/RW 드라이브	18. DVD-ROM 드라이브
19. 와이드 TV	20. 액정 TV

» **예 4 해당하는 숫자 하나에 동그라미를 치는 질문에서 두 개 이상 동그라미를 친다거나 숫자와 숫자의 사이에 동그라미를 친다거나 한다.**

문4 다음을 어느 정도 좋아합니까?

	전혀 좋아하지 않는다				매우 좋아한다
스파게티	1	(2)	(3)	4	5
메밀국수	1	2	3	4 ○	5

이러한 회답은 부정회답이라고 하든가 혹은 보다 '경향이 약한' 방향의 회답을 선택한다고 하는 방법도 있다. 다시 말하면 이 경우 '3'이 가장 경향이 약하고, 다음에 '2'와 '4', 가장 경향이 강한 것이 '1'과 '5'가 되기 때문에 '2'와 '3'을 선택하고 있으면 '3'을 입력하고, '4'와 '5' 의 사이에 동그라미를 치면 '4'를 입력하다고 하는 식이 된다.

이 예와 같이 나란한 숫자로부터 정도를 선택하게 하는 형식으로 질문하고, 그 결과를 양적 데이터로써 분석에 이용하는 일이 자주 있다. 그러나 이러한 형식으로 얻어진 데이터는 본래는 양적 데이터가 아니므로, 위와 같은 예의 경우에 '2.5'나 '4.5'라고 하는 값을 입력해서는 안 된다.

'2'와 '3'의 사이가 '2.5'라고 하는 사실이 성립하는 것은 양적 데이터의 경우뿐이다.

» 예5　회답해서는 안 되는 질문에 회답한다.

> 문5 병원에 다니고 있습니까?
> 예　(아니오)
>
> ⇒ '예'라고 대답한 사람
>
> 문5_1 일주일에 며칠 다니고 있습니까?　(1) 일/주

문5_1은 문5에서 '예'라고 회답한 사람에 대한 하위질문이므로, 위와 같이 문5에서 '아니오'라고 회답하고 있는 경우는 문5_1에 기입된 회답은 부정회답이 된다. '-1' 등의 값을 부여하여 사용자 지정의 결측값으로 설정한다.

» 예6　주어진 선택지를 고르지 않고, 독자적인 회답을 기입한다.

> 문6 본 헬스클럽에 회원 등록되어 있습니까? (하나만)
>
> 1. 등록되어 있다
> 2. 몰라서 등록하지 않았다
> 3. 등록할 계획이 없다
> 4. 등록하는 것이 두렵다
>
> 이전에 등록했다

이러한 회답은 부정회답으로 하든가 혹은 '기타'라고 하는 범주를 새로 작성하여, '5' 등의 값을 할당한다고 하는 방법도 생각할 수 있다.

3.2 | 이상치나 입력 실수의 발견

연령의 변수값이 마이너스라든가, '2'라고 입력해야 할 곳이 '23'으로 입력되어 있다든가, 같은 변수값으로서 '서울'과 '서울특별시'의 두 가지로 입력되어 있는 등의 이상치(異常値)나 입력 실수에 의한 부정(不正) 데이터는 분석결과에 큰 악영향을 미치는 원인이 된다. 분석이 끝나고 나서 '데이터가 틀렸다'라고 하는 사실이 발견되면, 일을 처음부터 다시 해야 한다. 분석을 개시하기 전에 모든 변수에 대해서 주의 깊게 데이터의 크리닝을 실시해야 한다. 이러한 부정 데이터는 다음과 같은 방법을 이용해서 발견할 수 있다.

» 범주형 데이터의 경우

도수분포표를 작성한다. '1', '2', '3' 등 데이터가 취하는 값이 정해져 있는 경우에는, 도수분포표에 의해서 본래 존재하지 않는 값이 입력되어 있는지 어떤지 확인한다.

» 양적 데이터의 경우

최대값과 최소값을 확인한다거나 히스토그램을 작성한다. 연령이나 체중, 혈압 등 양적인 데이터의 경우에는 최대값과 최소값에 의해서 정상적인 범위를 넘어선 데이터가 입력되어 있는지 어떤지 확인한다. 또한 히스토그램에 의해서 데이터의 치우침 상태를 알 수 있다. 예를 들면 어떤 특정의 값이 대단히 많은 경우에 정상적인 데이터인지 혹은 어떤 원인에 의해서 그와 같은 치우침이 생겼는지를 검토할 필요가 있다는 것을 알아차릴 수 있다.

그렇다면 이러한 조작방법을 확인해 보도록 하자.

» 도수분포표의 작성

데이터 파일 [앙케트의 통계분석 2-9]를 이용해서 다음과 같은 순서로 도수분포표를 작성한다.

〈순서 1〉 메뉴에서 [분석]-[기술통계량]-[빈도분석]을 선택한다.

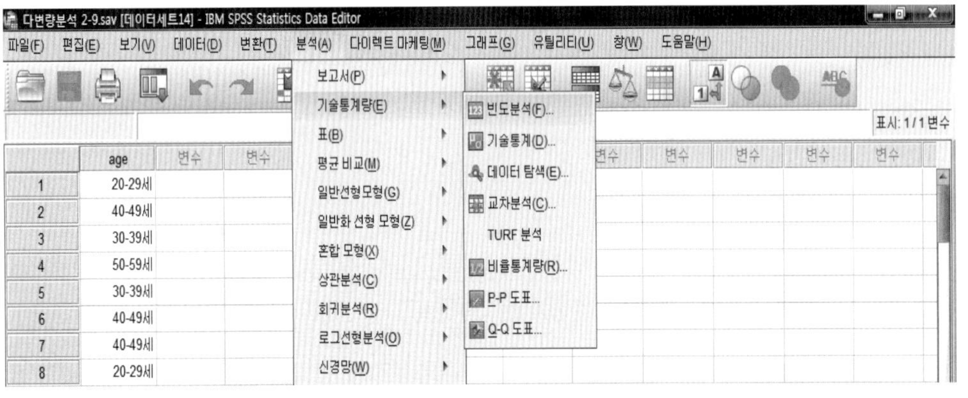

〈순서 2〉 [빈도분석] 대화상자가 열리면 도수분포표를 작성하고 싶은 변수를 오른쪽 [변수] 난에 투입한다.

※ 복수의 변수를 투입하면, 각각의 변수에 대해서 도수분포표를 한꺼번에 작성할 수 있다.

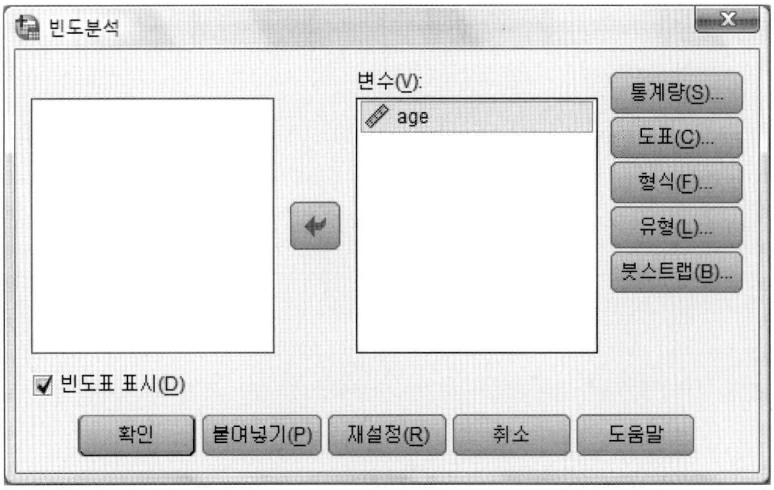

〈순서 3〉 [확인] 버튼을 클릭하면 분석결과가 출력된다.

연령

		빈도	퍼센트	유효 퍼센트	누적 퍼센트
유효	20-29세	27	15.0	15.0	15.0
	30-39세	60	33.3	33.3	48.3
	40-49세	65	36.1	36.1	84.4
	50-59세	27	15.0	15.0	99.4
	7	1	.6	.6	100.0
	전체	180	100.0	100.0	

이 예의 경우, 본래 존재하지 않는 값 '7'이 잘못 입력되어 있는 케이스가 하나 있다는 것을 알 수 있다.

» 최대값 · 최소값의 산출과 히스토그램의 작성

데이터 파일 [앙케트의 통계분석 2-10]을 이용해서 최대값 · 최소값을 산출하고 히스토그램을 작성한다.

〈순서 1〉 메뉴에서 [분석]－[기술통계량]－[빈도분석]을 선택한다.

〈순서 2〉 [빈도분석] 대화상자가 열리면 도수분포표를 작성하고 싶은 변수를 오른쪽 [변수] 난에 투입한다.

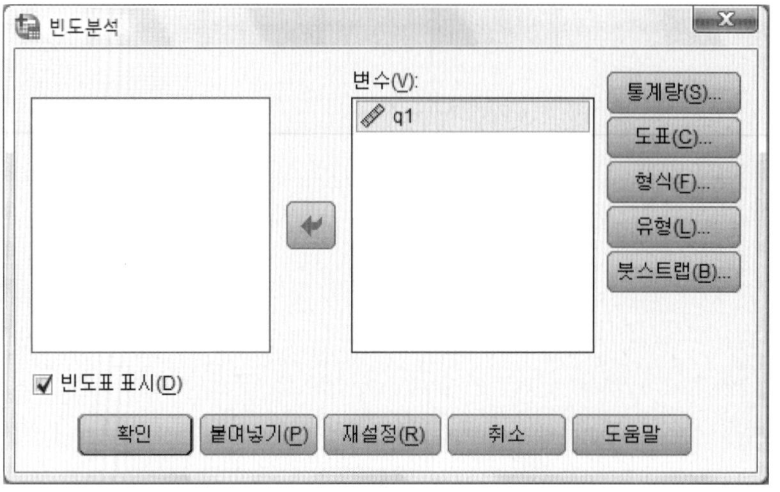

〈순서 3〉 [통계량] 버튼을 클릭하면 [빈도분석 : 통계량] 대화상자가 열린다. [최소값], [최대값]을 체크하고 [계속] 버튼을 클릭한다.

〈순서 4〉 [빈도분석] 대화상자에서 [도표] 버튼을 클릭한다. [빈도분석 : 도표] 대화상자가 열리면 [히스토그램]을 선택하고, [히스토그램에 정규곡선 표시]에 체크한다.

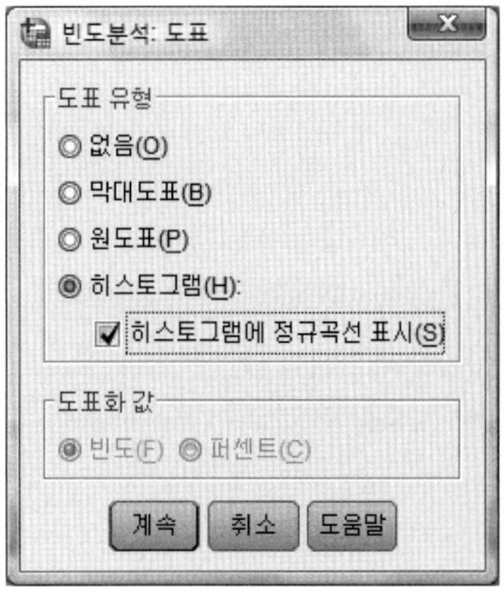

〈순서 5〉 [계속] 버튼을 클릭한다. [빈도분석] 대화상자에서 [확인] 버튼을 클릭하면 분석결과가 출력된다.

통계량

체중

N	유효	105
	결측	0
최소값		43
최대값		139

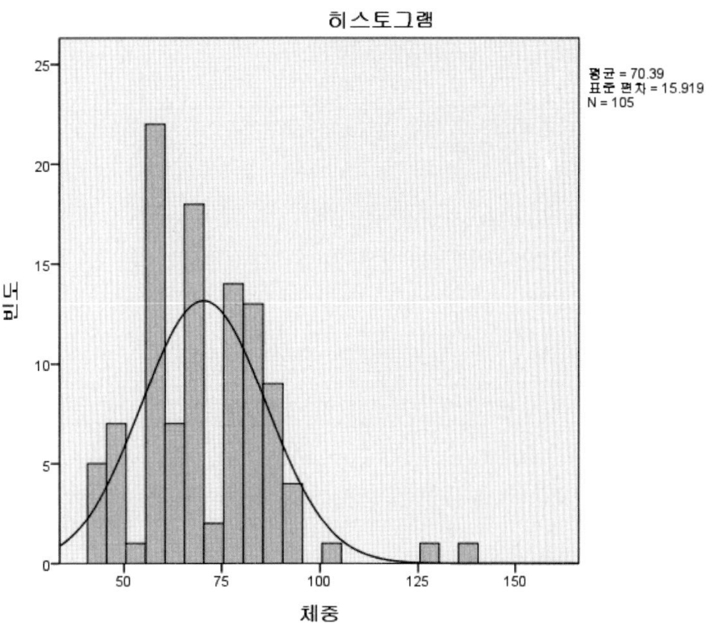

체중에 대단히 큰 값을 갖는 케이스가 몇 개 있다는 것을 알 수 있다. 이 값이 이상치인지, 정상적인 값인지를 확인할 필요가 있을 것이다.

주의

정상적인 범위를 넘어선 값이나 존재하지 않는 범주 값 등이 입력된 경우는, 위에서 소개한 방법으로 발견할 수가 있다. 그러나 정상적인 범위 내에서 틀린 값이 입력되었다거나 존재하는 범주값이 잘못 입력된 경우에는 이들 방법으로는 찾아낼 수 없다. 입력하면서 정기적으로 원래의 데이터와 비교하면서 실수나 어긋남이 없는지 어떤지 확인하여 올바른 데이터를 효율적으로 작성하도록 유의해야 한다.

» 부정 데이터가 있는 케이스의 특정

이상과 같은 방법으로 발견한 이상치(異常値)나 입력 실수는 수정하지 않으면 안 된다. 부정 데이터가 있는 케이스를 특정(特定)하고, 올바른 데이터를 다시 입력한다. 데이터 편집기 상의 어느 케이스에 부정 데이터가 있는지를 확인하려면 다음의 두 가지 방법이 있다.

▸ 부정 데이터가 있는 케이스 수가 적은 경우

데이터 파일 [앙케트의 통계분석 2-9]를 이용해서 [age]라고 하는 변수에 부정 데이터 '7'이 입력되어 있는 케이스를 특정하고 싶은 경우 다음과 같은 순서에 따른다.

〈순서 1〉 데이터 편집기에서 변수 [age]를 선택한다.

〈순서 2〉 메뉴에서 [편집]-[찾기]를 선택한다.

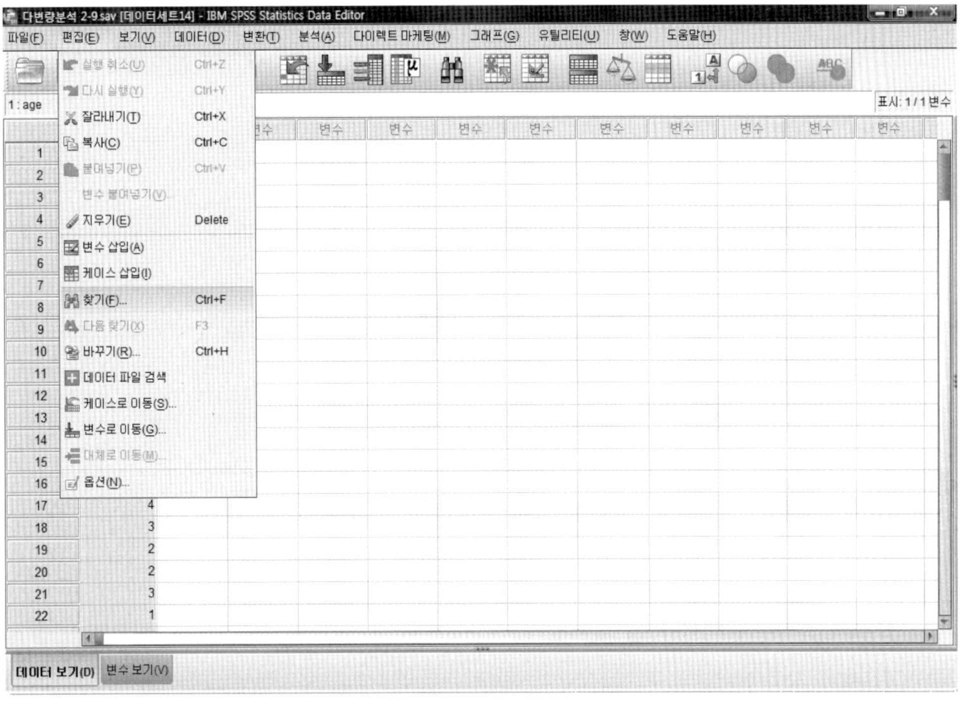

〈순서 3〉 [찾기 및 바꾸기 – 데이터 보기] 대화상자에서 [찾기] 난에 '7'을 입력하고, [다음 찾기] 버튼을 클릭한다.

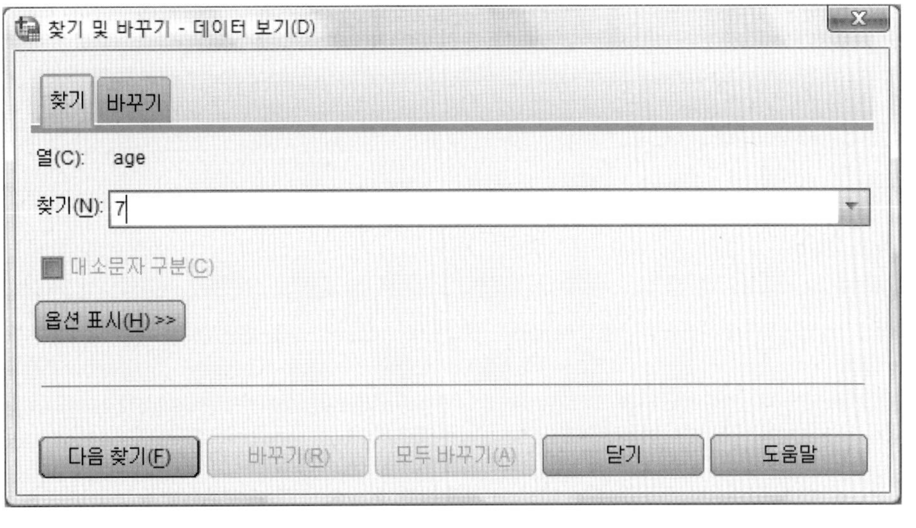

〈순서 4〉 다음과 같이 [데이터 보기] 상에서 찾는 내용과 일치하는 셀이 지정된다.

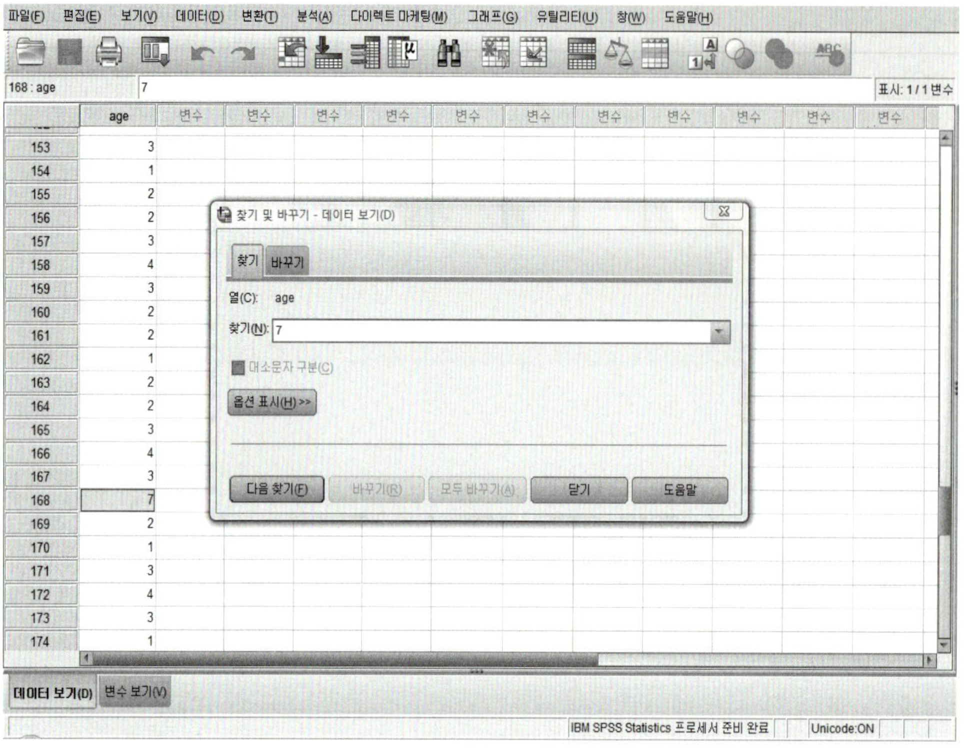

〈순서 5〉 '7'의 값을 갖는 케이스가 더 있는 경우에는 계속해서 [찾기 및 바꾸기 – 데이터 보기] 대화상자에서 [다음 찾기] 버튼을 클릭한다.

〈순서 6〉 찾기가 끝나면 [닫기] 버튼을 클릭한다. [찾기 및 바꾸기 – 데이터 보기] 대화상자가 닫힌다.

▸ 부정 데이터가 있는 케이스 수가 많은 경우

데이터 파일 [앙케트의 통계분석 2-10]을 이용해서 체중이라고 하는 'q1' 변수의 값이 100 이상의 케이스를 특정하고 싶은 경우에는 다음과 같은 순서에 따른다.

〈순서 1〉 메뉴에서 [데이터]-[케이스 선택]을 선택한다.

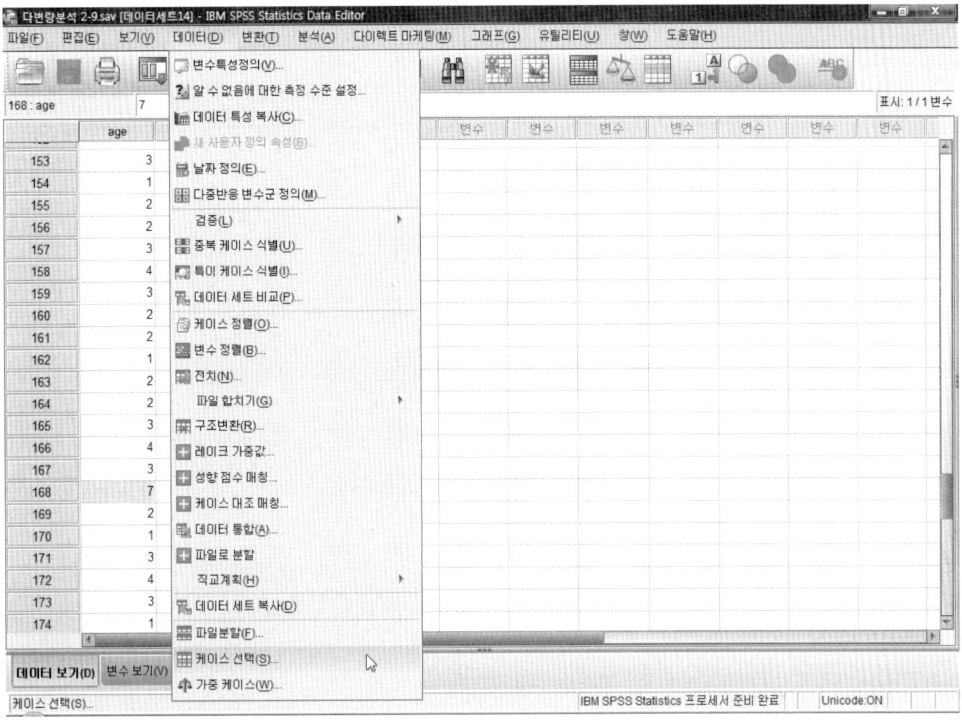

〈순서 2〉 [케이스 선택] 대화상자에서 [조건을 만족하는 케이스]를 지정하고 [조건]을 클릭한다.

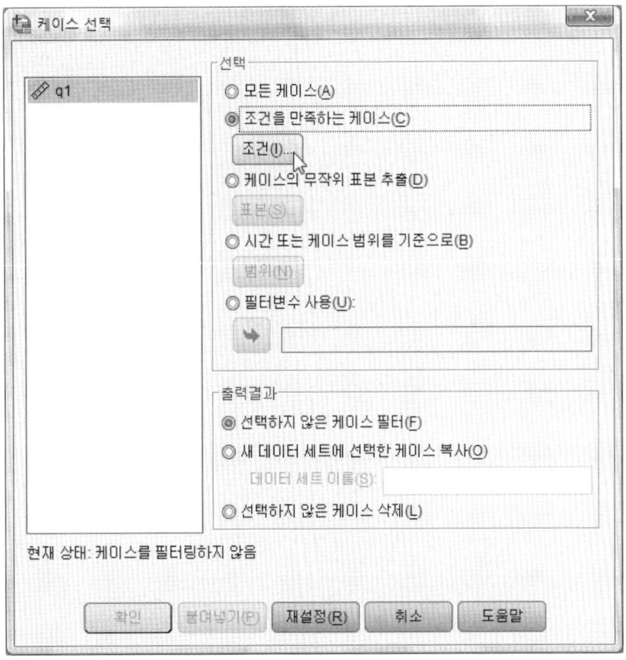

〈순서 3〉 [케이스 선택 : 조건] 대화상자에서 'q1>=100'이라고 입력하고 [계속]을 클릭한다.

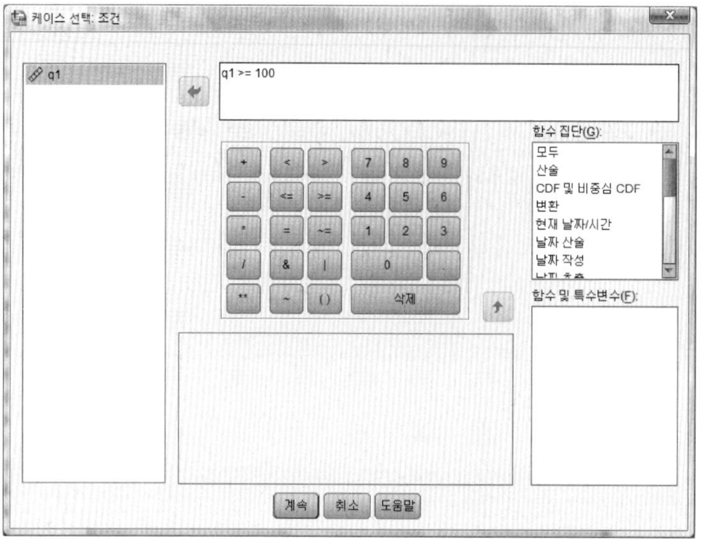

〈순서 4〉 [케이스 선택] 대화상자에서 [확인]을 클릭한다. 다음과 같이 'filter_$'라고 하는 변수가 생성되고 '100' 이상의 값에 '1'이 입력되며 나머지 값에는 '0'이 입력되어 있다.

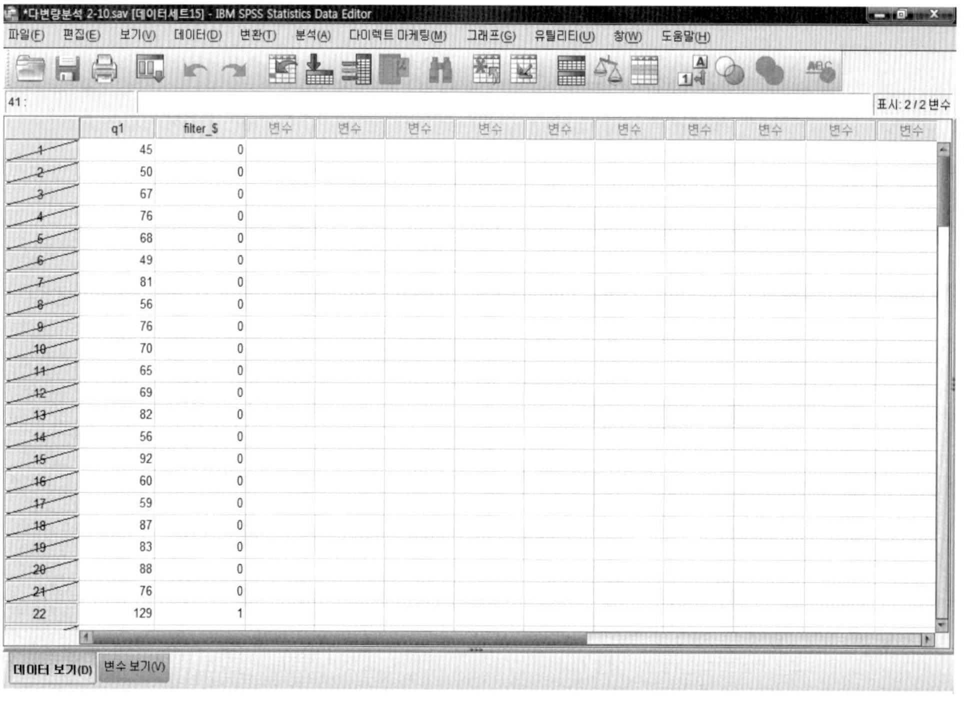

〈순서 5〉 다시 메뉴에서 [분석]-[보고서]-[케이스 요약]을 선택한다.

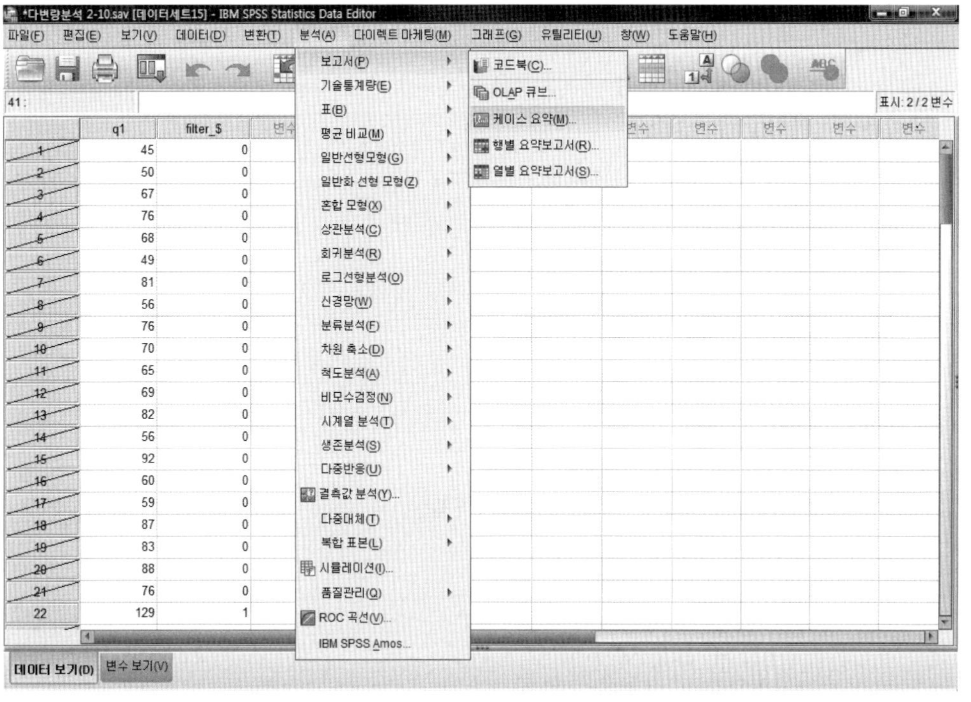

〈순서 6〉 [케이스 요약] 대화상자에서 'q1'을 [변수]에 투입하고, [케이스 표시]와 [케이스 번호 표시]에 체크한다.

〈순서 7〉 [확인] 버튼을 클릭하면 다음과 같은 출력이 얻어진다.

케이스 요약

	케이스 번호	체중
1	22	129
2	75	102
3	104	139
전체 N		3

[체중]에 100 이상의 값을 갖는 케이스 번호와 그 값이 일람표로 출력되었다.

3.3 | 부정합의 발견

몇 개의 변수에 대해서 각각은 유효한 데이터였다고 하더라도 "편성해서 생각했을 때 논리적으로 정합성(整合性)이 없는 데이터이다"라고 하는 경우가 있다. 예를 들면 '여성미혼'이라고 회답하면서 직종으로서 '전업주부'를 선택하고 있다든가, 'PC를 사용한 적이 없다'고 회답하고 있지만 '자택에 가지고 있는 PC의 메이커 이름'을 답하고 있는 경우 등이다.

이러한 케이스 중에는 회답자가 잘못 회답한다거나 거짓말로 회답을 하고 있다고 생각되는 경우와, 질문 방식이 불충분하기 때문에 질문자가 상정하고 있지 않은 데이터가 혼입해 버린 경우가 있다. '미혼으로 전업주부'의 케이스는 전자, 'PC를 사용한 적이 없는 사람이 답한 자택의 PC 메이커 이름'(자신이 사용한 적은 없지만 집에 PC가 있다)은 후자의 예이다.

전자의 경우, 잘못이나 거짓말의 가능성이 있는 데이터는 부정회답으로 할 필요가 있다. 한편, 후자의 경우는 분석의 내용에 따라서 이질적인 데이터를 분석으로부터 제외하는 등의 대응이 필요하게 된다.

이러한 변수와 변수의 관계에 대한 부정합(不整合)을 발견하려면 크로스 집계표(분할표)를 작성한다.

» 크로스 집계표의 작성

데이터 파일 [앙케트의 통계분석 2-11]을 이용해서 크로스 집계표를 작성하는 순서는 다음과 같다.

〈순서 1〉 메뉴에서 [분석]-[기술통계량]-[교차분석]을 선택한다.

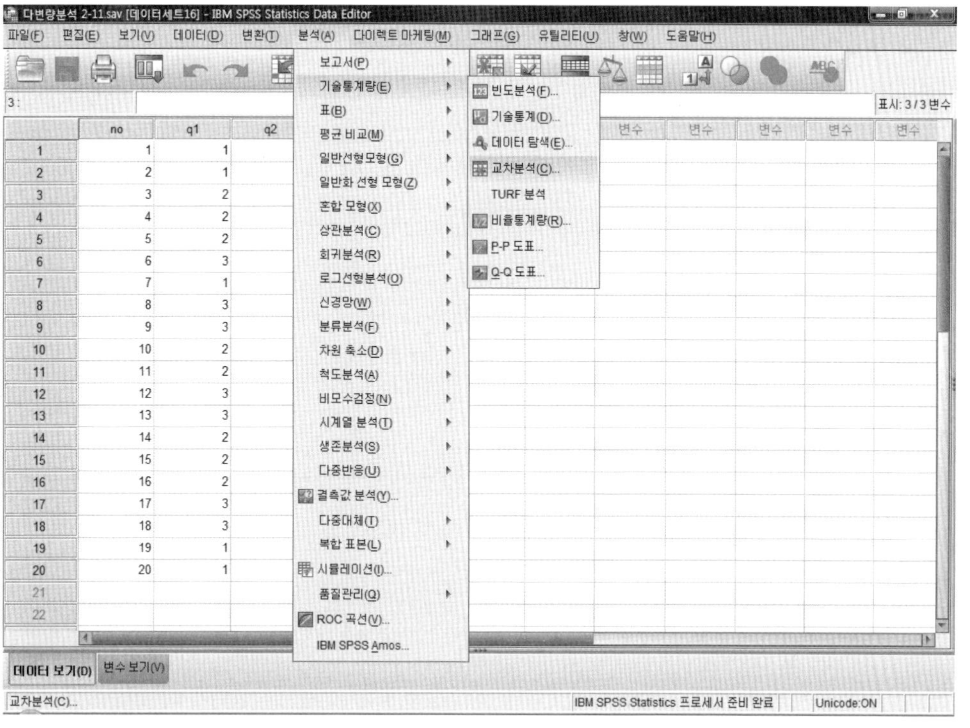

〈순서 2〉 [교차분석] 대화상자에서 [행]과 [열]에 각각 'q2', 'q1'을 투입한다.

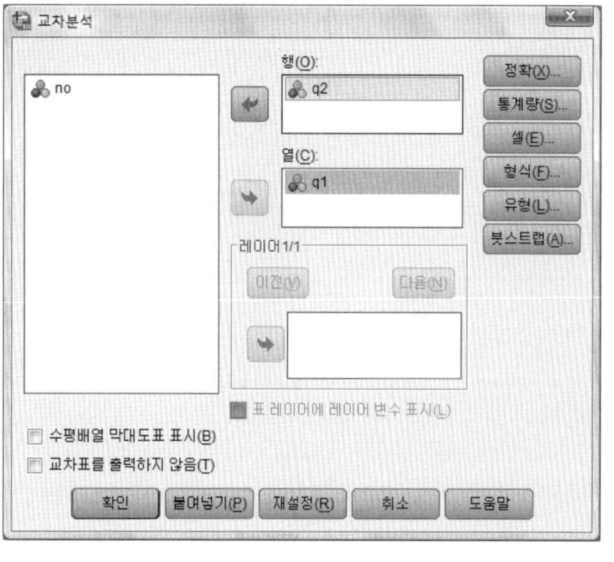

※ [행]과 [열]에 복수의 변수를 투입하면, 행과 열의 모든 변수에 대한 편성에 대해서 크로스 집계표를 한 번에 작성할 수 있다.

〈순서 3〉 변수를 투입하면 [확인] 버튼을 클릭한다. 다음과 같은 크로스 집계표가 얻어진다.

직종 * 성별 결혼 교차표

빈도

		성별 결혼			전체
		1 남성미혼	2 남성기혼	3 여성미혼	
직종	1 영업직	2	0	0	2
	2 판매직	2	2	1	5
	3 사무직	1	3	1	5
	4 기술직	0	1	1	2
	5 디자이너	0	2	1	3
	6 교사	0	0	2	2
	7 전업주부	0	0	1	1
전체		5	8	7	20

크로스 집계표에서 '여성미혼' 그리고 '전업주부'라고 회답하고 있는 케이스가 하나 있다는 것을 확인할 수 있다.

[데이터 보기] 상에서 이 케이스를 특정하려면 다음과 같은 순서에 따른다.

〈순서 1〉 메뉴에서 [데이터]-[케이스 선택]을 선택한다.

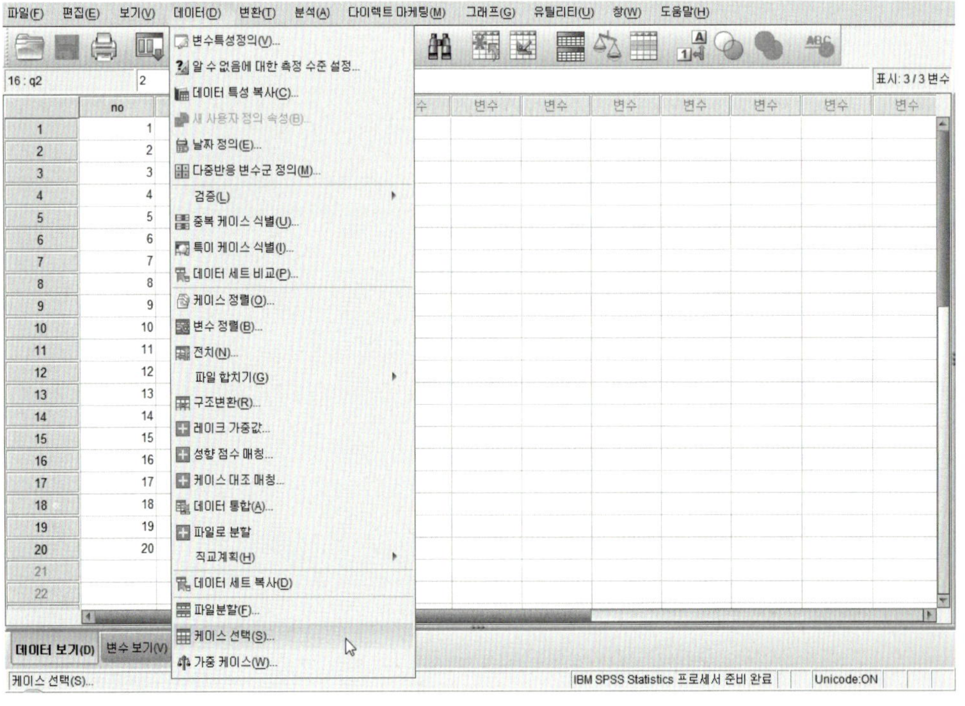

〈순서 2〉 [케이스 선택] 대화상자에서 [조건을 만족하는 케이스]를 지정하고 [조건]을 클릭한다.

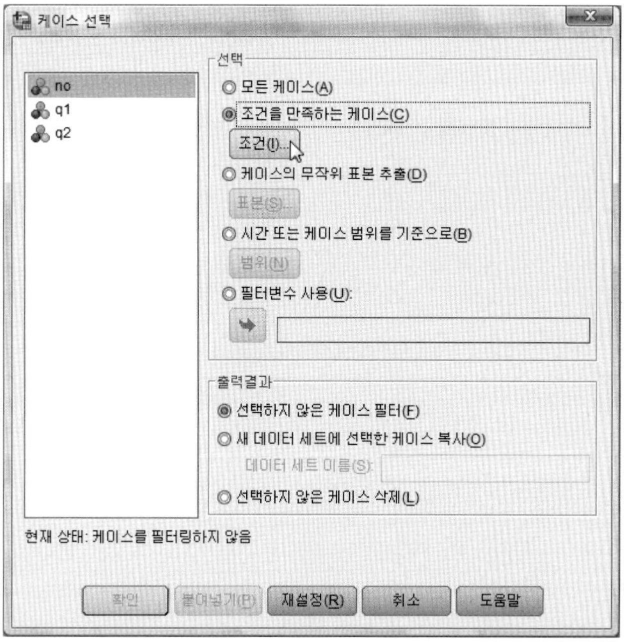

〈순서 3〉 [케이스 선택 : 조건] 대화상자에서 'q1=3&q2=7'이라고 입력하고 [계속]을 클릭한다.

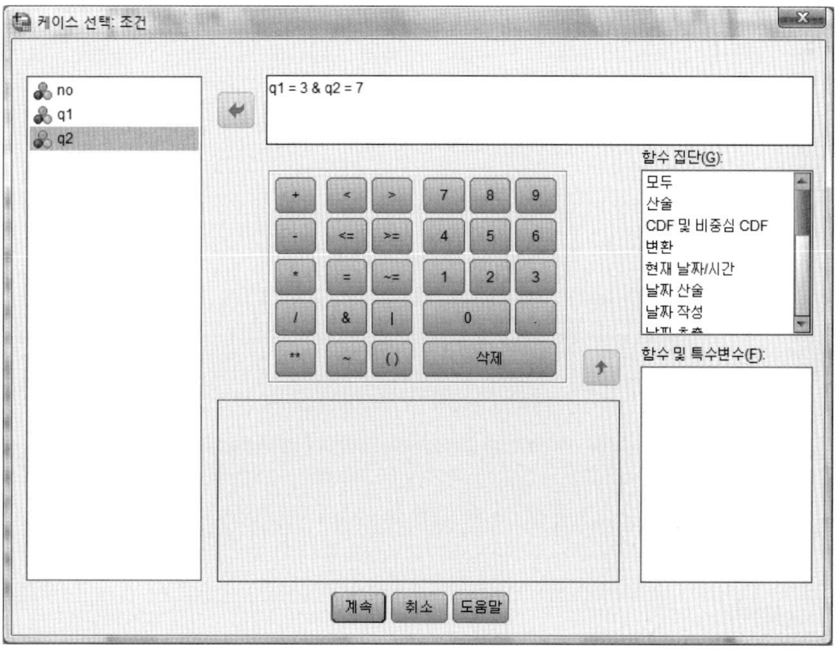

〈순서 4〉 [케이스 선택] 대화상자에서 [확인]을 클릭한다. 다음과 같이 'filter_$'라고 하는 변수가 생성되고 조건에 맞는 값에 '1'이 입력되며 나머지 값에는 '0'이 입력되어 있다.

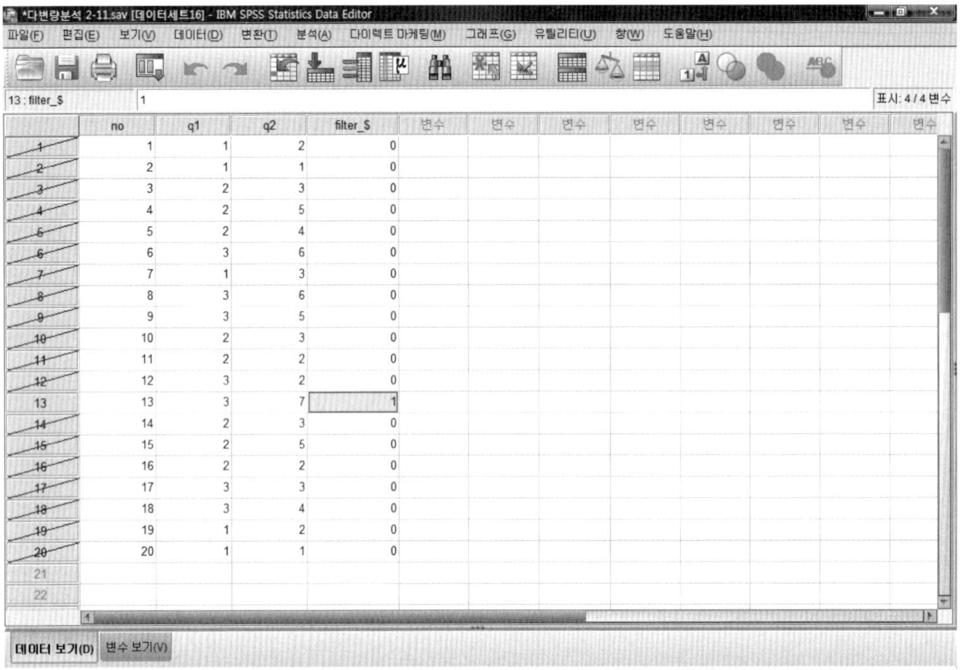

변수값 설명을 보면 다음과 같다.

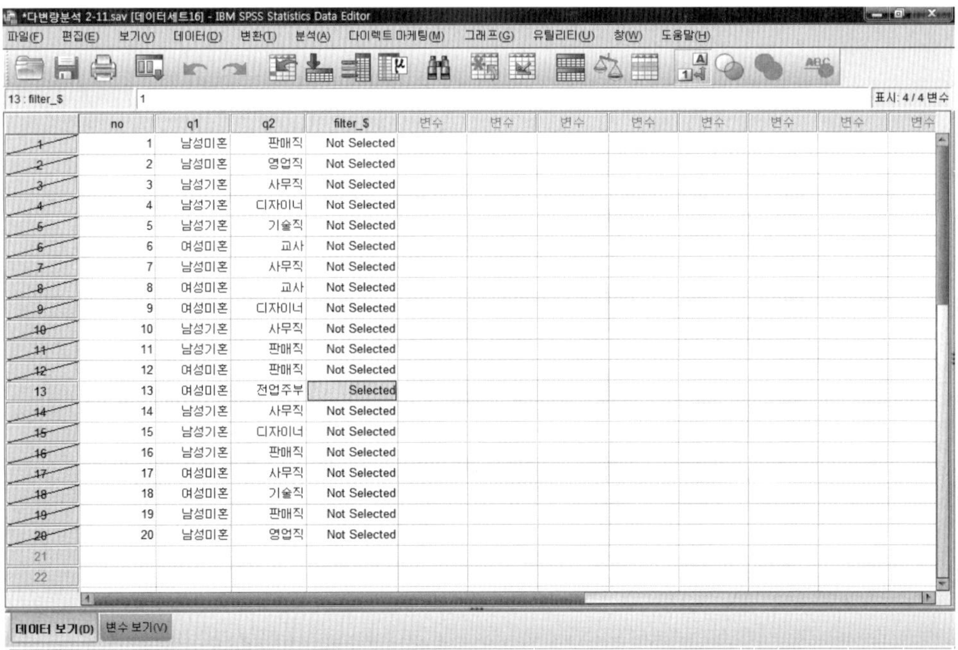

〈순서 5〉 다시 메뉴에서 [분석]-[보고서]-[케이스 요약]을 선택한다.

〈순서 6〉 [케이스 요약] 대화상자에서 'q1'과 'q2'를 [변수]에 투입하고, [케이스 표시]과 [케이스 번호 표시]에 체크한다.

〈순서 7〉 [확인] 버튼을 클릭하면 다음과 같은 출력이 얻어진다.

케이스 요약

	케이스 번호	성별 결혼	직종
1	13	3 여성미혼	7 전업주부
전체 N		1	1

3.4 ㅣ 분석에서 제외해야 할 데이터

입력되어 있는 값은 틀리지 않더라도 분석에 적합하지 못한 데이터라고 하는 것도 있다. 변수와 케이스라고 하는 관점에서 정리하면 다음과 같은 예를 생각할 수 있다.

» 변수

▸ 유효한 값이 적다

예를 들면 1,000케이스 중 10% 정도의 케이스밖에 유효한 값이 없다고 하는 경우이다. 어느 정도 비율의 유효 케이스가 있으면 분석할 만한가에 대한 절대적인 기준은 없지만, 이러한 변수를 분석에 사용하는 경우는 유효 케이스 수가 대단히 적다고 하는 것을 염두에 둘 필요가 있다.

▸ 단일 혹은 소수의 값밖에 가지고 있지 않다

'1'에서 '5'까지 다섯 개의 선택지가 있는 질문에 대해서, 회답자의 대부분이 '5'라고 회답하고 있다고 하는 경우이다. 회답이 치우친 원인에 대해서 검토할 필요가 있다.

이것들을 확인하려면 도수분포표를 작성한다.

» 출력 예

1. 다음의 예는 유효한 값이 적은 경우이다.

통계량

만족도

N	유효	74
	결측	226

만족도

		빈도	퍼센트	유효 퍼센트	누적퍼센트
유효	1	4	1.3	5.4	5.4
	2	20	6.7	27.0	32.4
	3	28	9.3	37.8	70.3
	4	15	5.0	20.3	90.5
	5	7	2.3	9.5	100.0
	합계	74	24.7	100.0	
결측	시스템 결측값	226	75.3		
합계		300	100.0		

2. 다음의 예는 회답이 치우쳐 있는 경우이다.

중요도

		빈도	퍼센트	유효 퍼센트	누적퍼센트
유효	1 매우 중요하지 않다	1	.7	.7	.7
	2 중요하지 않다	1	.7	.7	1.3
	3 어느쪽도 아니다	2	1.3	1.3	2.7
	4 중요하다	3	2.0	2.0	4.7
	5 매우 중요하다	143	95.3	95.3	100.0
	합계	150	100.0	100.0	

» 케이스

▸ 성실하지 않은 회답

모든 항목에서 최초의 선택지를 고르는 등, 똑바로 회답하고 있지 않을 가능성이 높은 경우이다. 성실하지 않은 회답일 가능성이 높은 경우는 그 케이스를 분석에서 제외한다.

▸ 결측값이 많다

앙케트의 첫 페이지만 회답하고 그 뒤는 회답하고 있지 않다고 하는 경우이다. 극히 일부의 변수밖에 데이터가 없다고 하는 케이스의 경우, 분석자의 판단에 따라서는 분석에서 제외한다.

이것들을 확인하려면 다음의 순서에 따른다. 데이터 파일 [앙케트의 통계분석 2-14]를 이용한다.

〈순서 1〉 메뉴에서 [변환]-[케이스 내의 값 빈도]를 선택한다.

〈순서 2〉 [케이스 내의 값 빈도] 대화상자에서 왼쪽의 모든 변수를 오른쪽 [숫자변수] 난으로 옮기고, [목표변수]에 작성할 변수의 이름 'q1_cnt', [목표 레이블]에 'q1_1~q1_8 회답한 값의 출현수'를 입력한다. [값 정의] 버튼을 클릭한다.

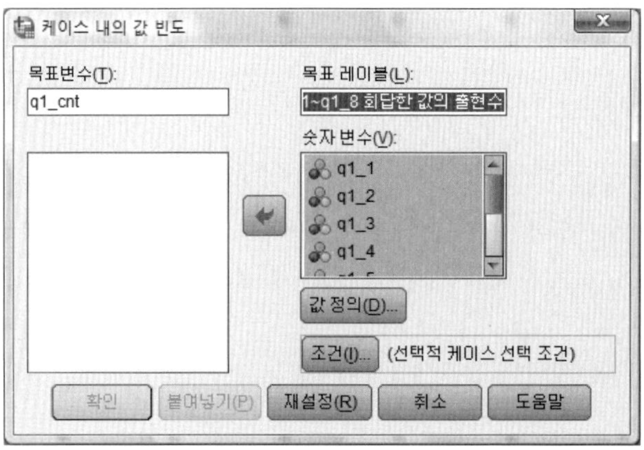

〈순서 3〉 [케이스 내의 값 빈도 : 빈도값] 대화상자에서 [값]에 '1'을 입력하고 [추가] 버튼을 클릭 한다.

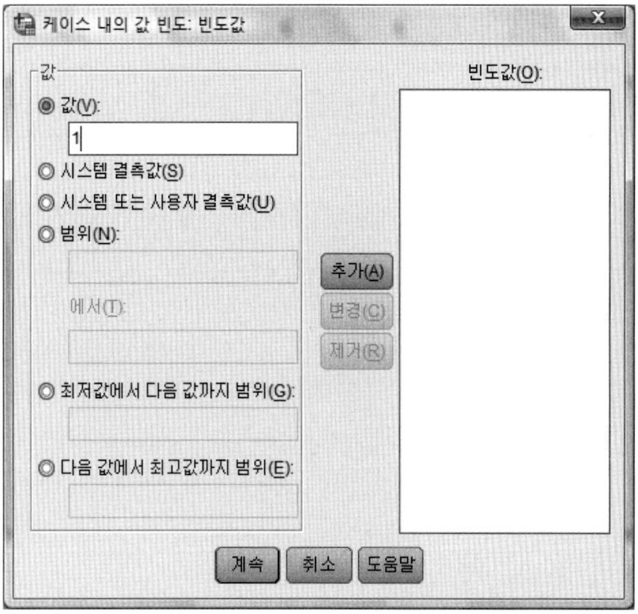

〈순서 4〉 [빈도화 값] 난에 '1'이 입력되어 있음을 확인할 수 있다. [계속] 버튼을 클릭한다.

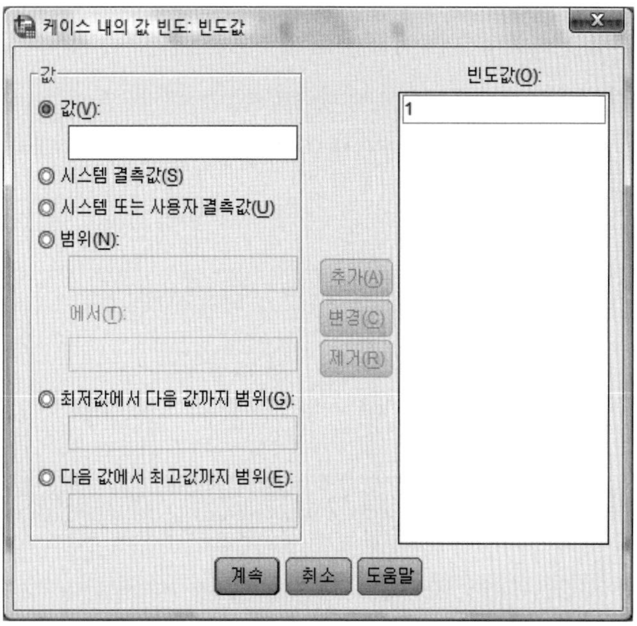

〈순서 5〉 [케이스 내의 값 빈도] 대화상자에서 [확인]을 클릭한다. 새로운 변수 [q1_cnt]가 작성된다.

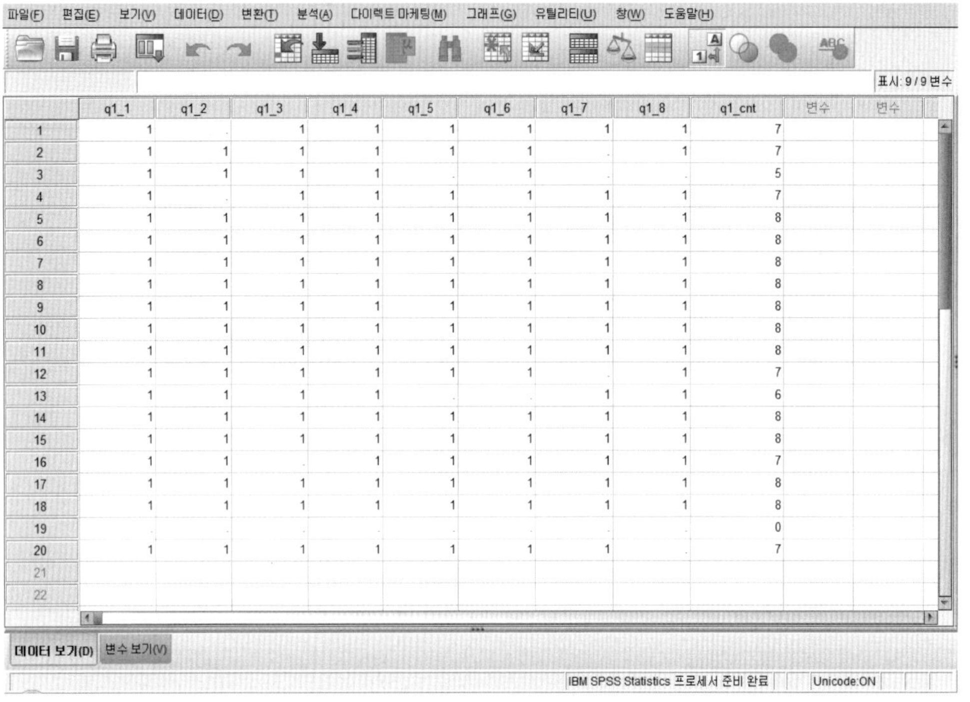

〈순서 6〉 새로운 변수 [q1_cnt]에 대해서 도수분포표를 작성하기 위해서, 다시 메뉴에서 [분석]- [기술통계량]-[빈도분석]을 선택한다.

〈순서 7〉 [빈도분석] 대화상자에서 새로운 변수 [q1_cnt]를 [변수] 난에 입력하고 [확인] 버튼을 클릭한다.

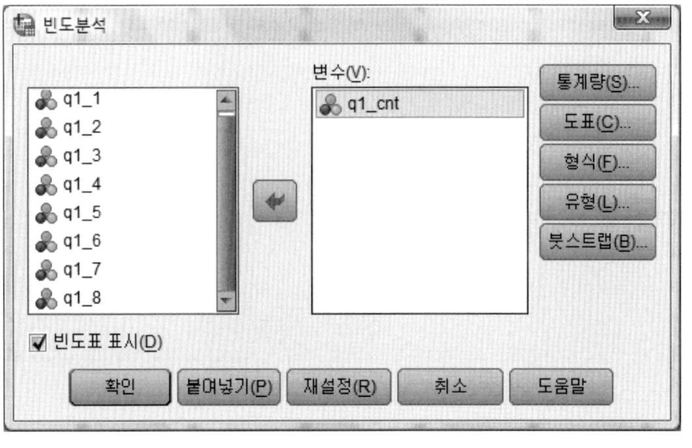

〈순서 8〉 다음과 같은 분석결과를 얻는다.

q1_1~q1_8 회답한 값의 출현수

		빈도	퍼센트	유효 퍼센트	누적 퍼센트
유효	0	1	5.0	5.0	5.0
	5	1	5.0	5.0	10.0
	6	1	5.0	5.0	15.0
	7	6	30.0	30.0	45.0
	8	11	55.0	55.0	100.0
	전체	20	100.0	100.0	

이 출력 예에서는 8개 변수의 값이 모두 결측값인 케이스가 하나 있다는 것을 확인할 수 있다.

CHAPTER

4

조사결과의 집계

CHAPTER 4

조사결과의 집계

4.1 | 단순집계

1. 단순집계의 방법

[예제 4-1]

다음에 보이는 앙케트를 20명에게 실시한 결과 데이터표에 보이는 바와 같은 회답결과가 얻어졌다. 설문마다 단순집계하라. 단, [설문 4]는 제외한다.

[설문 1] 성별을 답해 주십시오.

1. 남　　　2. 여

[설문 2] 혈액형을 답해 주십시오.

1. A　　　2. B　　　3. AB　　　4. O

[설문 3] 가장 좋아하는 색을 답해 주십시오.　(　　　　) 색

[설문 4] 귀하의 연령을 답해 주십시오.　(　　　　)

[설문 5] 이 상품을 처음으로 알게 된 계기는 다음 중 어느 것입니까?

1. TV의 광고
2. 라디오의 광고
3. 신문의 광고
4. 점두(店頭)
5. 아는 사람의 소개
6. 기타(　　　　　　　　)

[설문 6] 이 상품에 대한 만족도를 답해 주십시오.

1. 대단히 불만
2. 불만
3. 약간 불만
4. 약간 만족
5. 만족
6. 대단히 만족

표 4.1 데이터표

No.	설문 1	설문 2	설문 3	설문 4	설문 5	설문 6
1	1	1	적	32	3	3
2	1	3	황	20	5	4
3	1	2	적	25	6	5
4	2	4	청	38	1	6
5	2	4	백	45	1	3
6	2	3	흑	36	2	4
7	1	2	백	39	4	5
8	1	1	적	23	3	1
9	1	1	녹	22	2	2
10	1	1	백	40	3	3
11	2	1	백	35	3	1
12	1	1	적	32	5	2
13	2	2	적	40	6	3
14	1	3	적	38	3	4
15	2	4	녹	40	3	3
16	1	1	녹	35	2	5
17	2	3	녹	42	1	3
18	1	2	백	35	1	5
19	2	1	백	20	2	5
20	2	3	적	18	3	4

» SPSS에 의한 해법

〈순서 1〉 데이터의 입력

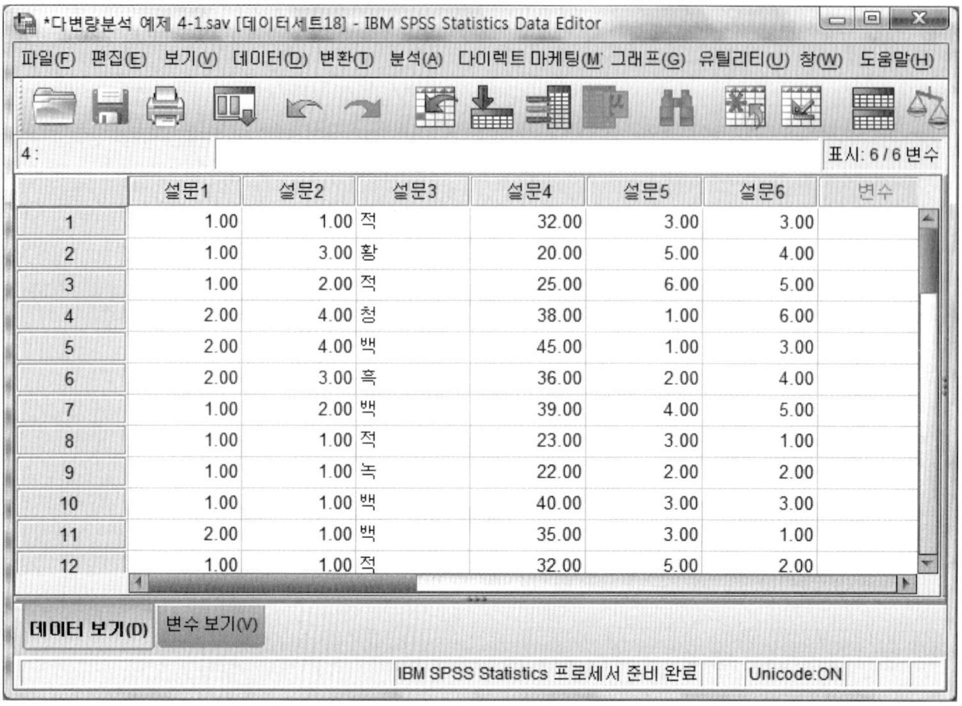

〈순서 2〉 자동 코딩변경

메뉴에서 [변환(T)]−[자동 코딩변경(A)]을 선택하여, [설문 3]을 [변수->새 이름] 난에 투입한다.

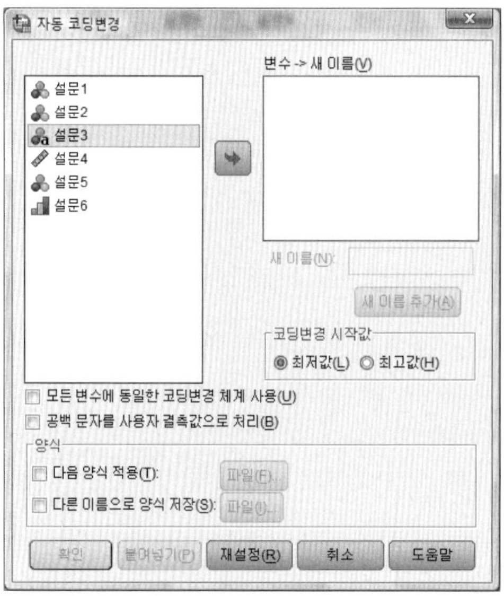

〈순서 3〉 [자동 코딩변경] 대화상자에서 [새 이름] 난에 '설문3신'이라고 입력하고 [새 이름 추가] 버튼을 클릭한다.

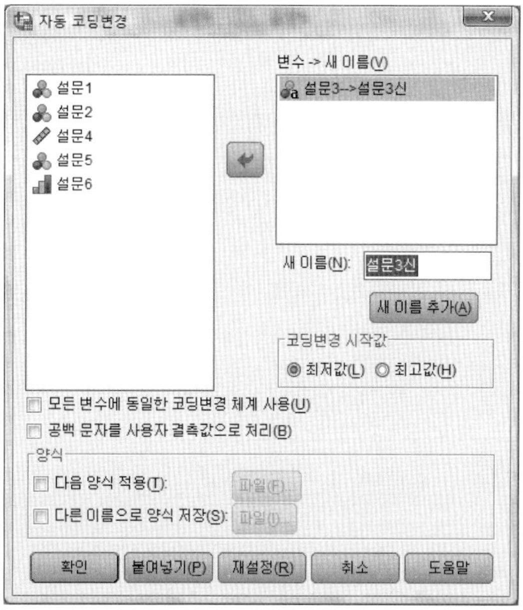

〈순서 4〉 [확인] 버튼을 클릭하면 [설문3신]이라는 새로운 변수가 생성된다.

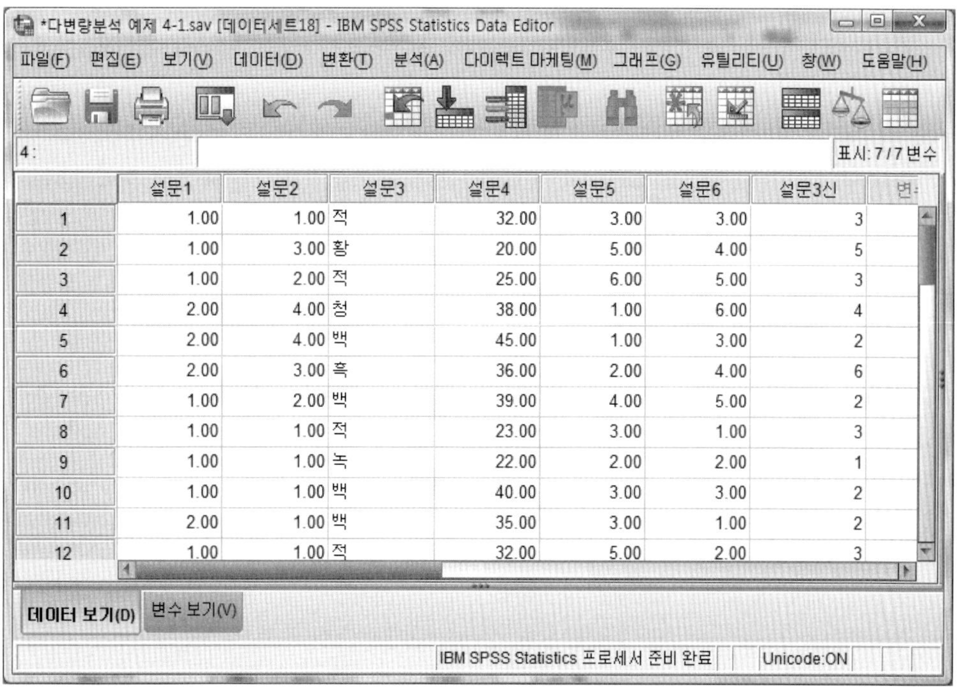

〈순서 5〉 빈도분석의 선택

메뉴에서 [분석(A)]-[기술통계량(E)]-[빈도분석(F)]을 선택한다.

↓ (대화상자가 나타난다)

〈순서 4〉 변수의 선택

집계하고 싶은 변수를 선택한다. 여기에서는 [설문 1], [설문 2], [설문 3신], [설문 5], [설문 6]을 선택한다.

[확인] 버튼을 클릭하면 단순집계의 결과가 얻어진다.

» 단순집계의 결과

성별

		빈도	퍼센트	유효 퍼센트	누적 퍼센트
유효	1.00 남	11	55.0	55.0	55.0
	2.00 여	9	45.0	45.0	100.0
	전체	20	100.0	100.0	

혈액형

		빈도	퍼센트	유효 퍼센트	누적 퍼센트
유효	1.00 A	8	40.0	40.0	40.0
	2.00 B	4	20.0	20.0	60.0
	3.00 AB	5	25.0	25.0	85.0
	4.00 O	3	15.0	15.0	100.0
	전체	20	100.0	100.0	

가장 좋아하는 색

		빈도	퍼센트	유효 퍼센트	누적 퍼센트
유효	1 녹	4	20.0	20.0	20.0
	2 백	6	30.0	30.0	50.0
	3 적	7	35.0	35.0	85.0
	4 청	1	5.0	5.0	90.0
	5 황	1	5.0	5.0	95.0
	6 흑	1	5.0	5.0	100.0
	전체	20	100.0	100.0	

상품의 인지

		빈도	퍼센트	유효 퍼센트	누적 퍼센트
유효	1.00 TV 광고	4	20.0	20.0	20.0
	2.00 라디오 광고	4	20.0	20.0	40.0
	3.00 신문광고	7	35.0	35.0	75.0
	4.00 점두	1	5.0	5.0	80.0
	5.00 아는 사람의 소개	2	10.0	10.0	90.0
	6.00 기타	2	10.0	10.0	100.0
	전체	20	100.0	100.0	

상품의 만족도

		빈도	퍼센트	유효 퍼센트	누적 퍼센트
유효	1.00 대단히 불만	2	10.0	10.0	10.0
	2.00 불만	2	10.0	10.0	20.0
	3.00 약간 불만	6	30.0	30.0	50.0
	4.00 약간 만족	4	20.0	20.0	70.0
	5.00 만족	5	25.0	25.0	95.0
	6.00 대단히 만족	1	5.0	5.0	100.0
	전체	20	100.0	100.0	

2. 복수회답의 단순집계

[예제 4-2]

다음에 보이는 바와 같은 앙케트를 20명에게 실시한 결과, 데이터표와 같은 회답결과가 얻어졌다. 설문마다 단순집계하라.

[설문 1] 제품 X를 구입한 이유로서 적합한 것에 모두 ○표를 하시오.

1. 가격이 싸다. ( )
2. 품질이 좋다. ( )
3. 디자인이 좋다. ( )
4. 아는 사람의 권유 ( )

[설문 2] 제품 X를 두는 장소로 적당하다고 생각하는 공간으로서 적합한 것에 두 개까지 ○표를 하시오.

1. 사무실 ( )
2. 가정의 서재 ( )

3. 연구실 (   )
4. 학교의 교실 (   )

데이터표

No.	설문 1				설문 2	
1	1				1	2
2	2	3			2	3
3	3				3	4
4	1	3	4		1	3
5	1	2	3	4	1	2
6	1	3	4		1	3
7	1				2	4
8	2				1	3
9	1	4			1	2
10	2	4			1	2
11	1	3	4		2	3
12	2	4			2	4
13	2	4			1	2
14	3	4			2	3
15	4				1	4
16	1	4			2	4
17	1	2	4		2	3
18	1	2	3	4	1	2
19	2	3			1	2
20	2	4			1	4

» SPSS에 의한 해법

〈순서 1〉 데이터의 입력

[설문 1]에 대해서는 네 개의 변수를 준비하여 선택지(選擇肢)를 변수로 한다. 그 선택지가 선택되어 있으면 1, 선택되어 있지 않으면 0을 입력한다.

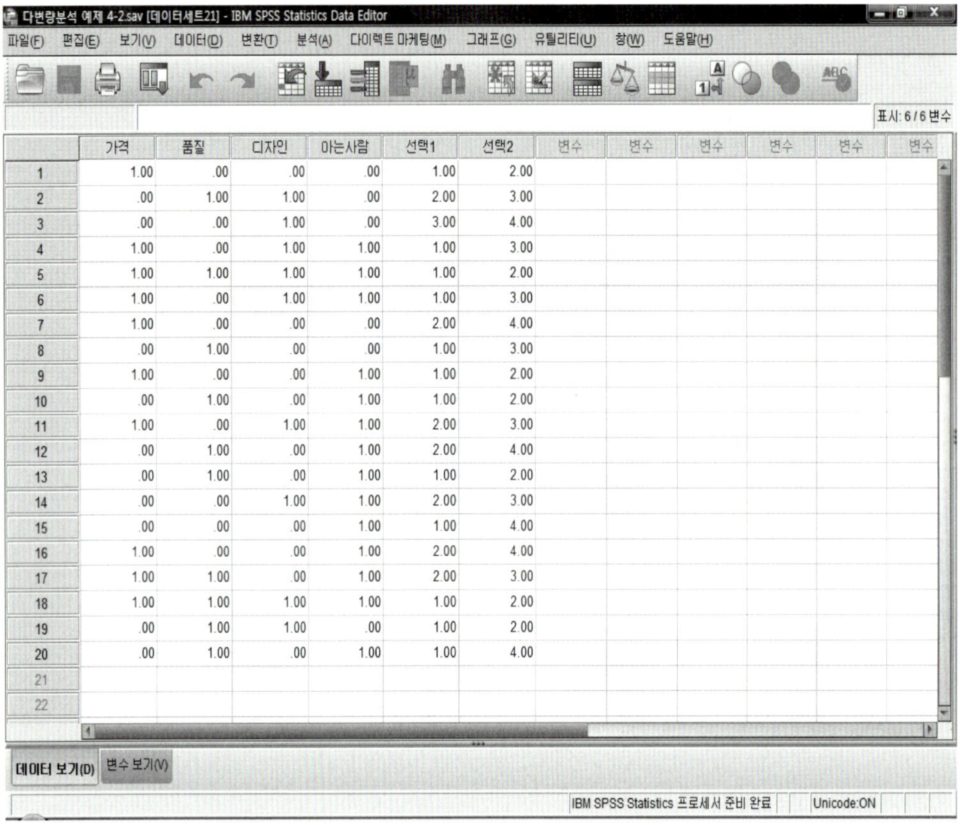

	가격	품질	디자인	아는사람	선택1	선택2
1	1.00	.00	.00	.00	1.00	2.00
2	.00	1.00	1.00	.00	2.00	3.00
3	.00	.00	1.00	.00	3.00	4.00
4	1.00	.00	1.00	1.00	1.00	3.00
5	1.00	1.00	1.00	1.00	1.00	2.00
6	1.00	.00	1.00	1.00	1.00	3.00
7	1.00	.00	.00	.00	2.00	4.00
8	.00	1.00	.00	.00	1.00	3.00
9	1.00	.00	.00	1.00	1.00	2.00
10	.00	1.00	.00	1.00	1.00	2.00
11	1.00	.00	1.00	1.00	2.00	3.00
12	.00	1.00	.00	1.00	2.00	4.00
13	.00	1.00	.00	1.00	1.00	2.00
14	.00	.00	1.00	1.00	2.00	3.00
15	.00	.00	.00	1.00	1.00	4.00
16	1.00	.00	.00	1.00	2.00	4.00
17	1.00	1.00	.00	1.00	2.00	3.00
18	1.00	1.00	1.00	1.00	1.00	2.00
19	.00	1.00	1.00	.00	1.00	2.00
20	.00	1.00	.00	1.00	1.00	4.00

[설문 2]에 대해서는 두 개의 선택지를 준비하여, '첫 번째의 선택'과 '두 번째의 선택'을 변수로 생각하기로 한다. 각 변수에는 선택된 선택지의 번호를 입력한다.

> 복수회답의 단순집계는 메뉴에서 '다중반응'을 이용하여 처리할 수 있다.

〈순서 2〉 변수값 설명의 설정

여기에서 선택 1의 변수에만 다음과 같은 변수값 설명을 해 놓는다.

1 = 사무실　2 = 가정의 서재　3 = 연구실　4 = 학교의 교실

〈순서 3〉 변수의 그룹화

메뉴에서 [분석(A)]－[다중반응(U)]－[변수군 정의(D)]를 선택한다.

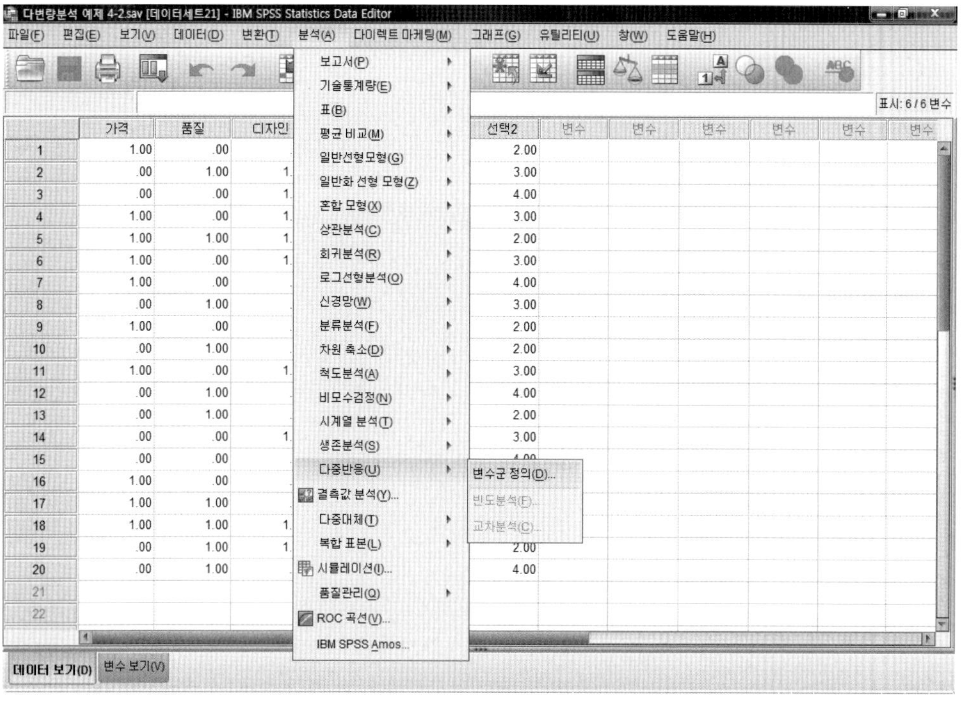

↓(대화상자가 나타난다)

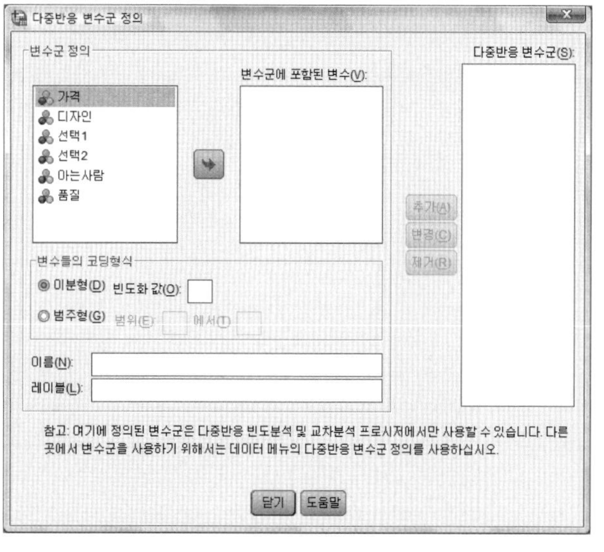

〈순서 4〉 변수의 선택

① 하나의 그룹으로 한데 모으고 싶은 변수를 선택한다. 우선 [설문 1]의 선택지로 되어 있는 네 개의 변수를 선택한다.

② (0, 1) 데이터이므로 [변수들의 코딩형식]은 [이분형(D)]을 선택하고, [빈도화 값]에는 1이라고 입력한다.

③ 하나의 그룹으로 한데 모았을 때의 이름을, [이름(N)]의 난에 입력한다. 여기에서는 [설문 1]로 해 놓는다.

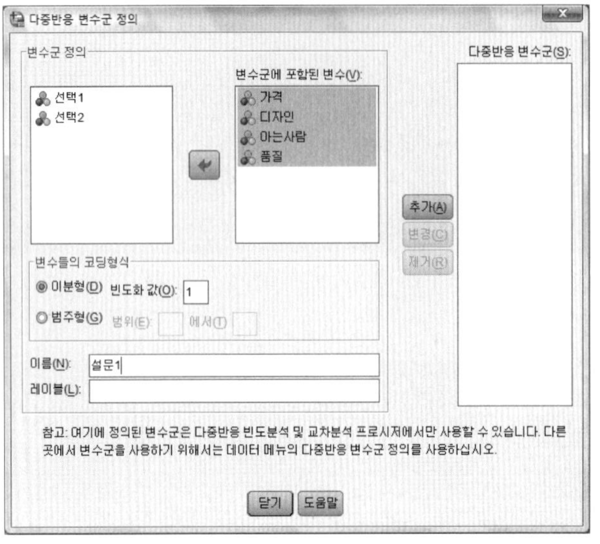

여기에서 [추가(A)]를 클릭하면 다음과 같은 상태가 된다.

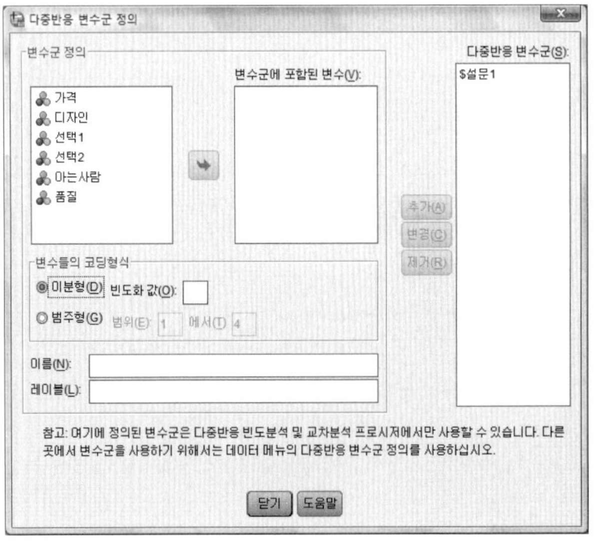

이것으로 [설문 1]에 대한 그룹화는 완료된다.

④ 이번에는 [설문 2]의 선택지로 되어 있는 두 개의 변수를 선택한다.

⑤ 두 개의 변수는 1에서 4까지의 정수값을 취하므로, [변수들의 코딩형식]은 [범주형(G)]를 선택하고 [범위]에 1에서 4까지를 입력한다.

⑥ 하나의 그룹으로 한데 모았을 때의 이름을 [이름(N)] 난에 입력한다. 여기에서는 [설문 2]로 해 놓는다.

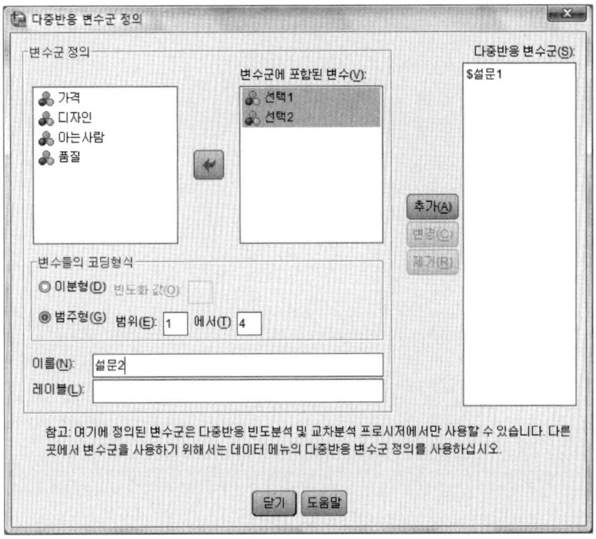

여기에서 [추가(A)]를 클릭하면 다음과 같은 상태가 된다.

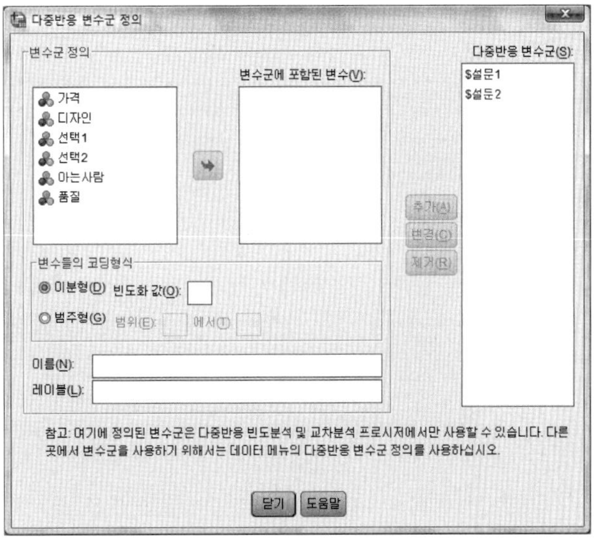

[닫기]를 클릭하면, 이것으로 [설문 2]에 대한 그룹화는 완료된다.

〈순서 5〉 빈도분석의 선택

메뉴에서 [분석(A)]−[다중반응(U)]−[빈도분석(F)]을 선택한다.

↓ (대화상자가 나타난다)

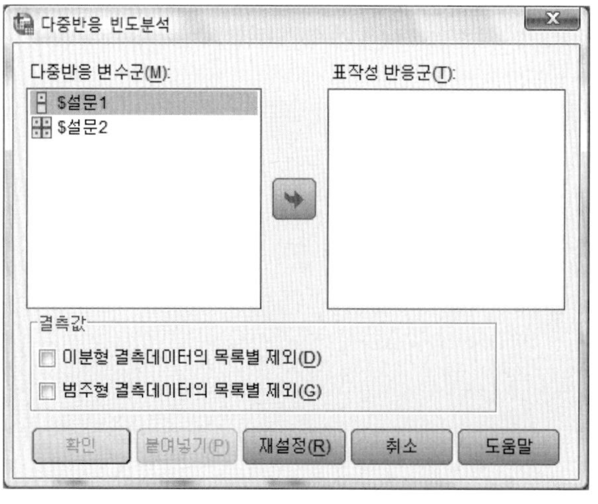

〈순서 6〉 그룹의 선택

[다중반응 변수군(M)] 중에서 집계하고 싶은 그룹을 선택한다. 여기에서는 [$설문 1]과 [$설문 2]를 선택한다.

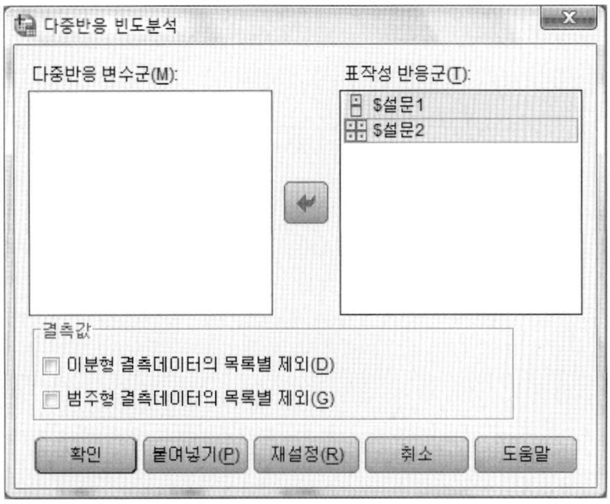

여기에서 [확인] 버튼을 클릭하면 단순집계의 결과가 얻어진다.

» 단순집계의 결과

$설문1 빈도

		반응		
		N	퍼센트	케이스 중 %
$설문1[a]	가격	10	23.3%	50.0%
	디자인	9	20.9%	45.0%
	아는 사람	14	32.6%	70.0%
	품질	10	23.3%	50.0%
전체		43	100.0%	215.0%

a. 값 1을(를) 가지는 이분형 변수 집단입니다.

$설문2 빈도

		반응		
		N	퍼센트	케이스 중 %
$설문2[a]	1.00 사무실	12	30.0%	60.0%
	2.00 집의 서재	14	35.0%	70.0%
	3.00 연구실	8	20.0%	40.0%
	4.00 학교의 교실	6	15.0%	30.0%
전체		40	100.0%	200.0%

a. 범주형 변수 집단

4.2 | 크로스 집계

1. 크로스 집계의 방법

[예제 4-3]

[예제 4-1]의 데이터표에서 설문끼리의 크로스 집계를 실시하라.

» 크로스 집계표

N명의 사람들에게 다음과 같은 두 개의 설문을 했다고 한다.

[설문 1] 성별을 답해 주십시오.
1. 남　　　　2. 여

[설문 2] 럭비와 탁구 중 어느 쪽이 좋은지 답해 주십시오.
1. 럭비　　　　2. 탁구

이 질문에 대해서,

남성으로 럭비가 좋다고 답한 사람이 a명,
남성으로 탁구가 좋다고 답한 사람이 c명,
여성으로 럭비가 좋다고 답한 사람이 b명,
여성으로 탁구가 좋다고 답한 사람이 d명

이라고 하면, 집계결과는 다음과 같은 이원표로 정리할 수 있다.

	남성	여성
럭비	a	b
탁구	c	d

이 표는 [설문 1]과 [설문 2]를 편성해서 집계한 결과를 나타내고 있다. 이와 같은 편성의 집계방법을 크로스 집계라고 한다. 크로스 집계한 결과로서 얻어지는 위와 같은 이원표를 **분할표** 혹은 **크로스 집계표**라고 부른다.

» SPSS에 의한 해법

〈순서 1〉 교차분석의 선택

메뉴에서 [분석(A)]－[기술통계량(E)]－[교차분석(C)]을 선택한다.

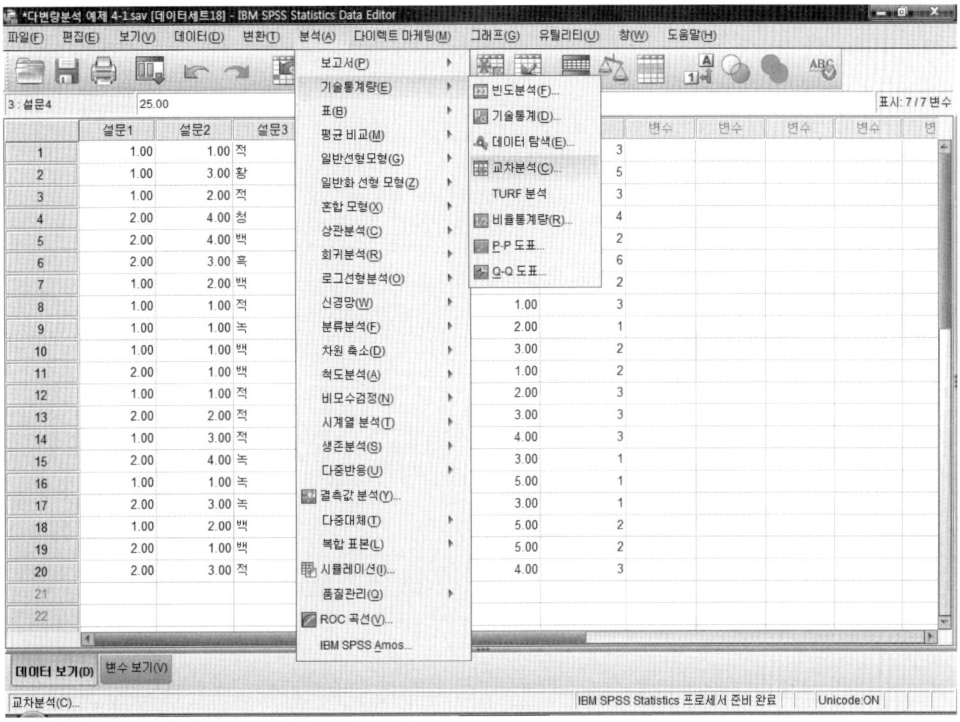

↓ (대화상자가 나타난다)

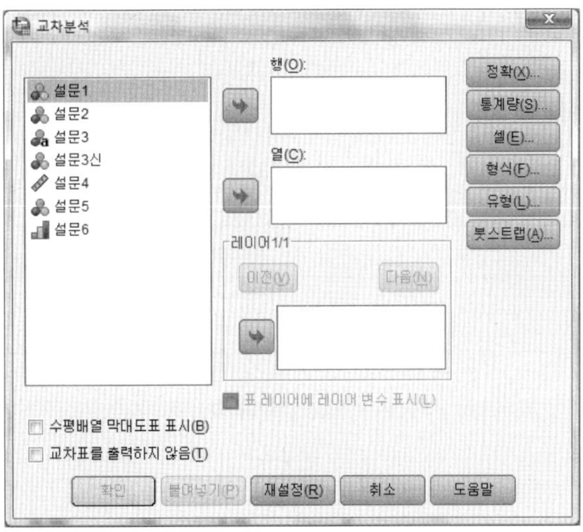

〈순서 2〉 변수의 선택

편성해서 크로스 집계할 두 개의 변수를 선택한다.

먼저 [설문 1]과 다른 설문과의 크로스 집계를 실시하기로 한다.

① 분할표의 행으로 취할 변수로서 [설문 1]을 선택한다.

② 분할표의 열로 취할 변수로서 [설문 2], [설문 3신], [설문 5], [설문 6]을 선택한다.

[확인] 버튼을 클릭하면 크로스 집계표가 작성된다.

[설문 1]을 제외한 나머지의 편성에 대해서도 같은 순서로 처리하면 된다.

» 크로스 집계의 결과

성별 * 혈액형 교차표

빈도

		혈액형				전체
		A	B	AB	O	
성별	남	6	3	2		11
	여	2	1	3	3	9
전체		8	4	5	3	20

성별 * 상품의 인지 교차표

빈도

		상품의 인지						전체
		TV 광고	라디오 광고	신문광고	점두	아는 사람의 소개	기타	
성별	남	1	2	4	1	2	1	11
	여	3	2	3	0	0	1	9
전체		4	4	7	1	2	2	20

성별 * 상품의 만족도 교차표

빈도

		상품의 만족도						전체
		대단히 불만	불만	약간 불만	약간 만족	만족	대단히 만족	
성별	남	1	2	2	2	4	0	11
	여	1	0	4	2	1	1	9
전체		2	2	6	4	5	1	20

성별 * 가장 좋아하는 색 교차표

빈도

		가장 좋아하는 색						전체
		녹	백	적	청	황	흑	
성별	남	2	3	5	0	1	0	11
	여	2	3	2	1	0	1	9
전체		4	6	7	1	1	1	20

혈액형 * 상품의 인지 교차표

빈도

		상품의 인지						전체
		TV 광고	라디오 광고	신문광고	점두	아는 사람의 소개	기타	
혈액형	A	0	3	4	0	1	0	8
	B	1	0	0	1	0	2	4
	AB	1	1	2	0	1	0	5
	O	2	0	1	0	0	0	3
전체		4	4	7	1	2	2	20

혈액형 * 상품의 만족도 교차표

빈도

		상품의 만족도						전체
		대단히 불만	불만	약간 불만	약간 만족	만족	대단히 만족	
혈액형	A	2	2	2	0	2	0	8
	B	0	0	1	0	3	0	4
	AB	0	0	1	4	0	0	5
	O	0	0	2	0	0	1	3
전체		2	2	6	4	5	1	20

혈액형 * 가장 좋아하는 색 교차표

빈도

		가장 좋아하는 색						전체
		녹	백	적	청	황	흑	
혈액형	A	2	3	3	0	0	0	8
	B	0	2	2	0	0	0	4
	AB	1	0	2	0	1	1	5
	O	1	1	0	1	0	0	3
전체		4	6	7	1	1	1	20

상품의 인지 * 상품의 만족도 교차표

빈도

		상품의 만족도						전체
		대단히 불만	불만	약간 불만	약간 만족	만족	대단히 만족	
상품의 인지	TV 광고	0	0	2	0	1	1	4
	라디오 광고	0	1	0	1	2	0	4
	신문광고	2	0	3	2	0	0	7
	점두	0	0	0	0	1	0	1
	아는 사람의 소개	0	1	0	1	0	0	2
	기타	0	0	1	0	1	0	2
전체		2	2	6	4	5	1	20

상품의 인지 * 가장 좋아하는 색 교차표

빈도

		가장 좋아하는 색						전체
		녹	백	적	청	황	흑	
상품의 인지	TV 광고	1	2	0	1	0	0	4
	라디오 광고	2	1	0	0	0	1	4
	신문광고	1	2	4	0	0	0	7
	점두	0	1	0	0	0	0	1
	아는 사람의 소개	0	0	1	0	1	0	2
	기타	0	0	2	0	0	0	2
전체		4	6	7	1	1	1	20

상품의 만족도 * 가장 좋아하는 색 교차표

빈도

		가장 좋아하는 색						전체
		녹	백	적	청	황	흑	
상품의 만족도	대단히 불만	0	1	1	0	0	0	2
	불만	1	0	1	0	0	0	2
	약간 불만	2	2	2	0	0	0	6
	약간 만족	0	0	2	0	1	1	4
	만족	1	3	1	0	0	0	5
	대단히 만족	0	0	0	1	0	0	1
전체		4	6	7	1	1	1	20

2. 분할표의 종류

» 다중분할표와 층별한 분할표

다음의 분할표는 행 수가 2행(럭비와 탁구), 열 수가 2열(남성과 여성)이므로 2 × 2 분할표라고 한다.

분할표 A

	남성	여성
럭비	700	400
탁구	300	600

일반적으로 L행 M열로 이루어지는 분할표를 $L \times M$ 분할표라고 부른다.

그런데 이 분할표 A에서 남성과 여성을 각각 학생과 사회인으로 층별한 결과가 다음의 분할표 B이다.

분할표 B

	남성		여성	
	학생	사회인	학생	사회인
럭비	300	400	300	100
탁구	200	100	200	400

이 분할표는 '남성과 여성', '학생과 사회인', '럭비와 탁구'의 세 가지 관점에서 분할되어 있다. 이와 같은 표를 **삼중분할표(트리플 크로스 집계표)**라고 한다. 일반적으로 세 가지 이상의 관점에서 분할되어 있는 표를 **다중분할표**라고 한다.
분할표 B는 분할표 A와 다음에 보이는 분할표 C, 분할표 D의 세 가지 분할표를 합성한 형태로 되어 있다.

분할표 C

	학생	사회인
럭비	600	500
탁구	400	500

분할표 D

	학생	사회인
남성	500	500
여성	500	500

분할표 B는 분할표 C를 남성과 여성으로 **층별한 분할표**로도 되어 있다.

» 분할표의 타입

분할표는 데이터를 어떠한 방법으로 수집했느냐에 따라서 세 가지의 타입으로 나누어진다.

(1) 총합계만이 미리 정해져 있는 타입

데이터를 수집하기 전에는 합계만이 정해져 있고, 각 행의 합계나 각 열의 합계는 데이터를 수집하고 나서 정하는 경우의 분할표이다.

[예 1] 학생 200명을 골라서 다음과 같은 두 개의 질문을 했다고 한다.
(질문 1) 영어를 좋아합니까, 싫어합니까?
(질문 2) 수학을 좋아합니까, 싫어합니까?

이 조사결과는 다음과 같은 2 × 2 분할표로 정리할 수 있다.

		영어		합계
		좋다	싫다	
수학	좋다			?
	싫다			?
합계		?	?	200

이 경우에 총합계가 200이 된다는 것은 미리 알고 있다. 그러나 행의 합계(수학을 좋아하는 사람과 싫어하는 사람의 수)와 열의 합계(영어를 좋아하는 사람과 싫어하는 사람의 수)는 집계가 끝날 때까지는 알 수 없다.

[예 2] 어떤 병의 검사방법으로서 A법과 B법의 두 가지 방법이 있다고 한다. 이 두 가지 방법의 검사정밀도를 비교하기 위하여 환자 200명에 대해서 A법과 B법으로 검사한다. 검사결과가 양성이나 음성 중 어느 쪽일 때, 200명을 검사한 결과는 다음과 같은 2 × 2 분할표로 정리할 수 있다.

		A법		합계
		양성	음성	
B 법	양성			?
	음성			?
합계		?	?	200

(2) 행 또는 열 중 어느 쪽인가의 합계만이 미리 정해져 있는 타입

데이터를 수집하기 전에는 행 또는 열의 어느 쪽인가 한쪽의 합계만이 정해져 있고, 다른 한쪽의 합계는 데이터를 수집하고 나서 정해지는 경우의 분할표이다.

[예 3] 어떤 정책의 찬반을 조사하기 위하여 남성 100명, 여성 100명을 추출하여 찬반의 의견을 물었다고 한다. 이 조사결과는 다음과 같은 2 × 2 분할표로 정리할 수 있다.

		성별		합계
		남	여	
의견	찬성			?
	반대			?
합계		100	100	200

각 열의 합계는 100, 전체의 합계는 200이 된다는 것은 미리 알고 있다. 그러나 각 행의 합계는 집계가 끝날 때까지는 알 수 없다.

이와 같은 분할표에서는 각 열의 비율의 차이에 관심이 있다. 즉, 남성과 여성은 찬성률(반대율)에 차이가 있는지 어떤지를 검토하게 된다.

[예 4] 담배를 피우는 습관이 있는 사람 100명, 일체 담배를 피우지 않는 사람 100명을 추출하여 그 사람들이 어떤 병에 걸렸는지 안 걸렸는지를 조사했다고 한다. 이 조사결과는 다음과 같은 2 × 2 분할표로 정리할 수 있다.

		끽연		합계
		피운다	안 피운다	
병	있음			?
	없음			?
합계		100	100	200

[예 5] 어떤 병에 걸렸던 적이 있는 사람 100명, 걸렸던 적이 없는 사람 100명을 추출하여 그 사람들에게 담배를 피우는 습관이 있는지 없는지를 조사했다고 한다. 이 조사결과는 다음과 같은 2 × 2 분할표로 정리할 수 있다.

		끽연		합계
		피운다	안 피운다	
병	있음			100
	없음			100
합계		?	?	200

[예 4]와 같이 어떤 병의 원인이 될듯한 인자(끽연의 습관)를 갖고 있는 사람과 갖고 있지 않은 사람을 모아서, 병이 발생하는지 어떤지를 조사하는 연구방법을 **코호트 연구(cohort research)**라고 부른다.

이에 비해서 [예 5]와 같이 어떤 병에 걸려 있는 사람과 걸려 있지 않은 사람을 모아서, 병의 원인을 조사하는 연구방법을 **케이스 컨트롤 연구**라고 부른다.

코호트 연구는 어떤 시점에서 장래를 향한 조사이므로 **진보적 연구**라고 불리는 경우가 있다. 그리고 케이스 컨트롤 연구는 어떤 시점에서 과거로 거슬러 올라가는 조사이므로 **퇴보적 연구**라고 불리는 경우가 있다.

(3) 행과 열의 양쪽 합계가 미리 정해져 있는 타입

데이터를 집계하기 전부터 행과 열의 합계가 정해져 있는 경우의 분할표이다.

[예 6] 어떤 제품의 검사원의 능력을 조사하기 위하여 양품을 100개, 불량품을 100개, 합계 200개의 제품을 준비한다. 이 200개의 제품에 대해서 검사원에게 양품인지 불량품인지를 판단하게 한다. 다만 양품과 불량품의 비율은 가르쳐 주기로 한다. 이 판정결과는 다음과 같은 2 × 2 분할표로 정리할 수 있다.

		판정		합계
		양품	불량품	
실제	양품			100
	불량품			100
합계		100	100	200

[예 7] 연령과 수입을 묻는 조사를 200명에게 실시했다고 한다. 그 회답결과로부터 연령의 중앙값(중위수)과 수입의 중앙값을 구한다. 그리고 200명을 연령이 중앙값보다 높은 그룹과 낮은 그룹으로 나누고, 더욱이 수입이 중앙값보다 높은 그룹과 낮은 그룹으로 나누면, 그 분류결과는 다음과 같은 2 × 2 분할표로 정리할 수 있다.

		연령		합계
		> 중앙값	< 중앙값	
수입	> 중앙값			100
	< 중앙값			100
합계		100	100	200

이상과 같이 최종적으로 얻어지는 분할표의 형태는 같다고 하더라도 데이터의 수집방식에 따라 몇 가지의 타입으로 나누어지며, 어떤 타입인가에 의해서 검토해야 할 내용도 달라진다고 하는 것에 주의할 필요가 있다.

CHAPTER

5

집계결과의 그래프 표현

CHAPTER 5 **집계결과의 그래프 표현**

5.1 | 단순집계결과의 그래프화

1. 단일회답의 그래프화

[예제 5-1]

20명의 학생에 대해서 질문을 했다.

[질문 X] 성별을 답해 주십시오.

1. 남 2. 여

이 회답결과가 다음의 데이터표이다.

표 5.1 데이터표

회답자	회답	회답자	회답	회답자	회답	회답자	회답
1	1	6	2	11	1	16	2
2	2	7	2	12	1	17	2
3	1	8	2	13	1	18	2
4	1	9	1	14	1	19	1
5	1	10	1	15	2	20	2

이것을 집계했더니 다음과 같은 결과가 되었다.

남	여
11	9

(숫자는 사람 수)

이 결과를 그래프로 표현하라.

» 이항선택일 때의 그래프

두 개의 선택지로부터 하나를 선택하게 하는 이항선택형식의 설문에 대한 회답의 집계결과는, 도수를 막대그래프로 나타내고 비율을 원그래프로 나타내면 좋다.

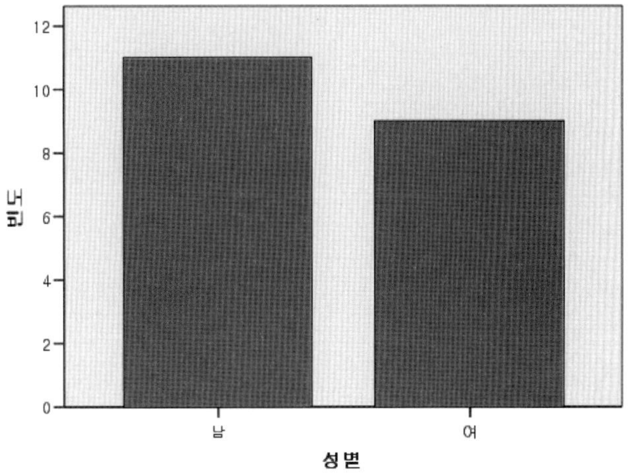

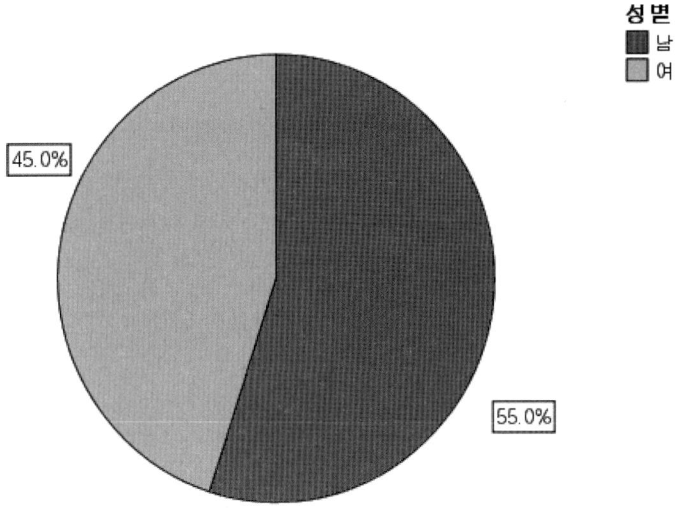

» SPSS에 의한 그래프의 작성

앞에서 제시한 그래프를 SPSS로 작성하는 방법을 설명하기로 한다.

SPSS에서는, 집계결과가 사전에 얻어져 있는 경우에는, 집계 전의 원시자료를 입력하지 않고 집계결과를 데이터로서 입력할 수 있다. 그래서 집계 전의 원시자료를 입력하는 방법과 집계결과를 입력하는 방법의 두 가지 방법을 소개하기로 한다.

(1) 원시자료를 입력하는 경우

〈순서 1〉 데이터의 입력

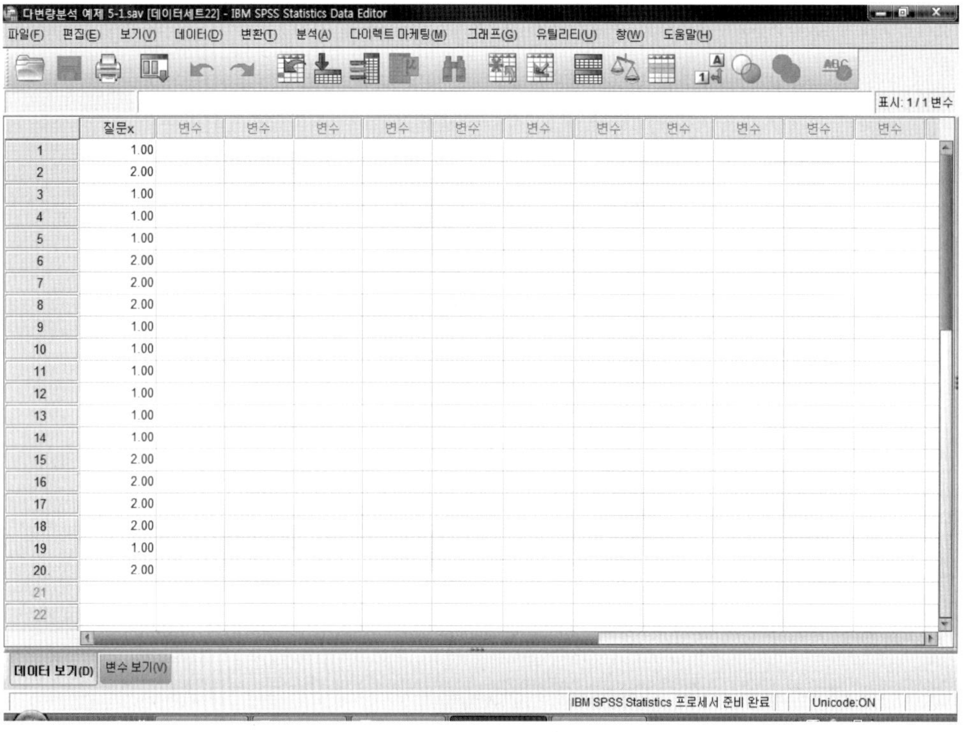

〈순서 2〉 변수값 설명의 설정

[변수 보기] 시트에서 [값] 열의 첫 번째 셀을 클릭한 다음, [값 레이블] 대화상자가 나타나면 다음과 같이 변수값 설명을 한다.

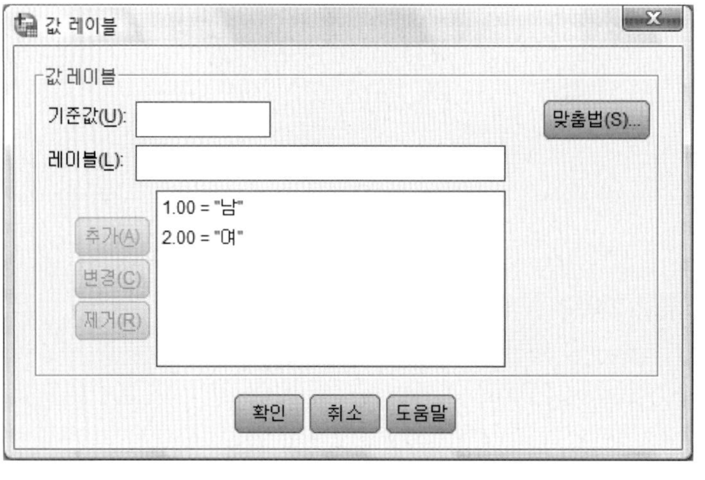

〈순서 3〉 막대그래프의 작성

SPSS에서 막대그래프를 작성하려면 다음의 두 가지 방법이 있다.

1. [분석(A)] 메뉴 중의 [기술통계량(E)] − [빈도분석(F)]을 사용하는 방법
2. [그래프(G)] 메뉴 중의 [막대도표(B)]를 사용하는 방법

여기에서는 (1)의 방법을 소개한다.

① [분석(A)] − [기술통계량(E)] − [빈도분석(F)]을 선택한다.

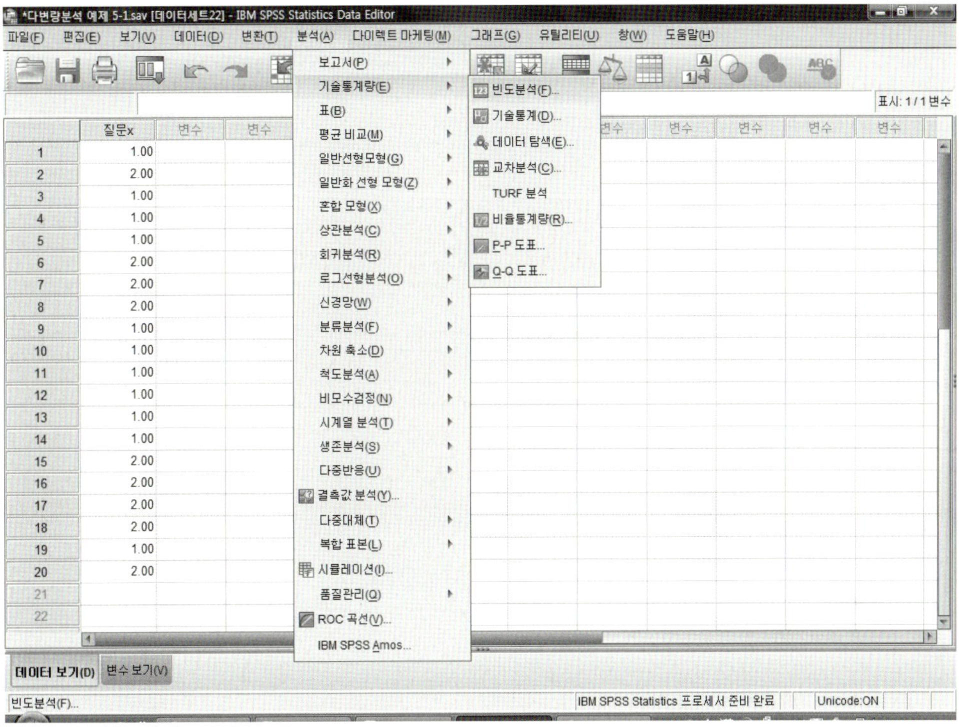

다음과 같은 대화상자가 나타난다.

② 변수의 선택

'질문 X'라고 하는 변수를 선택한다.

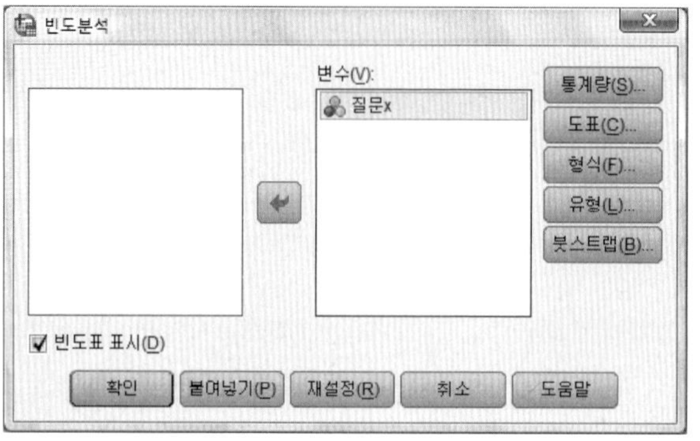

③ 도표의 선택

[도표(C)]를 클릭하면 다음과 같은 대화상자가 나타난다.

여기서 [막대도표(B)]를 선택하고 [계속] 버튼을 클릭하면, 그 앞의 대화상자로 돌아간다.

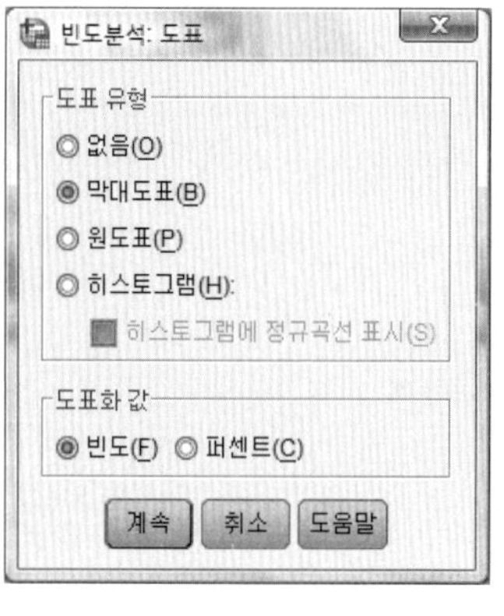

여기서 [확인] 버튼을 클릭하면 막대그래프가 작성된다.

질문X

		빈도	퍼센트	유효 퍼센트	누적 퍼센트
유효	1.00 남	11	55.0	55.0	55.0
	2.00 여	9	45.0	45.0	100.0
	전체	20	100.0	100.0	

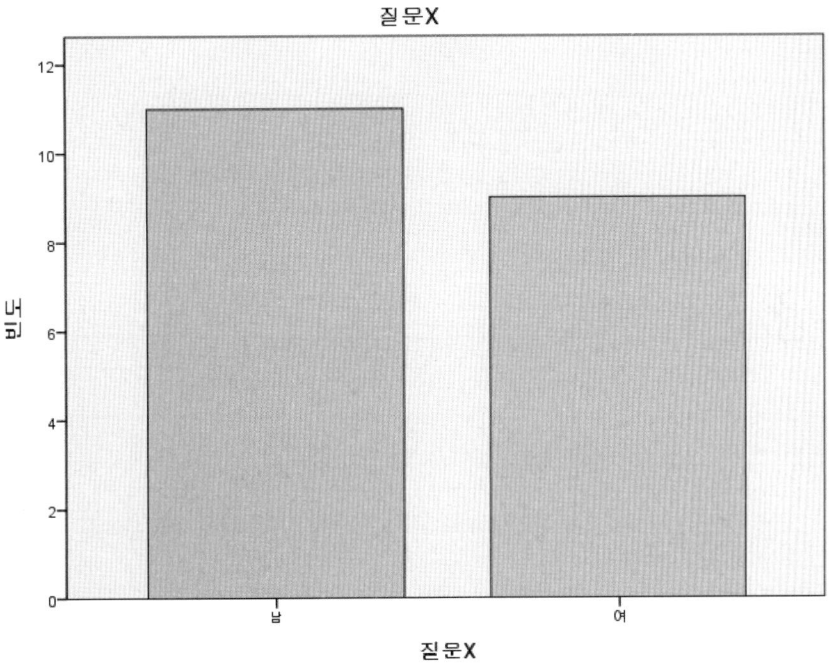

(2) 집계결과를 입력하는 경우

〈순서 1〉 데이터의 입력

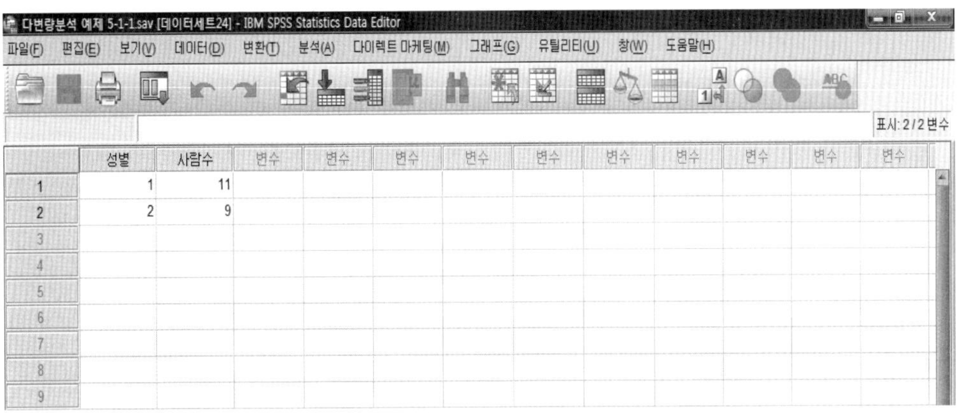

〈순서 2〉 변수값 설명의 설정

① [변수 보기] 시트에서 [값] 열의 첫 번째 행을 클릭하면 [값 레이블] 대화상자가 나타난다.

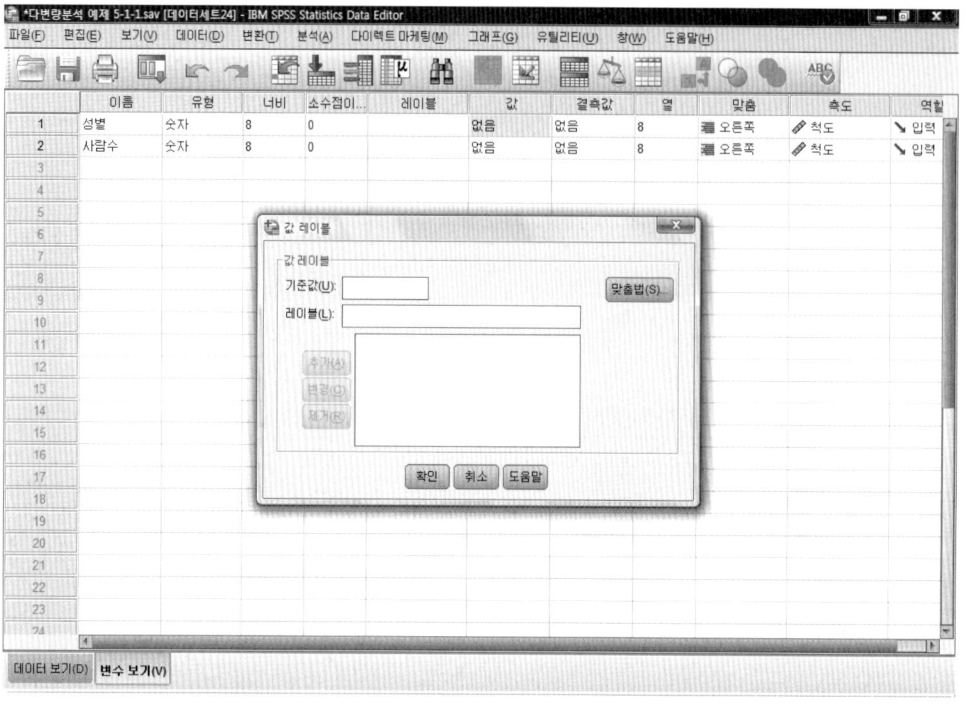

② [기준값(U)]에 '1', [레이블(L)]에 '남'을 입력하고 [추가(A)] 버튼을 클릭한다.

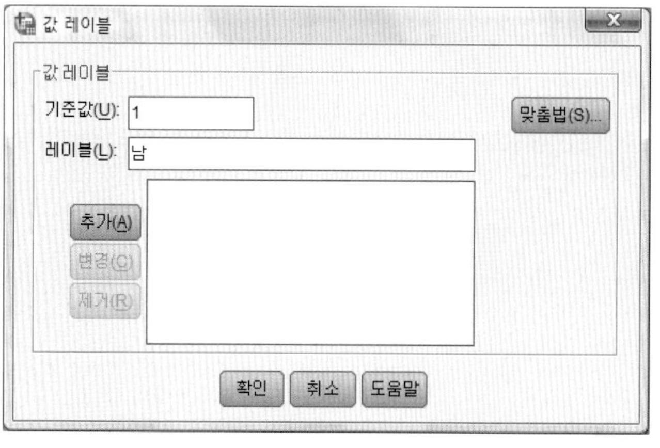

③ [기준값(A)]에 '2', [레이블(L)]에 '여'를 입력하고 [추가(A)] 버튼을 클릭한다.

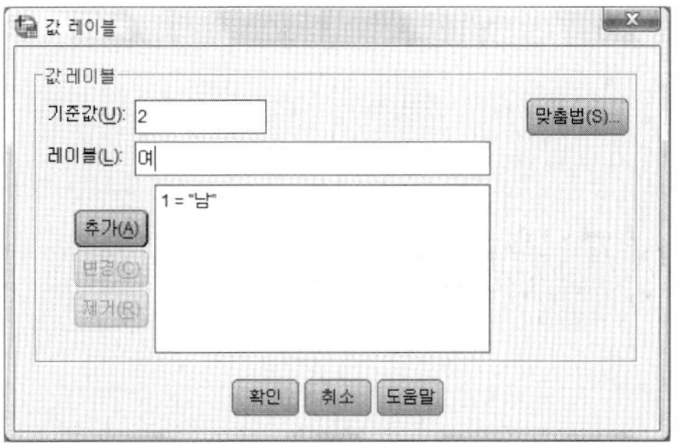

④ 다음과 같이 입력된 상태에서 [확인] 버튼을 클릭한다.

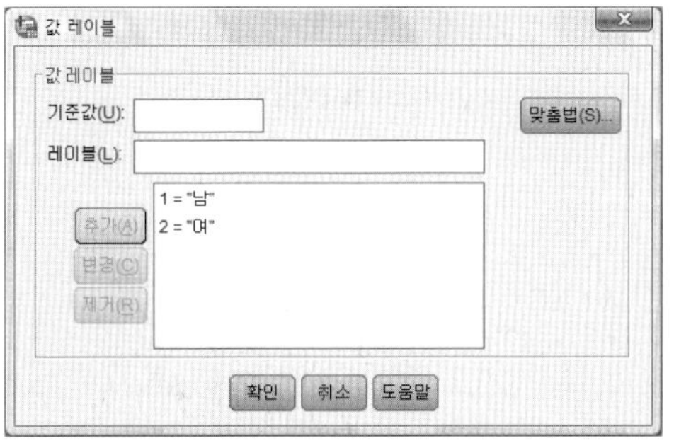

〈순서 3〉 빈도변수의 설정

메뉴에서 [데이터(D)]－[가중 케이스(W)]를 선택한다.

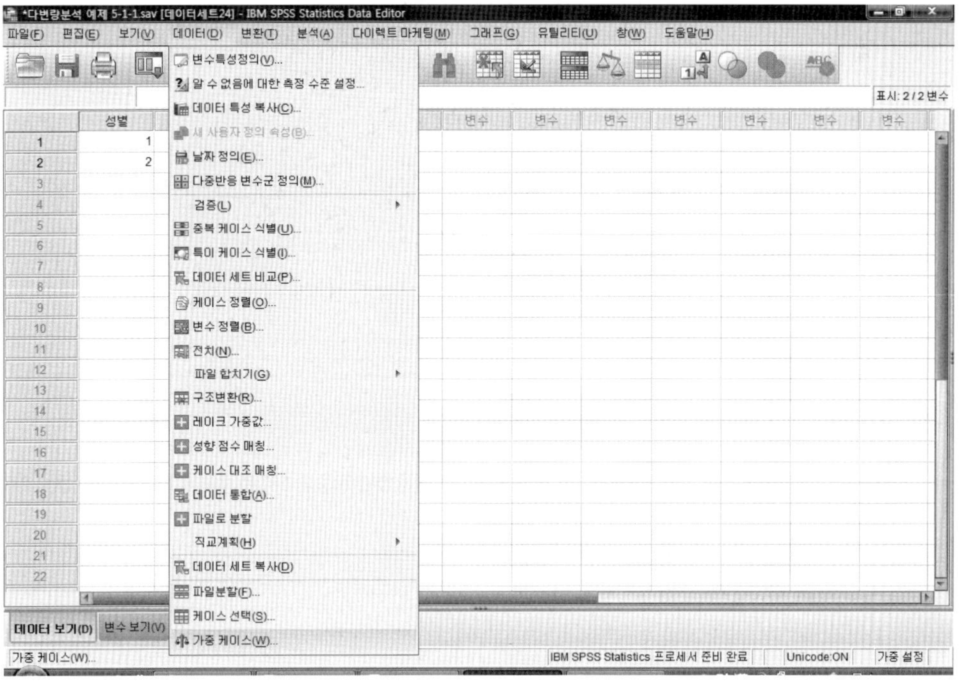

〈순서 4〉 변수의 선택

[가중 케이스 지정(W)]을 선택하고 나서 [빈도변수(F)]로서 '사람 수'를 선택한다.

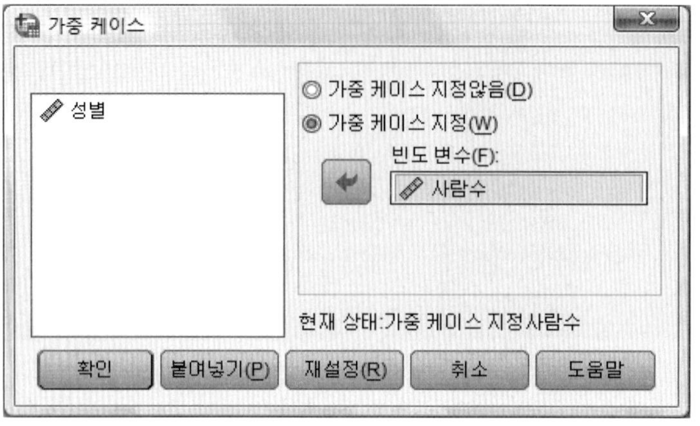

[확인]을 클릭한다.
이것으로 '사람 수'라고 하는 변수는 '빈도'를 나타내고 있다는 정보가 등록된다.

〈순서 5〉 막대그래프의 작성

(여기서부터의 순서는 앞의 '원시자료를 입력하는 경우'와 같다.)

① [분석(A)]−[기술통계량(E)]−[빈도분석(F)]을 선택한다.

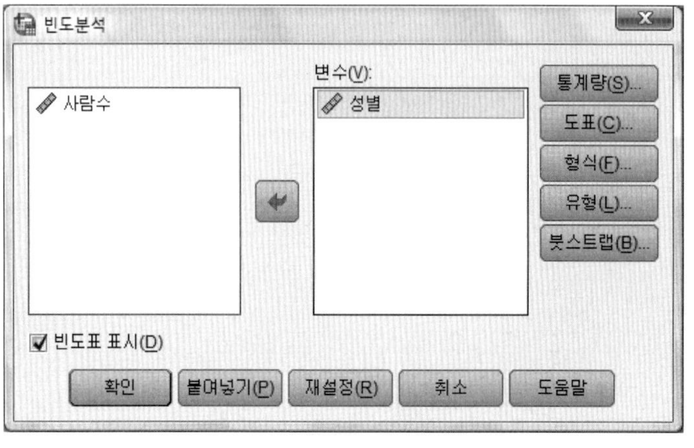

② 변수의 선택
'성별'이라는 변수를 선택한다.

③ 도표의 선택

[도표(C)]를 클릭하고, [막대도표(B)]를 선택한다. 거기에서 [계속]을 클릭하면 앞의 대화상자로 돌아가므로, 그 때에 [확인]을 클릭하면 막대그래프가 작성된다.

이상이 막대그래프의 작성순서이다. 원그래프의 작성순서도 기본적으로 같다.

[예제 5-2]

[질문 X] 혈액형을 답해 주십시오.

1. A　　2. B　　3. AB　　4. O

라고 하는 질문에 대한 회답을 집계했더니 다음과 같은 결과가 되었다.

A	B	AB	O
8	4	5	3

(숫자는 사람 수)

이 결과를 그래프로 표현하라.

» 다항선택일 때의 그래프

세 개 이상의 선택지 중에서 하나를 고르게 하는 다항선택형식의 질문에 대한 회답의 집계결과는, 도수를 막대그래프로 나타내고 비율을 원그래프로 나타내면 좋다.

다만, 이 예와 같이 선택지 사이에 순서관계가 없을 때에는, 도수가 많은 순서로 정렬하고 나서 막대그래프로 하는 편이 보기 쉬운 그래프가 된다.

따라서, 예제의 집계결과는 다음과 같은 그래프로 표현할 수 있다.

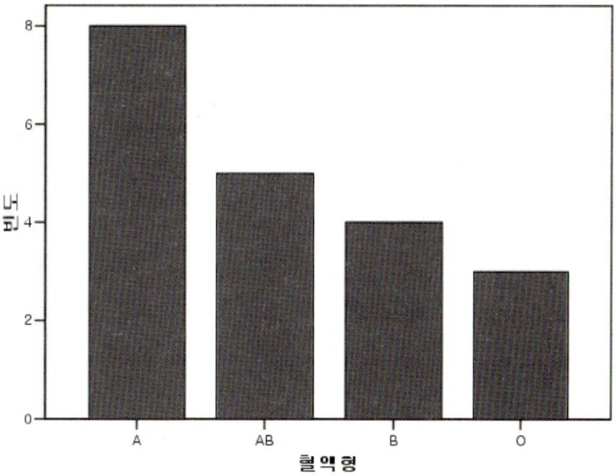

» SPSS에 의한 그래프의 작성

〈순서 1〉 데이터의 입력

집계결과를 입력하는 방식으로 진행한다. 집계 전의 원시자료를 입력하는 방식으로도 진행 방법은 같다.

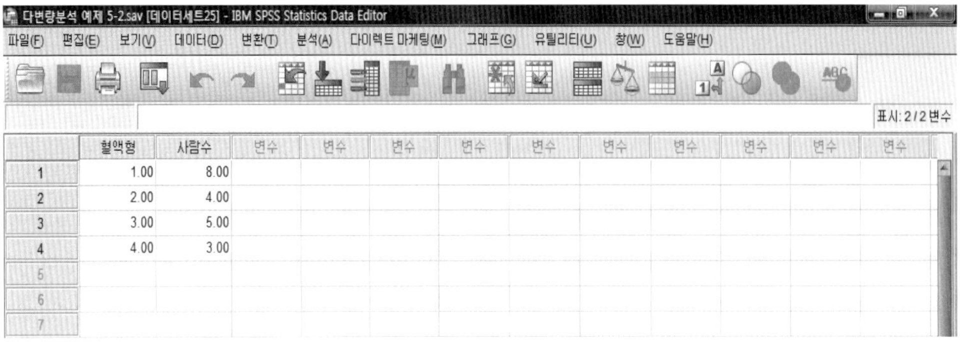

〈순서 2〉 변수값 설명의 설정

[변수 보기] 시트에서 [값] 열의 첫 번째 행을 클릭하면 [값 레이블] 대화상자가 나타난다. '혈액형'이라고 하는 변수를 대상으로 다음과 같이 변수값 설명을 한다.

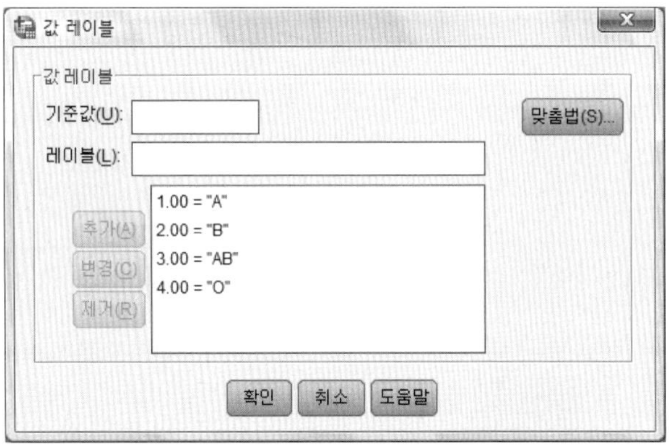

〈순서 3〉 빈도변수의 설정

메뉴에서 [데이터(D)]−[가중 케이스(W)]를 선택한다.

[빈도변수(F)]로서 '사람 수'를 선택한다.

〈순서 4〉 막대그래프의 작성

① [분석(A)]−[기술통계량(E)]−[빈도분석(F)]을 선택한다.

② 변수의 선택

'혈액형'이라는 변수를 선택한다.

③ 도표의 선택

[도표(C)]를 클릭하고, [막대도표(B)]를 선택한다. 거기에서 [계속]을 클릭하면 앞의 대화상자로 돌아간다.

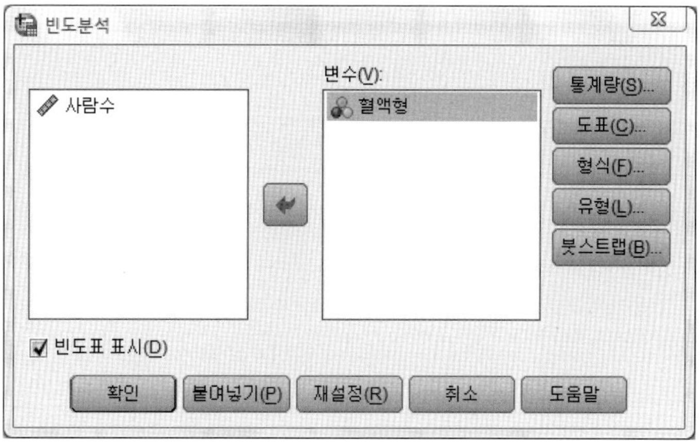

④ [형식(F)]을 클릭한다.

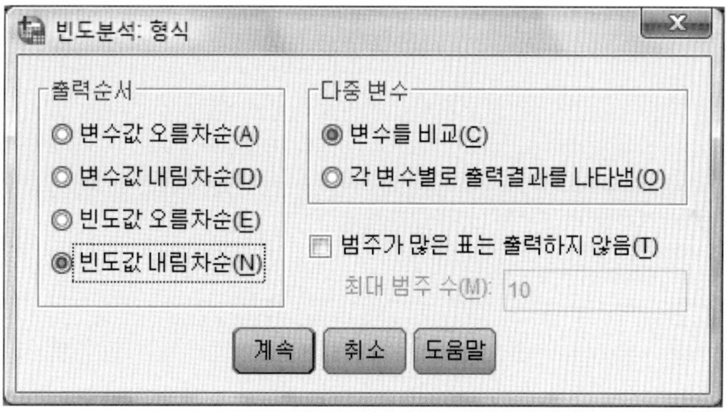

빈도가 많은 순으로 막대를 늘어놓고 싶기 때문에, [빈도값 내림차순(N)]을 선택한다. 여기에서 [계속]을 클릭하면, 앞의 대화상자로 돌아가므로 거기에서 [확인]을 클릭한다. 그러면 다음과 같은 막대그래프가 작성된다.

혈액형

		빈도	퍼센트	유효 퍼센트	누적 퍼센트
유효	1.00 A	8	40.0	40.0	40.0
	3.00 AB	5	25.0	25.0	65.0
	2.00 B	4	20.0	20.0	85.0
	4.00 O	3	15.0	15.0	100.0
	전체	20	100.0	100.0	

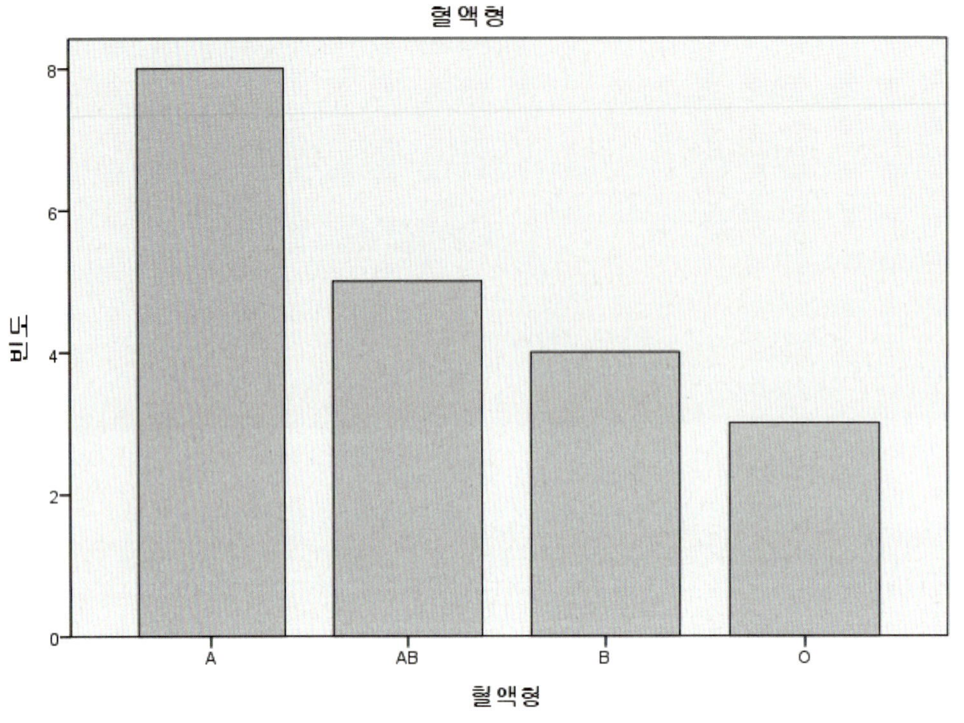

[예제 5-3]

[질문 X] 병원에 대한 만족도를 답해 주십시오.

1. 대단히 불만
2. 불만
3. 약간 불만
4. 약간 만족
5. 만족
6. 대단히 만족

이라고 하는 설문에 대한 회답을 집계했더니 다음과 같은 결과가 되었다.

대단히 불만	불만	약간 불만	약간 만족	만족	대단히 만족
2	2	6	4	5	1

(숫자는 사람 수)

이 결과를 그래프로 표현하라.

» 선택지에 순서가 있을 때의 그래프

선택지 사이에 순서관계가 있을 때에는 [예제 5-2]와 같이 데이터를 정렬한다거나 하지 않고, 순서관계를 그대로 살려서 선택지의 순으로 가로축이 늘어서는 막대그래프를 작성하면 된다.

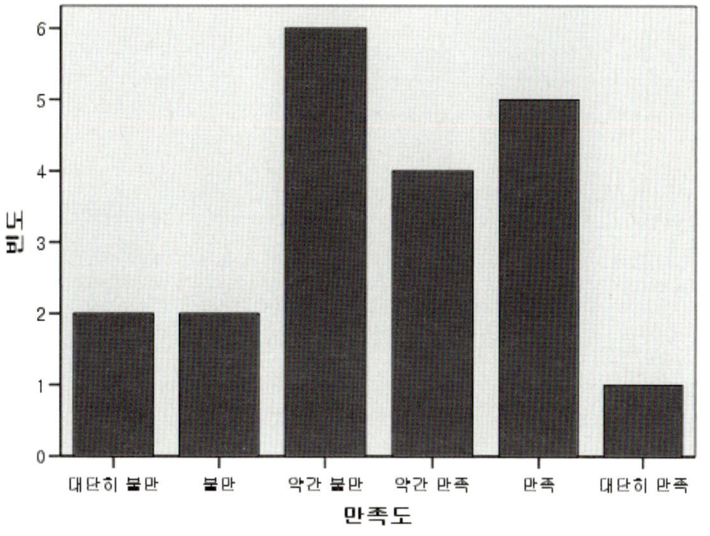

2. 복수회답의 그래프화

[예제 5-4]

[질문 X] 제품 X를 구입한 이유로서 적합한 것에 모두 ○표를 하십시오.

1. 가격이 싸다. ( )
2. 품질이 좋다. ( )
3. 디자인이 좋다. ( )
4. 아는 사람의 권유 ( )

라고 하는 질문에 대한 회답을 집계했더니 다음과 같은 결과가 되었다.

가격이 싸다	품질이 좋다	디자인이 좋다	아는 사람의 권유
35	80	50	70

(숫자는 사람 수)

이 결과를 그래프로 표현하라.

» 복수회답일 때의 그래프

세 개 이상의 선택지로부터 두 개 이상을 고르게 하는 복수회답의 질문에 대한 집계결과는 도수를 막대그래프로 나타내면 좋다. 그리고 도수는 많은 순으로 정렬해 놓으면 보기 쉽다.

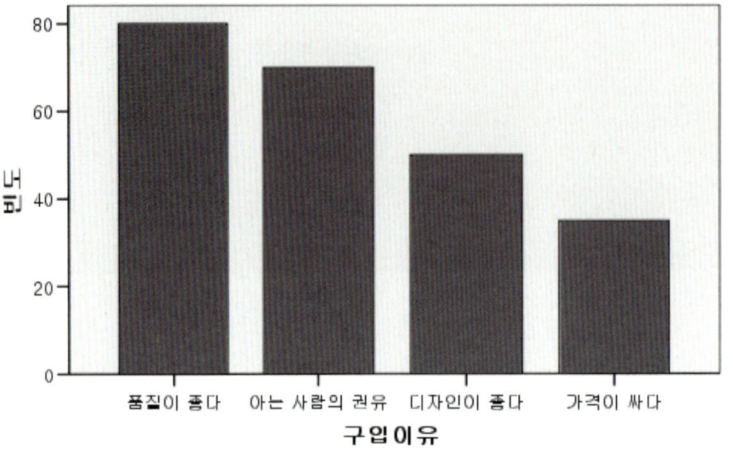

SPSS에서 복수회답의 집계결과를 그래프로 하는 경우에는, 원시자료를 집계한 다음에 그 집계결과를 새로 데이터로서 입력하여 그래프를 작성하게 된다.

» 복수회답일 때의 비율

복수회답의 질문에서는 선택지별로 그 선택지가 택해졌는지 안 택해졌는지의 비율을 내면 좋다. 따라서 비율을 산출할 때의 분모는 회답자 수가 되어, 어느 선택지에 있어서도 같은 값이 된다. 이 예제에서 가령 회답자의 수가 200명이라고 하면, 다음과 같은 표로 정리할 수 있다.

	품질이 좋다	아는 사람의 권유	디자인이 좋다	가격이 싸다
선택	80	70	50	35
비선택	120	130	150	165
합계	200	200	200	200

이로부터 선택률과 비선택률을 구하면 다음 표가 얻어진다.

	품질이 좋다	아는 사람의 권유	디자인이 좋다	가격이 싸다
선택률	0.4	0.35	0.25	0.175
비선택률	0.6	0.65	0.75	0.825

3. 순위회답의 그래프화

[예제 5-5]

[질문 X] 다음의 여섯 가지 음료수 중에서 어떤 순서로 좋아하는지, 좋아하는 쪽부터 순서대로 1위에서 6위까지 순위를 매겨 주십시오.

1. 커피 ( )
2. 홍차 ( )
3. 우유 ( )
4. 녹차 ( )
5. 탄산음료 ( )
6. 과즙음료 ( )

라고 하는 질문에 대한 회답을 집계했더니 다음과 같은 결과가 되었다.

	1위	2위	3위	4위	5위	6위
커피	80	60	30	15	10	5
홍차	50	80	40	20	5	5
우유	40	20	50	40	30	20
녹차	20	15	50	60	45	10
탄산음료	5	15	20	60	80	20
과즙음료	5	10	10	5	30	140

(숫자는 사람 수)

이 결과를 그래프로 표현하라.

» 순위회답일 때의 그래프

선택지의 대상에 순위를 매기게 하는 질문의 집계결과는, 예제에 보인 바와 같은 표로 정리되는 것이 일반적이다. 이 표는,

① 대상을 가로축으로 하는 띠그래프
② 순위를 가로축으로 하는 띠그래프

의 두 가지 그래프를 생각할 수 있다.

①의 그래프는 대상 간의 비교에 편리하며, ②의 그래프는 몇 %의 사람이 1위에 커피를 택하고 있는가 하는 것을 아는 데에 편리하다. 일반적으로는 ①의 그래프가 사용하기 쉽다.

SPSS에서 순위회답의 집계결과를 그래프로 하는 경우에는, 원시자료를 집계한 다음에 그 집계결과를 새로 데이터로서 입력하여 그래프를 작성하게 된다.

그리고 SPSS에서 띠그래프를 작성하려면 막대그래프 중의 [수직누적]을 사용하면 된다.

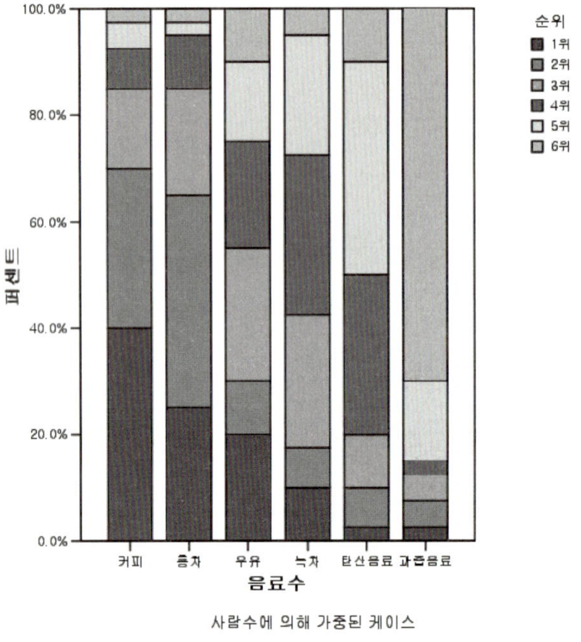

5.2 | 크로스 집계결과의 그래프화

1. 2×2 분할표의 그래프화

[예제 5-6]

다음의 데이터표는 20세 이상의 남성 50명, 여성 50명(합계 100명)에게 어떤 정책에 찬성인지 반대인지의 의견을 물어 그 회답결과를 크로스 집계한 것이다.

	남	여
찬성	23	18
반대	27	32

(숫자는 사람 수)

이 결과를 그래프로 표현하라.

» 띠그래프

분할표의 데이터는 띠그래프로 표현할 수 있다. 띠그래프는 복수의 비율을 비교할 때에 유효한 그래프이다. 이 예제에서는 가로축에 열의 항목(남, 여)을 가져오는 경우와, 행의 항목(찬성, 반대)을 가져오는 경우를 생각할 수 있다.

가로축에 열의 항목을 취하면, 남과 여에서 찬성률(반대율)에 어느 정도의 차이가 있는지를 보게 된다. 가로축에 행의 항목을 취하면, 찬성자와 반대자 각각에 대한 남과 여의 비율을 보게 된다. 목적에 따라서 구별하여 쓸 필요가 있다.

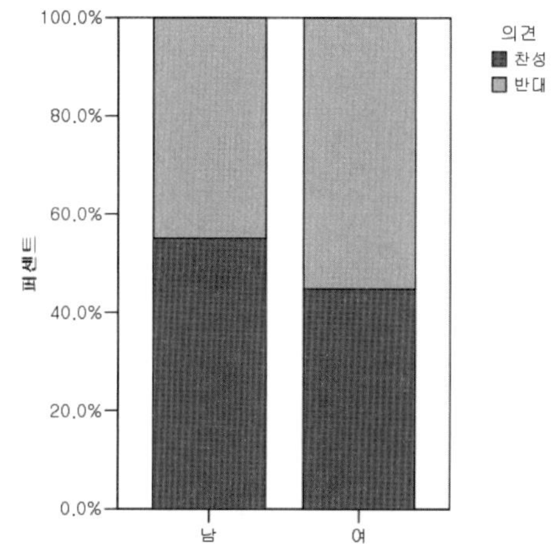

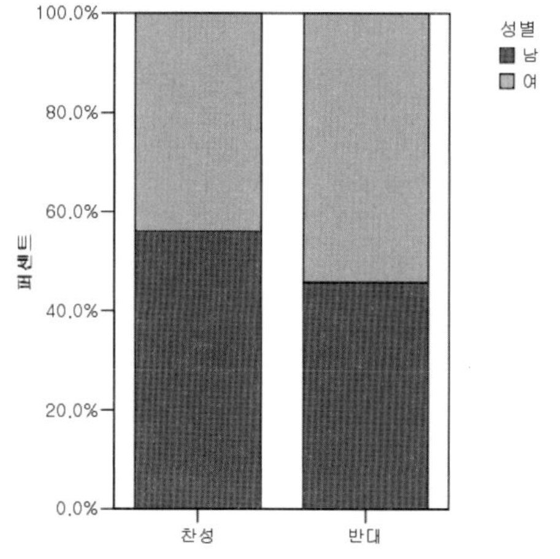

» SPSS에 의한 띠그래프의 작성

SPSS에 의해서 띠그래프를 그리는 방법은 두 가지가 있는데, 메뉴에서 [그래프(G)]–[도표작성기(C)]를 선택하여 그리는 방법과 [그래프(G)]–[레거시 대화상자(L)]–[막대도표(B)]를 선택하여 그리는 방법이 있다. 위에서 보인 남녀 찬성률(반대율)에 관한 띠그래프는 후자에 의해서 그린 결과이다. 그런데 전자의 방법은 그래프 수정작업이 상당히 번거롭다. 따라서, 일반적으로 후자의 방법에 의해서 그리는 쪽을 추천하고 있다.

후자에 의한 방법은 먼저 메뉴에서 [그래프(G)]－[레거시 대화상자(L)]－[막대도표(B)]를 선택하여 다음과 같은 대화상자가 나타나면 '수직누적'을 선택하고, '도표에 표시할 데이터'로서는 '케이스 집단들의 요약값(G)'을 선택한 다음 [정의] 버튼을 클릭한다.

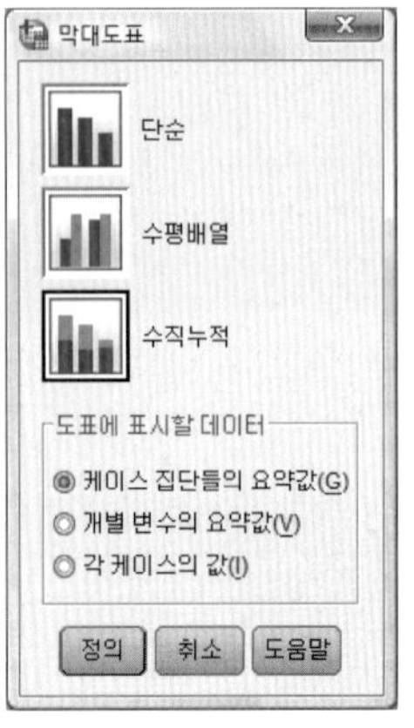

다음의 대화상자가 나타나면 '막대표시'는 '케이스 중 %(A)'를 선택하고 '범주축(X)'에는 '성별'을 지정하고 '수직누적 기준변수(B)'에는 '의견'을 지정하여 입력한 다음 [확인] 버튼을 클릭한다.

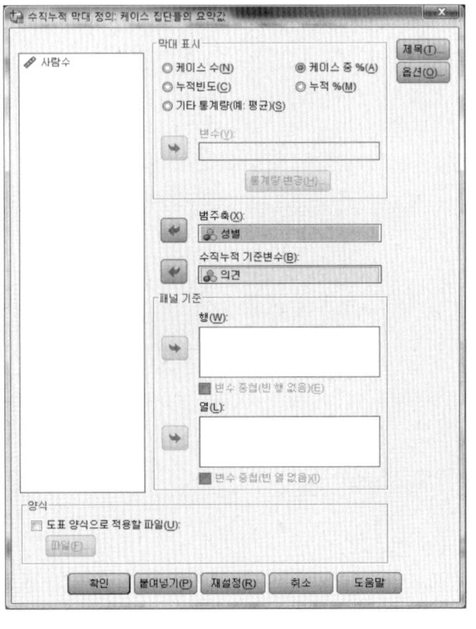

다음과 같은 출력결과가 나타나면 여러 번의 수정과정을 거쳐 원하는 결과를 얻을 수 있다.

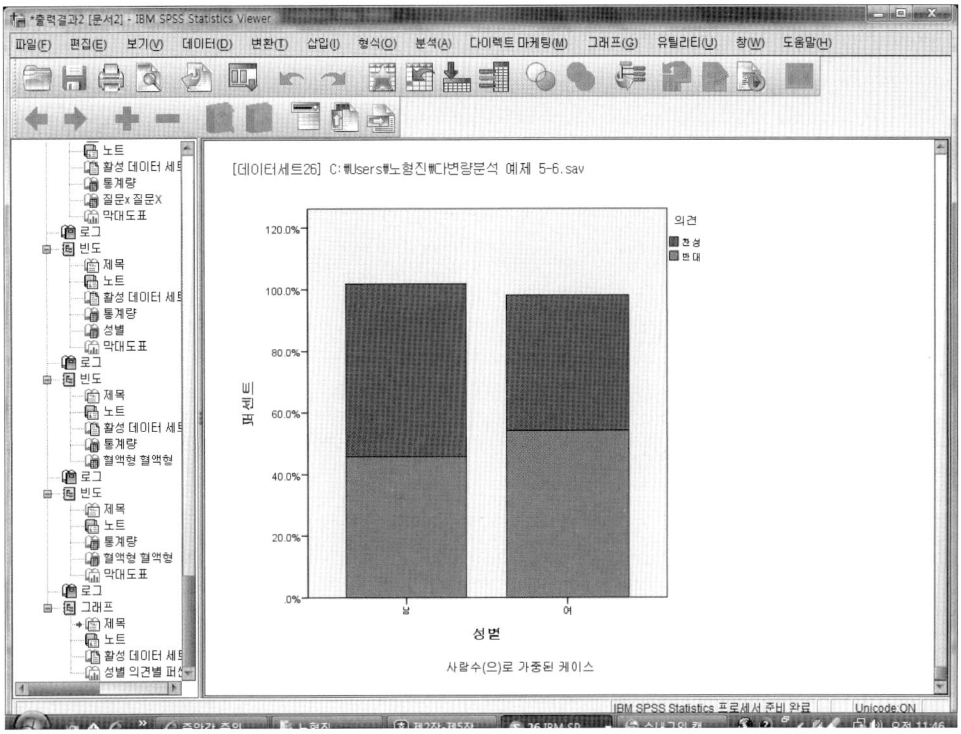

구체적인 그래프의 수정작업은 다음의 [도표 편집기]에서 이루어지는데, 위의 출력결과를 더블클릭하면 다음의 [도표 편집기]가 나타난다.

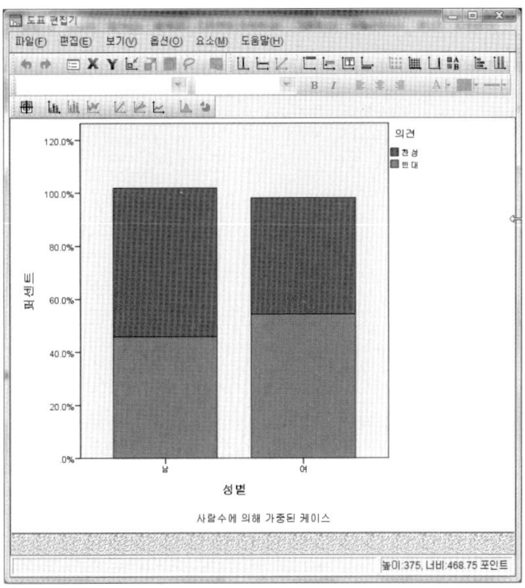

도표 편집기의 [100%로 척도화(S)]를 클릭하여 남, 여 막대를 같은 길이로 조정한다.

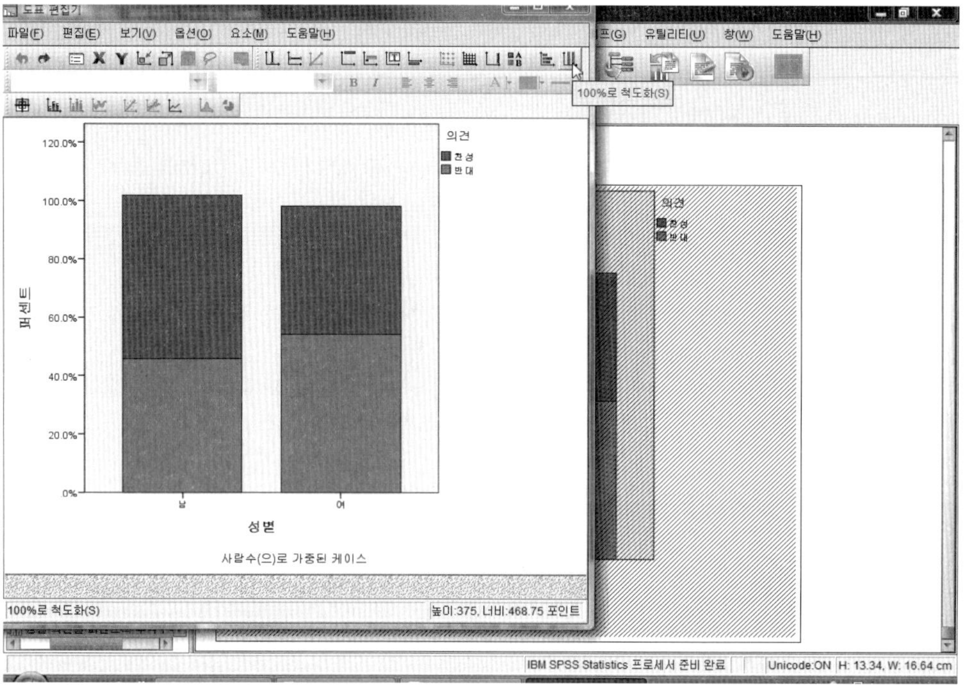

세로축 눈금을 더블클릭하여 [특성] 대화상자가 나타나면 [범위], [유형] 등을 적당히 선택한 다음 [적용(A)] 버튼을 클릭한다.

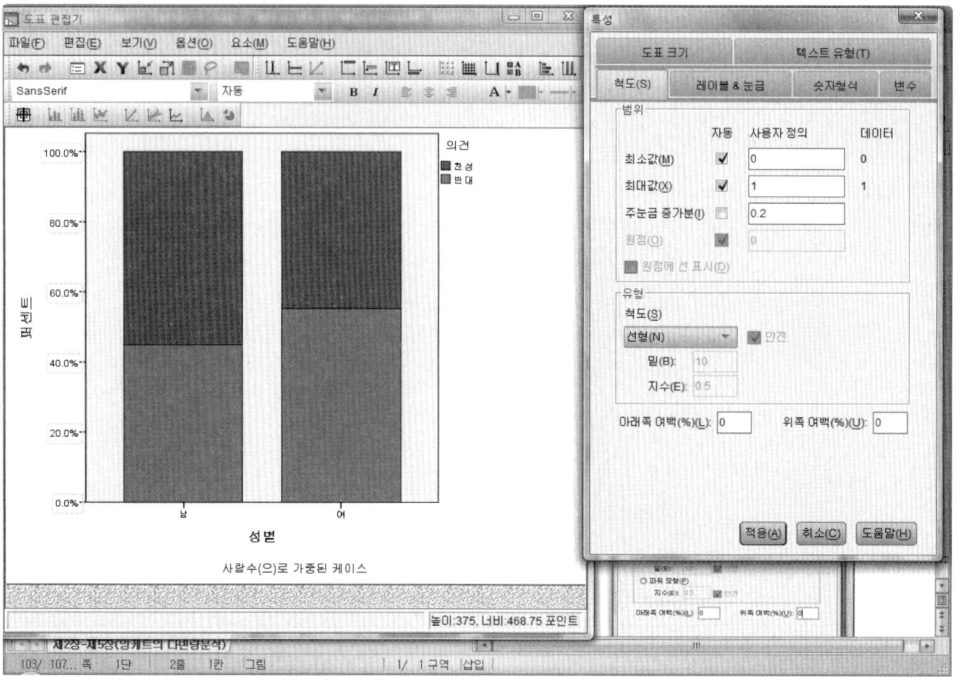

다음과 같은 완성된 그래프를 얻을 수 있다.

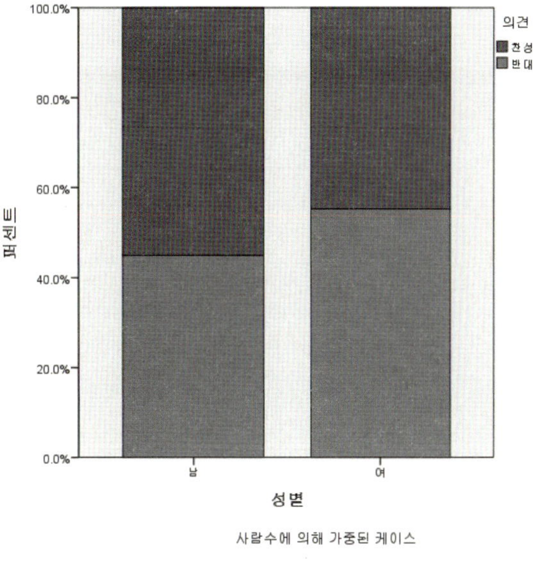

2. $L \times M$ 분할표의 그래프화

[예제 5-7]

어떤 학교에서 취미조사를 실시했다. 클래스는 A, B, C, D의 네 클래스가 있다고 한다. 조사결과를 정리한 것이 다음의 4 × 4 분할표이다.

	A	B	C	D
스 포 츠	20	6	7	9
독 서	6	33	14	7
음 악	9	7	29	8
영 화	8	8	10	24

(숫자는 사람 수)

이 결과를 그래프로 표현하라.

» 띠그래프와 막대그래프의 분간

$L \times M$ 분할표에서는 행이나 열의 성질에도 주의할 필요가 있다. 이 예제의 분할표에서는 행의 내용, 열의 내용 모두 순서로서의 의미를 가지고 있지 않다. 그러나 다음에 보이는 분할

표를 살펴보기 바란다.

이 분할표는 어떤 제품을 네 개의 메이커(A사, B사, C사, D사)로부터 구입하여 그 제품의 품질을 1급품에서 4급품까지 나눈 결과를 나타내고 있는 것이다.

	A	B	C	D
1급품	20	6	7	9
2급품	6	33	14	7
3급품	9	7	29	8
4급품	8	8	10	24

이와 같은 분할표는 행의 각 항목에 순서로서의 의미를 가지고 있다. 이때에는 띠그래프가 유효하다. 띠그래프에 있어서의 각 항목의 무늬를 다르게 하면 구별하기가 좋다.

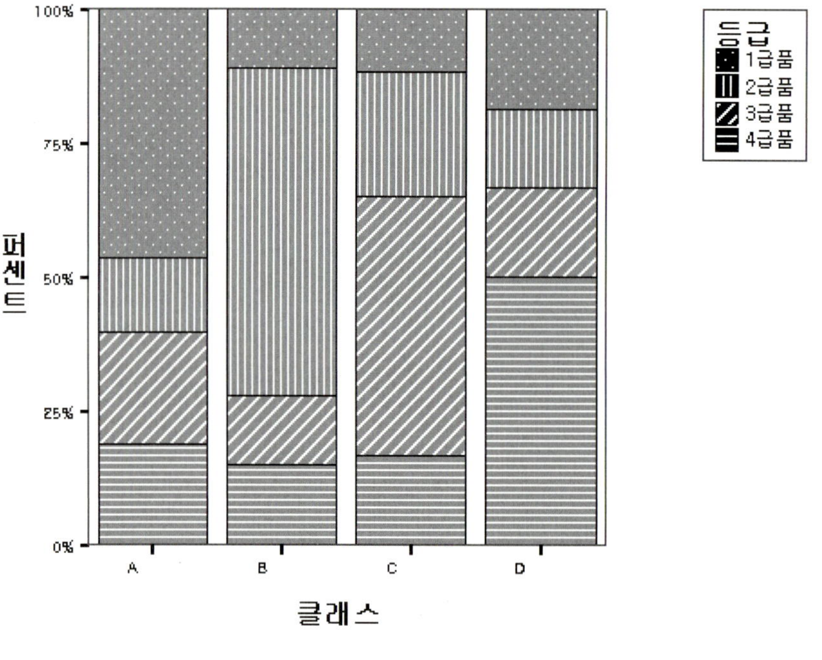

그러나 예제와 같이 행의 각 항목에 순서로서의 의미가 없을 때에는 띠그래프보다 막대그래프 쪽이 패턴의 차이를 잘 파악할 수 있을 것이다.

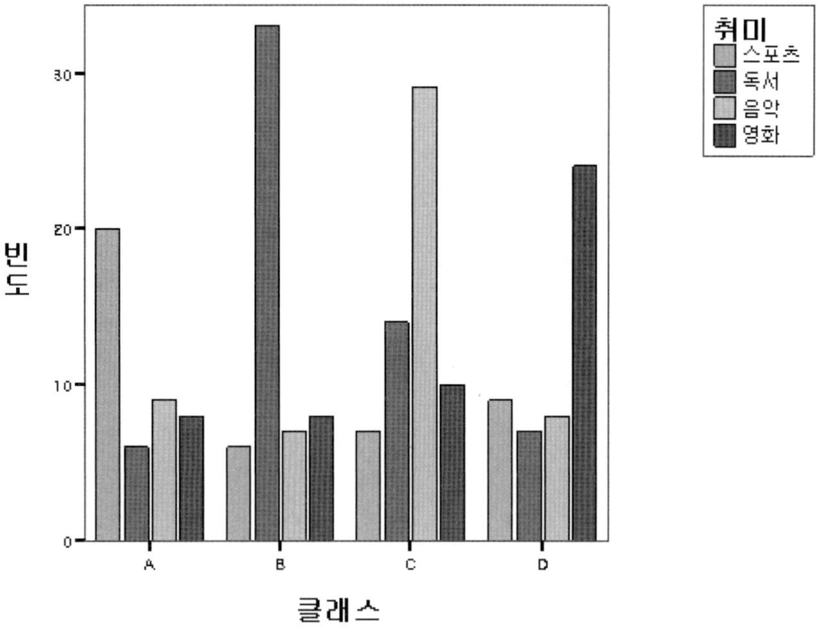
취미
스포츠
독서
음악
영화
빈도
30
20
10
0
A
B
C
D
클래스

CHAPTER

6

다변량분석의 개요

CHAPTER 6

다변량분석의 개요

6.1 | 다변량분석의 목적

'현대는 정보화 사회'라고 하는 일컬어진지 오래다. 이 '정보화 사회'란 여러 가지 의미로 해석되고 있는데, 통계적 관점에서 말한다면 '처리할 수 있는 데이터가 용이하게 얻어지는 사회'라고 해석할 수 있을 것이다. 그런데 그 데이터의 대부분은 복수 항목으로 이루어지는 '다변량의 데이터'이다. 이 다변량의 데이터로부터 유익한 정보를 끄집어내는 것이 다변량분석이다. 특히 앙케트 조사결과의 데이터 분석에 다변량분석은 필수적이라고 할 수 있다.

» 다변량분석의 종류

다변량분석(multivariate analysis)에는 실로 여러 가지 수법이 보석상자와 같이 가득 차 있다. 그것을 목적별로 분류해서 정리하면 다음 <표 6.1>과 같다.

표 6.1 다변량분석의 종류

목적	종류
인과관계	중회귀분석 정준상관분석 수량화이론 I 류
판별	판별분석 수량화이론 II 류
분류	군집분석 다차원척도법 수량화이론Ⅳ류
종합화	주성분분석 대응분석 수량화이론Ⅲ류
공통요인 탐색	요인분석

» 다변량 데이터

다변량분석은 복수의 항목으로 구성되고 있는 데이터, 즉 다변량의 데이터를 분석대상으로 한다. 누구나 알고 있는 예로서 들 수 있는 것은 다음 <표 6.2>와 같은 학교의 성적이다. 한 사람의 학생에 대한 복수의 항목(즉 교과)의 데이터가 병기되어 있다.

표 6.2 교과 성적

출석번호	국어	영어	수학	물리	사회
1	68	69	83	56	76
2	72	90	45	63	74
3	68	87	35	54	80
4	89	100	80	43	68
5	90	95	68	70	72
⋮	⋮	⋮	⋮	⋮	⋮
39	75	55	37	50	65
40	68	72	50	45	50

그런데 IT 사회인 현대에 있어서 이러한 형식의 데이터는 도처에서 볼 수 있다. 경제 데이터, 앙케트 조사결과, 사회조사자료, 시장조사자료 등 이루 헤아릴 수 없을 것이다. 이와 같은 복수의 항목으로 구성되는 데이터를 분석할 수 있는 것은, 현대인에게 있어서 불가결의 역량(skill)으로 되어 있다. 그 대표적인 역량이 다변량분석인 것이다. 이 수법을 익히면 데이터의 관계나 그 배후에 숨어 있는 원인을 수량적으로 파악할 수 있게 된다.

가령 <표 6.3>과 같은 주가의 동향을 보고 포트폴리오를 작성하는 데에 다변량분석은 불가결의 수법이다.

표 6.3 주가 동향

날짜	SK 텔레콤	삼성전자	투다리	현대건설	대우건설
7/1(수)	1450	1890	560	1150	890
7/2(목)	1430	1789	785	1080	865
7/3(금)	1437	1980	678	1324	910
7/6(월)	1408	1897	560	1150	850
7/7(화)	1475	1790	650	1080	912
7/8(수)	1490	1895	715	1145	895
7/9(목)	1501	1985	795	1280	942
⋮	⋮	⋮	⋮	⋮	⋮

그리고 일반 회사의 사원들에 대한 건강관리를 실시하는 데도 다변량분석은 필수적이다.

표 6.4 건강관리

사원번호	연령	신장(cm)	체중(kg)	폐활량	심전도
1001	45	175.6	69.5	4325	이상 없음
1002	52	168.5	68.3	3987	이상 없음
1003	38	171.3	80.5	4565	이상 없음
1004	32	169.0	79.8	4250	이상 없음
1005	49	182.3	90.2	4732	소견 있음
1006	50	169.3	70.2	4005	이상 없음
1007	29	189.5	75.3	4680	이상 없음
⋮	⋮	⋮	⋮	⋮	⋮

뿐만 아니라 지역조사를 실시하는 데도 다변량분석은 필수불가결의 수법이다.

표 6.5 지역조사

시도명	노년비율	혼인율	실업률	자살률(10만 명당)
서울시	28.4	5.2	4.2	28.1
경기도	24.3	4.8	3.8	27.3
충청남도	27.8	5.1	3.9	25.3
전라북도	26.4	5.0	4.8	24.5
전라남도	27.3	4.2	5.3	23.5
경상북도	25.7	4.7	3.1	27.9
⋮	⋮	⋮	⋮	⋮

» 다변량분석의 목적

그런데 다변량분석의 역량을 갖지 못한 사람이 다변량의 데이터를 분석한다면, 어떻게 될 것인가. 결과는 대단히 빈곤한 것이 될 것이다. 예를 들면, 앞에 예시한 학교의 성적 데이터로 말하면, 흔히 평균점이나 표준편차만을 산출하고 "그것으로 오케이!"라고 하는 식으로 끝나고 만다.

표 6.6 교과 성적의 평균과 표준편차

	국어	영어	수학	물리	사회
평균	66.3	59.8	43.5	53.7	72.4
표준편차	4.7	5.6	15.3	6.3	7.4

그러나 이것은 대단히 아까운 이야기이다. 다변량의 데이터를 '1변량 데이터의 합체'로써밖에 파악하고 있지 못한 빈곤한 분석법이다. 다변량의 데이터는 1변량의 데이터의 합체가 아닌 것이다. 정보가 보다 풍부하게 포함되어 있다.

표 6.7 정보가 풍부한 다변량 데이터

개체명	w	x	…	z
1	w_1	x_1	…	z_1
2	w_2	x_2	…	z_2
3	w_3	x_3	…	z_3
…	…	…	…	…
n	w_n	x_n	…	z_n

\>

w
w_1
w_2
w_3
…
w_n

\+

x
x_1
x_2
x_3
…
x_n

\+ … +

z
z_1
z_2
z_3
…
z_n

다변량 데이터에 포함되는 풍부한 정보란 '변량 간의 관계'이다. 전술한 학교의 성적으로 말하자면, 교과와 교과가 어떻게 관련되어 있는지 등의 정보가 데이터에는 포함되어 있는 것이다. 게다가 그들 교과를 배후에서 조종하고 있는 '능력'이라고 하는 원인까지 포함되어 있는 것이다.

» 1차 데이터가 중요

이상과 같이 다변량분석의 목적은 변량 간의 관계를 조사하고, 그 데이터의 이면(裏面)에 있는 진리를 이끌어내는 것이다. 그래서 데이터가 수집되어 있거나 가공되어 있거나 하면, 분석이 가능하게 된다. 다변량분석의 대상은 막 수집한 데이터, 즉 선도가 좋은 생 데이터가 이상적이다.

가공되어 있지 않은, 이른바 '생' 데이터를 **1차 데이터** 또는 개표(個票) 데이터라고 한다. 그로부터 계산, 집계된 데이터를 **2차 데이터**라고 한다. 다변량분석의 대상으로 하는 데이터는 이 1차 데이터인 것이다.

(주) 일부의 다변량분석은 크로스 집계된 분할표를 분석대상으로 한다.

그런데 정보의 보고라고 할 수 있는 인터넷을 찾아봐도 1차 데이터는 좀처럼 발견되지 않는다. 그만큼 가치가 있기 때문이다.

표 6.8　1차 데이터와 2차 데이터

1차 데이터

출석번호	국어	영어	수학	물리	사회
1	68	69	83	56	76
2	72	90	45	63	74
3	68	87	35	54	80
4	89	100	80	43	68
5	90	95	68	70	72
⋮	⋮	⋮	⋮	⋮	⋮
39	75	55	37	50	65
40	68	72	50	45	50

2차 데이터

	국어	영어	수학	물리	사회
평균	66.3	59.8	43.5	53.7	72.4
표준편차	4.7	5.6	15.3	6.3	7.4

» 1차 데이터에서 이용하는 용어

다변량분석의 구체적인 내용에 대해서는 뒤에서 기술하기로 하고, 여기에서는 그 분석대상의 1차 데이터에 관한 말을 소개하기로 한다.

수치 데이터로 이루어지는 1차 데이터에 있어서, 데이터 중의 하나하나의 구성요소를 **개체** 또는 **요소**라고 한다. 그리고 이름이나 사원번호와 같이 각 개체를 식별하는 것을 **개체명** 또는 **요소명**이라고 부른다.

또한 1차 데이터에 있어서 제목 행에 있는 관측항목이나 조사항목을 **변량**이라고 부른다. 다변량분석의 '**다변량**'이란 이 항목, 즉 변량이 두 개 이상인 경우를 표현하고 있는 것이다.

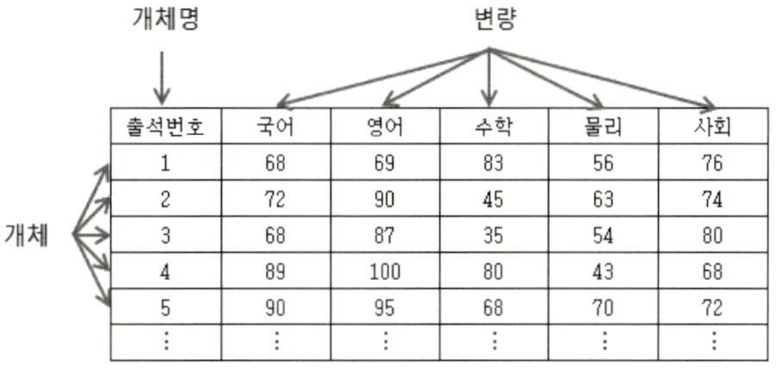

통상 변량은 수량적인 의미를 갖는 데이터(즉, 양적 데이터)를 표현하는 데 이용된다. 뒤에서 '질적 데이터'에 대해서 언급할 것인데, 거기에서는 변량과 비슷한 역할을 갖는 것으로서 범주(카테고리)라고 하는 명칭이 이용된다. '변량'과 혼동되므로 주의가 필요하다.

힌트 : 변수와 변량

변수(variable)는 원래 수학에서 쓰이고 있는 말로 어름과 같이 예리하고 차갑다. 그에 비해서 변량(variate)은 좀더 애매하고 맛깔스러운 말이다. 예를 들면, 수학에서는 다변수함수론이 있고, 통계학에서는 다변량분석이 있다. 그런데 통계적인 변수는 통계적 처리의 대상이 되어 있는 것의 특정 속성을 나타내는 것으로, 이것은 수치로 표현되는 경우가 많다. 명목척도의 경우처럼 분류된 범주(카테고리) 등으로 표현되는 수도 있다. 변수가 관측치로서 실제의 수치로 주어져 있을 때는, 특히 구별해서 변량이라고 부르는 경우가 있다.

6.2 | 분산

다변량분석을 이해하기 위한 준비로서 통계학의 기본 아이템을 확인하기로 한다.

종래의 통계학은 **평균치**가 주역이었다. 통계학의 표준적인 교과서에서는 평균치의 추정이나 검정에 중점이 놓였다. 그에 비해서 다변량분석은 평균치와는 다른 것이 주역이 된다. **분산**과 **공분산**이 그것이다. 이들 두 개의 양을 설명할 수 있도록 모형을 구축하는 것이 다변량분석의 모형 결정의 원리인 것이다. 본 절에서는 한편의 주역인 '분산'에 관련된 지식을 정리하도록 한다.

» 데이터의 중간치가 평균치

변량 x의 평균치란 변량 값의 총합을 데이터 수로 나눈 것이다. 이용되는 분야에 따라서 평균점, 평균소득, 평균시간 등으로 이름을 바꾸지만 모두 같은 것이다.

일반적으로 다음과 같은 변량 x의 1차 데이터를 생각해 보자.

표 6.9 변량 x의 1차 데이터

번호	x
1	x_1
2	x_2
3	x_3
…	…
n	x_n
개체 수	n

평균치는 데이터의 표준적인 값의 기준을 부여한다. 속된 말로 표현하면 데이터의 중간치를 표현한다.

평균치 $\bar{x}$는 식으로서 다음과 같이 표현된다. n은 개체 수를 나타낸다.

$$\bar{x} = \frac{x_1 + x_2 + x_3 + \cdots + x_n}{n} = \frac{\sum_{i=1}^{n} x_i}{n} \quad \cdots (1)$$

기하학적으로 말하면, 중심(重心)을 부여하는 식과 일치한다.

» 개체의 개성을 나타내는 편차

변량 x에 대해서 i번째 개체의 값을 x_i로 하면, 이 x_i의 **편차**(偏差, deviation)는 다음과 같이 표현된다.

$$\text{편차} = x_i - \bar{x}$$

요컨대, 편차란 평균치로부터의 떨어진 정도를 나타낸다.

평균치는 데이터 전체를 대표하는 값, 즉 '표준'의 값이다. 속된 표현을 하자면, 자료에 대한 '중간치'이다. 따라서 그 '중간치'인 평균치로부터의 떨어진 정도를 나타내는 편차는, 데이터를 구성하는 각 개체의 '개성'이라고 생각된다.

» 편차의 제곱합이 변동

'편차'는 각 개체의 '개성'을 나타낸다. 그 개성을 데이터 전체로 합치면, 그 데이터가 갖는 '개성 전체'를 구할 수 있다. 속된 표현을 하자면, 데이터의 '흩어짐 정도'를 구할 수 있다.

그런데 개성을 나타내는 편차를 단순히 더하면, 플러스와 마이너스의 개성이 상쇄되어서 값은 0이 되어 버린다. 그래서 데이터 전체의 개성을 조사할 때에는 각각을 제곱해서 더한다. 이것을 **변동**(variation)이라고 한다. 또한 **편차제곱합**이라고도 부른다.

일반적으로 변량 x의 데이터가 있다고 하자. 이 데이터에 대해서 변량 x의 변동 S는 다음과 같이 표현된다.

$$S = (x_1 - \bar{x})^2 + (x_2 - \bar{x})^2 + \cdots + (x_n - \bar{x})^2 \quad \cdots (2)$$

n은 개체 수, $\bar{x}$는 평균치이다.

같은 개체 수라면 변동 S가 클수록 데이터 중의 산포가 크게 된다. 변동 S가 클수록 데이터에 포함되어 있는 개체는 개성이 풍부하다는 것을 나타내는 것이다. 다변량분석에서는 이 S를 데이터가 가진 개성의 총량, 즉 '정보량'으로 해석할 수 있다.

» 편차의 제곱평균 개념이 분산

같은 산포의 정도를 갖는 데이터에서도 데이터의 크기(즉, 개체 수) n이 클수록 (2) 식의 변동 S의 값은 커져 버린다. 개체 수 n이 클수록 그 만큼 산포(즉, '개성')의 총량이 커져 버리기 때문이다. 그래서 S를 개체 수 n에서 1을 뺀 $(n-1)$로 나누어 보자. 그렇게 하면, 개체 수에 의존하지 않는 데이터의 산포의 기준이 구해진다.

이 $(n-1)$을 **자유도**라고 부른다. 자유도란 서로 독립적으로 움직일 수 있는 데이터의 개수와 같은 것을 말한다. 통계량 $x_1+x_2+\cdots+x_n$의 자유도는 n이다.

그러나 통계량 $(x_1-\bar{x})^2+(x_2-\bar{x})^2+\cdots+(x_n-\bar{x})^2$의 자유도는 $(n-1)$이다. 이것은,

$$(x_1-\bar{x}),\ (x_2-\bar{x}),\ \cdots\ (x_n-\bar{x})$$

은 n개이지만

$$(x_1-\bar{x})+(x_2-\bar{x})+\cdots+(x_n-\bar{x})=0$$

라고 하는 관계식이 하나 있으므로, 자유도가 하나 감소한다.

$$s^2=\frac{(x_1-\bar{x})^2+(x_2-\bar{x})^2+\cdots+(x_n-\bar{x})^2}{n-1}=\frac{\sum_{i=1}^{n}(x_i-\bar{x})^2}{n-1} \quad \cdots (3)$$

이 값을 변량 x의 **분산**(variance)이라고 부른다. 통상 s^2이라고 표기한다.

참고로 모집단의 분산 σ^2은 다음과 같이 표현된다.

$$\sigma^2=\frac{(x_1-\mu)^2+(x_2-\mu)+\cdots+(x_N-\mu)^2}{N}=\frac{\sum_{i=1}^{N}(x_i-\mu)^2}{N}$$

(2)식의 변동은 데이터가 갖는 '정보량'이라고 생각된다고 언급했는데, 이것에 비례하는 분산도 당연히 그렇게 해석할 수 있다. 그리하여 다변량분석에서는 이 분산이 주역이 된다. 분산을 잘 설명할 수 있도록 여러 가지 모형을 구축하고 이론을 발전시키는 것이다.

» 분산의 기호

분산은 통상 s^2으로 표기되는데, 이 기호에는 결점이 있다. 표기가 복잡해지는 경우가 있다고 하는 것이다. 예를 들면, 변량 e_x의 분산을 표현하고자 생각하면, 다음과 같이 첨자가 작아져서 보기 어려워지고 만다.

$$\text{변량 } e_x \text{의 분산} = s_{e_x}^2$$

그래서 이 책에서는 다음과 같이 정의되는 기호 V도 병용한다.

$$\text{변량 } x\text{의 분산} = V(x),\ \text{변량 } e_x\text{의 분산} = V(e_x)$$

이와 관련하여 기호 V는 분산의 영어 variance에서 유래한다.

» 데이터의 산포를 친근하게 표현하는 표준편차

분산 s^2의 플러스의 제곱근 s를 **표준편차**(standard deviation)라고 부른다.

$$\text{표준편차 } s=\sqrt{s^2} \quad \cdots (4)$$

제곱근을 취함으로써 표준편차는 단위가 원래의 변량과 같게 된다. 예를 들면, 체중의 데

이터가 있을 때, 분산의 단위는 '무게의 제곱'이 되어 버려서 의미가 없다. 그런데 그 제곱근인 표준편차는 '무게'의 단위로 되돌아간다. 따라서 표준편차는 분산보다도 '산포의 기준'이라고 하는 이미지에 가까운 값이 된다.

6.3 | 산점도

앞 절에서는 변량의 수가 한 개의 데이터를 조사했다. 여기에서는 그것이 두 개의 경우를 조사하기로 한다. 이와 같은 데이터가 다변량분석의 기본이 된다.

» 2변량의 관계를 나타내는 산점도

정보를 시각적으로 이해할 수 있는 것은 중요하다. 그래서 2변량의 데이터를 시각화해 보기로 한다.

표 6.10 2변량 데이터

출석번호	수학	물리
1	72	65
2	35	49
3	58	60
4	42	51
5	70	55
6	65	67
7	17	46
8	59	60

이제 출석번호 1번의 시험결과를 살펴보자. 수학 72점, 물리 65점이다. 이것을 평면상의 좌표(72, 65)에 점으로 표시해 본다.

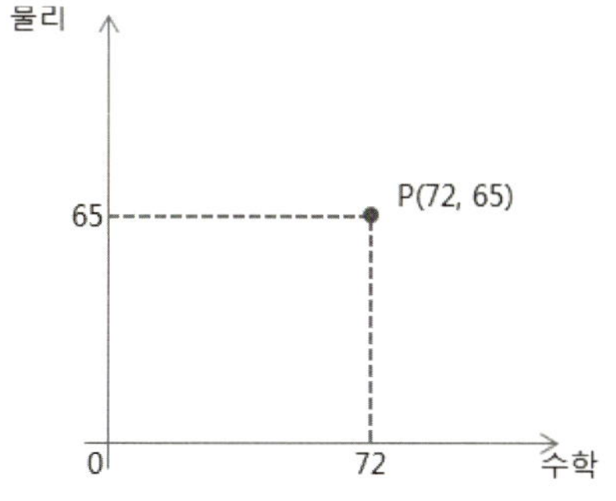

그림 6.1 평면상의 좌표

이렇게 해서 한 사람의 학생의 성적이 그림으로 표현되었다. 이상의 조작을 데이터 전체에 대해서 실시해 보자. 그렇게 하면, 데이터가 평면상에 매핑된다. 이것이 **산점도** 또는 **상관도**이다.

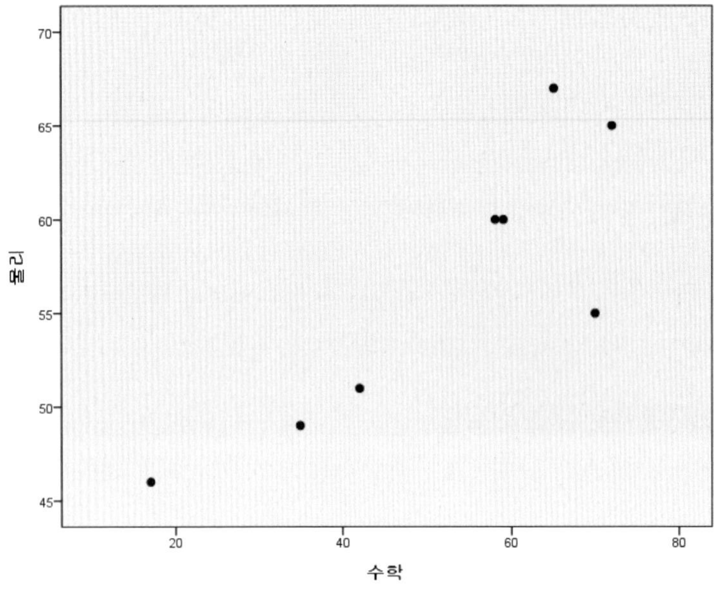

그림 6.2　산점도

데이터를 산점도로 나타내면, 데이터의 특징이 보기 쉬워진다. 예를 들면, 위의 산점도를 보면 "수학의 성적이 좋은 사람은 대개 물리의 성적도 좋다"는 것을 바로 간파할 수 있다.

» 플러스의 상관과 마이너스의 상관

2변량의 데이터에 대해서 중요한 것은 이들 두 변량이 어떻게 관계하고 있는가이다. 그래서 2변량 x, y의 전형적인 관계를 산점도로부터 살펴보도록 하자.

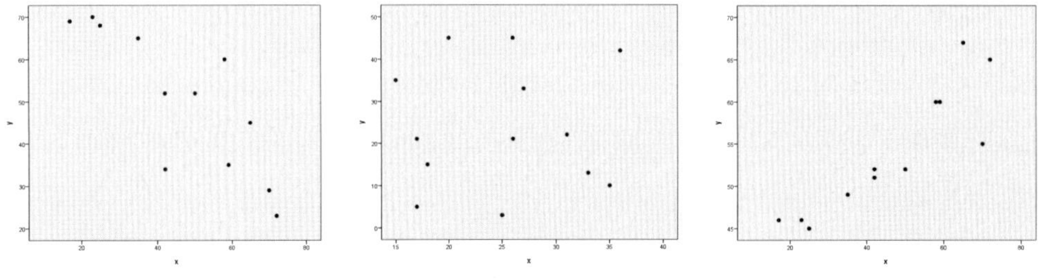

(a) 마이너스의 상관　　(b) 무상관　　(c) 플러스의 상관

그림 6.3　여러 가지 상관관계

<그림 6.3>의 (c)는 변량 x가 증가하면 y도 증가한다고 하는 관계이다. 이 관계를 **플러스의 상관관계**가 있다고 한다. 이에 비해서 (a)는 변량 x가 증가하면 y는 감소한다. 이 관계를 **마이너스의 상관관계**가 있다고 한다. 한편, (c)의 경우는 2변량 x, y의 사이에는 특별한 관계는 없다. 이와 같은 경우에 2변량 x, y에 **상관이 없다**고 한다.

6.4 | 공분산 · 상관계수

앞의 6.2절에서는 다변량분석에는 두 가지의 주역이 있다고 말했다. 분산과 공분산이다. 본 절에서는 후자의 공분산에 대해서 알아보기로 한다.

» 편차곱의 평균 개념이 공분산

다음 <표 6.11>의 데이터를 살펴보자. 2변량 x, y의 데이터이다.

표 6.11 2변량 x, y의 데이터

개체번호	x	y
1	x_1	y_1
2	x_2	y_2
3	x_3	y_3
⋮	⋮	⋮
n	x_n	y_n

이때, 2변량 x, y의 **공분산**(covarianve) s_{xy}를 다음과 같이 정의한다. 여기에서 $\overline{x}$, $\overline{y}$는 2변량 x, y의 평균치, n은 개체 수이다.

$$s_{xy} = \frac{(x_1-\overline{x})(y_1-\overline{y})+(x_2-\overline{x})(y_2-\overline{y})+\cdots+(x_n-\overline{x})(y_n-\overline{y})}{n-1}$$

$$= \frac{\sum_{i=1}^{n}(x_i-\overline{x})(y_i-\overline{y})}{n-1} \qquad \cdots (1)$$

» 2변량의 관계를 수치화하는 공분산

(1)식의 성질에 대해서 살펴보도록 하자. <표 6.11>의 데이터에 대해서 산점도를 그리고, $(x-\overline{x})(y-\overline{y})$의 플러스, 마이너스를 조사해 본다. 그렇게 하면, 그 플러스, 마이너스는 <그림 6.4>와 같이 정리된다.

<그림 6.4>에서 점 G$(\overline{x}, \overline{y})$는 각 변량의 평균치 $\overline{x}$, $\overline{y}$를 좌표로 하는 산점도의 중심이다. 이 그림과 6.3절에서 살펴본 <그림 6.3>을 함께 살펴보자.

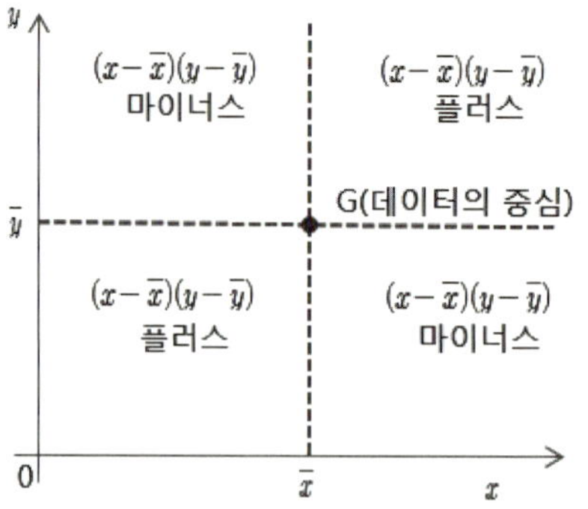

그림 6.4 $(x-\bar{x})(y-\bar{y})$**의 부호**

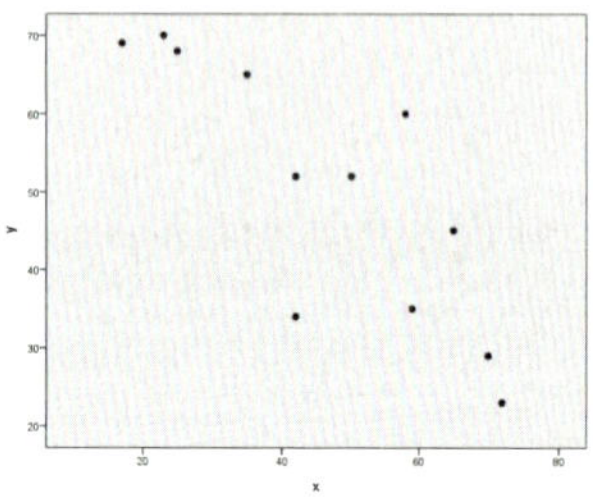

(a) 마이너스의 상관

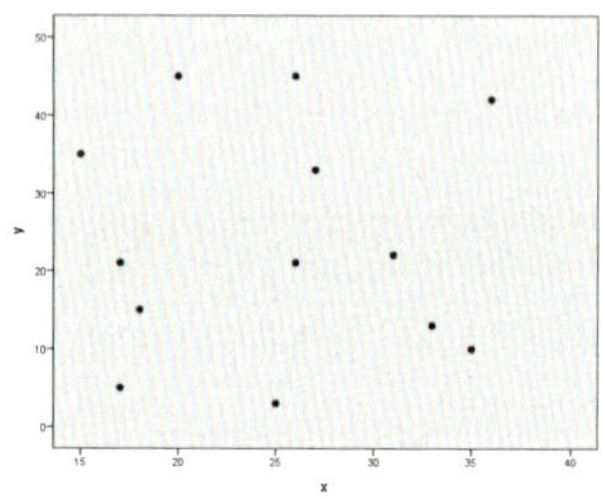

(b) 무상관

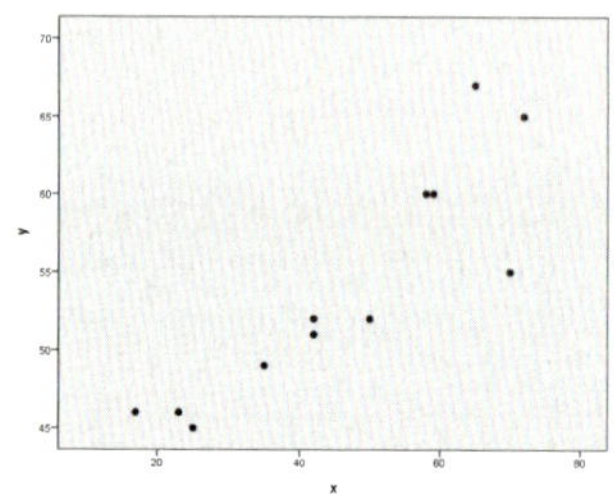

(c) 플러스의 상관

그림을 비교해 봄으로써 다음과 같은 표의 결론이 얻어진다.

표 6.12 $(x-\bar{x})(y-\bar{y})$**와 상관관계**

플러스의 상관	$(x-\bar{x})(y-\bar{y})$가 플러스로 되는 점이 많다
마이너스의 상관	$(x-\bar{x})(y-\bar{y})$가 마이너스로 되는 점이 많다
무상관	$(x-\bar{x})(y-\bar{y})$의 플러스·마이너스는 여러 가지

이 <표 6.12>와 (1)식을 비교함으로써 s_{xy}의 값으로부터 2변량 x, y의 플러스의 상관, 마이너스의 상관을 판단할 수 있다.

표 6.13 공분산과 상관관계

상관관계	플러스의 상관	무상관	마이너스의 상관
공분산의 값	플러스	0에 가까운 값	마이너스

» 공분산의 기호

2변량 x, y의 공분산의 기호로서 (1)식에서는 s_{xy}라고 하는 형태를 이용했다. 그런데 e_x, e_y 등으로 첨자를 붙인 변량명을 다룰 때에는, 이와 같은 공분산의 기호는 불편하다. 다음과 같이 보기 어려워지기 때문이다.

2변량 e_x, e_y의 공분산 : $s_{e_x e_y}$

그래서 다음과 같은 기호도 병용하기로 한다. 예를 들면, 2변량 x, y의 공분산이라면 다음과 같이 표기한다.

$Cov(x, y)$

그렇게 하면 위의 2변량 e_x, e_y의 공분산이라면 $Cov(e_x, e_y)$라고 간단히 표기할 수 있다.

(주) 기호 Cov는 공분산의 영어 covariance의 처음 3문자를 취한 것이다.

» 공분산을 보편화한 상관계수

공분산은 데이터의 단위에 따라서 수치가 변한다. 예를 들면, 신장과 체중의 관계를 조사하고 싶을 때, 신장의 단위를 미터에서 센티미터로 바꾸면 크기가 100배 달라져 버린다. 그래서 단위에 영향을 받지 않는 '보다 객관적인' 상관관계의 지표가 요망된다. 그것이 **상관계수**(correlation coefficient)이다.

$$r_{xy} = \frac{s_{xy}}{s_x s_y} \quad (s_x\text{는 } x\text{의, } s_y\text{는 } y\text{의 표준편차, } s_{xy}\text{는 공분산}) \qquad \cdots (2)$$

(주) r은 relation의 머리글자이다. 이 값은 Pearson의 적률상관계수라고도 일컬어진다.

(1)식과 같이 데이터 값으로 (2)식을 나타내 보자.

$$r_{xy} = \frac{(x_1-\overline{x})(y_1-\overline{y}) + (x_2-\overline{x})(y_2-\overline{y}) + \cdots + (x_n-\overline{x})(y_n-\overline{y})}{\sqrt{(x_1-\overline{x})^2 + (x_2-\overline{x})^2 + \cdots + (x_n-\overline{x})^2}\sqrt{(y_1-\overline{y})^2 + (y_2-\overline{y})^2 + \cdots + (y_n-\overline{y})^2}}$$

이렇게 정의된 상관계수 r_{xy}는 다음과 같은 성질을 갖는다는 것이 증명된다.

$$-1 \leq r_{xy} \leq 1 \qquad \cdots (3)$$

r_{xy}의 값은 1에 가까울수록 플러스의 상관이 강하고, -1에 가까울수록 마이너스의 상관이 강하다는 것을 나타낸다. 또한 0에 가까울수록 상관이 없다는 것을 말한다.

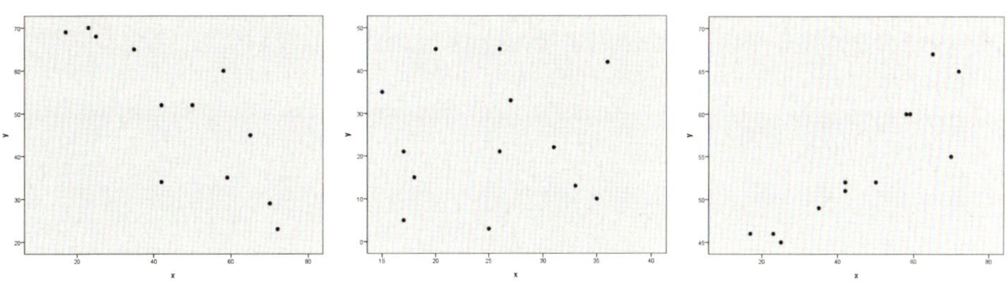

r_{xy}가 −1에 가깝다 r_{xy}가 0에 가깝다 r_{xy}가 1에 가깝다

» 분산공분산행렬과 상관행렬

이 책에서는 행렬의 지식은 전제로 하고 있지 않다. 많은 변량의 공분산이나 상관계수를 표기하는 경우, 행렬 형식을 이용한 편이 편리하다. 그 때문에 분산공분산행렬과 상관행렬에 대하여, 여기에서 알아보도록 한다.

먼저 분산공분산행렬에 대해서 알아보자. 예를 들면, 3변량 x, y, z가 있을 때, 그들의 분산과 공분산이 다음의 값이었다고 하자.

$$s_x^2 = 3,\ s_y^2 = 2,\ s_z^2 = 4,\ s_{xy} = 1.5,\ s_{yz} = 1.3,\ s_{zx} = 1.7$$

그런데 이와 같은 수치의 나열은 보기 쉬운 것은 아니다. 그래서 다음과 같이 늘어놓아 정리해 보자.

$$\begin{bmatrix} 3 & 1.5 & 1.7 \\ 1.5 & 2 & 1.3 \\ 1.7 & 1.3 & 4 \end{bmatrix}$$

대단히 보기 쉬워졌다는 것을 알 수 있다. 이와 같이 분산과 공분산을 모아놓은 것을 **분산공분산행렬**(variance-covariance matrix)이라고 한다.

3변량의 일반적인 분산공분산행렬은 다음과 같이 나타낼 수 있다.

$$\begin{bmatrix} s_x^2 & s_{xy} & s_{xz} \\ s_{xy} & s_y^2 & s_{yz} \\ s_{xz} & s_{yz} & s_z^2 \end{bmatrix}$$

다음에 **상관행렬**(correlation matrix)에 대해서 알아보자. 이것도 분산공분산행렬과 마찬가지로 수치를 나열하는 것을 피하기 위해서 다음과 같이 정리한다.

$$\begin{bmatrix} 1 & r_{xy} & r_{xz} \\ r_{xy} & 1 & r_{yz} \\ r_{xz} & r_{yz} & 1 \end{bmatrix}$$

상관행렬은 대각선상에 1이 늘어선다. 뒤에서 설명할 표준화된 변량의 분산공분산행렬과 일치하기 때문이다.

이상은 3변량으로 생각했는데, 변량의 수가 많아질수록 행렬로 정리하는 것이 중요해진다.

힌트 : 1≤ 상관계수≤1의 증명

상관계수가 (3)의 성질을 갖는 증명에는 수학의 벡터의 지식을 이용한다. 일반적으로 다변량분석은 벡터나 행렬을 다루는 **선형대수**라고 불리는 수학에 의존하고 있다. 이 도구를 이용함으로써 통계량에 관한 여러 가지의 성질이 증명된다.

6.5 | 변량의 표준화

두 개의 변량을 비교할 때에, 단위가 다르면 곤란하다. 예를 들면, 신장과 체중의 데이터에서는 단순히 비교할 수는 없다. 신장이 172cm와 체중 65kg를 어떻게 비교하면 좋을지는 불분명하다. 그래서 도움이 되는 것이 변량의 **표준화**(standardization)이다.

» 변량을 규격화하는 표준화

변량 x의 표준화란 다음의 식에 의해서 새로운 변량 z로 변환하는 것을 말한다. 여기에서 s_x는 변량 x의 표준편차이다.

$$\text{표준화 공식} \quad z = \frac{x - \overline{x}}{s_x}$$

이 변환에 의해서 새로운 변량 z는 다음의 성질을 갖는다.

$$\text{분산} \; s_z^2 = 1, \quad \text{표준편차} \; s_z = \sqrt{s_z^2} = 1 \quad \cdots (1)$$

» 표준화된 변량의 공분산은 상관계수와 일치

그런데 표준화된 두 개의 변량 x, y의 상관계수 r_{xy}를 구해보자. 위의 성질 (1)을 상관계수의 정의식(1.4절의 (2)식)에 대입한다.

$$r_{xy} = \frac{s_{xy}}{s_x s_y} = \frac{s_{xy}}{1 \times 1} = s_{xy}$$

그래서 다음의 성질이 성립한다.

표준화된 두 개의 변량 x, y의 상관계수 r_{xy}와 공분산 s_{xy}는 일치한다.

CHAPTER

7

상관분석

CHAPTER 7 **상관분석**

7.1 | 앙케트 조사에서의 상관분석

앙케트 조사의 질문항목에 있어서 상관이 높은 항목은 어느 것과 어느 것일까?

[예제 7-1]

귀하는 회사선택에 있어서 이하의 조건을 어느 정도 중시하십니까?

	중시하지 않는다	별로 중시하지 않는다	약간 중시 한다	중시 한다	
(1) 근속년수에 따라 확실히 연봉이 오를 것	1	2	3	4	(연공서열)
(2) 종신고용제도가 보증되어 있을 것	1	2	3	4	(종신고용)
(3) 노동시간이 짧을 것	1	2	3	4	(노동시간)
(4) 급여수준이 높을 것	1	2	3	4	(급여수준)
(5) 어느 정도의 규모 있는 기업일 것	1	2	3	4	(기업규모)
(6) 일의 계획이나 예정을 자신이 정할 것	1	2	3	4	(자유재량)
(7) 자신의 능력을 살릴 수 있을 것	1	2	3	4	(능력주의)
(8) 회사에 일체감을 느낄 것	1	2	3	4	(귀속의식)

이들 여덟 가지 항목 사이의 상관분석을 실시하라.

이와 같은 때는 여덟 가지 질문항목 사이의 상관계수를 구할 수 있다. 이것을 행렬 형태로 정리해 놓은 것이 **상관행렬**이다.

힌트 : 상관행렬

다음의 대칭행렬을 상관행렬(相關行列)이라고 한다.

$$\begin{pmatrix} 1 & r_{12} & \cdots & r_{1p} \\ r_{21} & 1 & \cdots & r_{2p} \\ \vdots & \vdots & \ddots & \vdots \\ r_{p1} & r_{p2} & \cdots & 1 \end{pmatrix} \qquad r_{ij} = \text{변수 } x_i\text{와 } x_j\text{의 상관계수}$$

다변량분석에 있어서는 없어서는 안 될 것이다. 분산공분산행렬을 표준화하면 상관행렬이 된다.

수치 데이터일 때는 피어슨(Pearson)의 상관계수를 구한다. 그리고 순서 데이터의 경우는 스피어만(Spearman)이나 켄달(Kendall)의 순위상관계수를 구한다.

7.2 | 상관분석의 실시

위의 여덟 가지 항목 사이의 상관계수를 구해 보자.

» SPSS의 순서

〈순서 1〉 데이터의 입력

<표 1.1>의 데이터를 다음과 같이 입력한다.

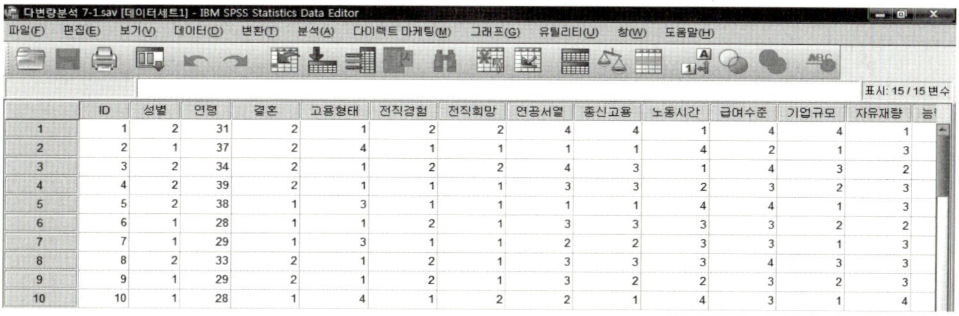

〈순서 2〉 분석기법의 선택

① 메뉴에서 [분석]-[상관분석]-[이변량 상관]을 선택한다.

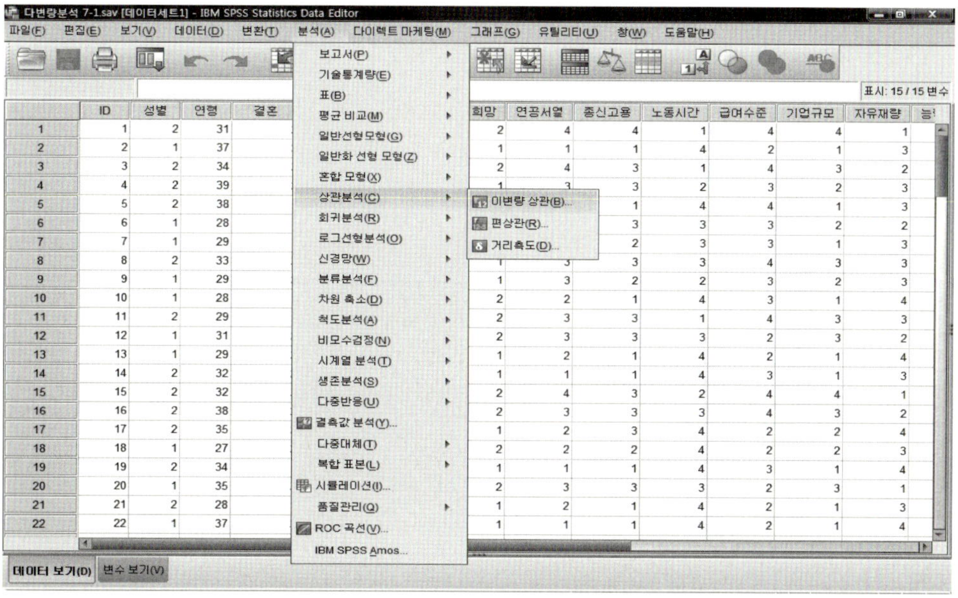

② 다음 대화상자에서 [변수]에 '연공서열', '종신고용', …, '귀속의식' 등 여덟 가지 항목을 투입한다. [상관계수]로 'Pearson'을 선택하고 [확인]을 클릭한다.

» 분석결과

상관관계

		귀속의식	급여수준	기업규모	노동시간	능력주의	연공서열	자유재량	종신고용
귀속의식	Pearson 상관	1	.436**	.797**	-.361**	-.356**	.813**	-.541**	.872**
	유의확률 (양측)		.000	.000	.000	.000	.000	.000	.000
	N	100	100	100	100	100	100	100	100
급여수준	Pearson 상관	.436**	1	.291**	-.320**	-.157	.379**	-.236*	.346**
	유의확률 (양측)	.000		.003	.001	.119	.000	.018	.000
	N	100	100	100	100	100	100	100	100
기업규모	Pearson 상관	.797**	.291**	1	-.342**	-.467**	.802**	-.507**	.830**
	유의확률 (양측)	.000	.003		.000	.000	.000	.000	.000
	N	100	100	100	100	100	100	100	100
노동시간	Pearson 상관	-.361**	-.320**	-.342**	1	.246*	-.319**	.455**	-.331**
	유의확률 (양측)	.000	.001	.000		.014	.001	.000	.001
	N	100	100	100	100	100	100	100	100
능력주의	Pearson 상관	-.356**	-.157	-.467**	.246*	1	-.399**	.680**	-.380**
	유의확률 (양측)	.000	.119	.000	.014		.000	.000	.000
	N	100	100	100	100	100	100	100	100
연공서열	Pearson 상관	.813**	.379**	.802**	-.319**	-.399**	1	-.476**	.827**
	유의확률 (양측)	.000	.000	.000	.001	.000		.000	.000
	N	100	100	100	100	100	100	100	100
자유재량	Pearson 상관	-.541**	-.236*	-.507**	.455**	.680**	-.476**	1	-.549**
	유의확률 (양측)	.000	.018	.000	.000	.000	.000		.000
	N	100	100	100	100	100	100	100	100
종신고용	Pearson 상관	.872**	.346**	.830**	-.331**	-.380**	.827**	-.549**	1
	유의확률 (양측)	.000	.000	.000	.001	.000	.000	.000	
	N	100	100	100	100	100	100	100	100

**. 상관관계가 0.01 수준에서 유의합니다(양측).

*. 상관관계가 0.05 수준에서 유의합니다(양측).

유의확률의 있는 곳은 무상관의 검정을 하고 있다.

귀무가설 H_0 : 항목 A와 항목 B는 무상관이다

대립가설 H_1 : 항목 A와 항목 B는 상관이다

유의확률≤ 유의수준 0.05일 때 귀무가설 H_0는 기각된다. 가설이 기각되면 두 가지 항목 사이에 상관이 있다는 것을 알 수 있다.

상관계수가 큰 곳은

{연공서열, 종신고용, 기업규모, 귀속의식}

의 네 가지 질문항목의 그룹과

{자유재량, 능력주의}

의 두 가지 질문항목의 그룹이다.

그런데 이 관계는 제13장에서 구하는 군집분석의 덴드로그램의 결과와 상당히 닮아 있다는 데 주목할 필요가 있다.

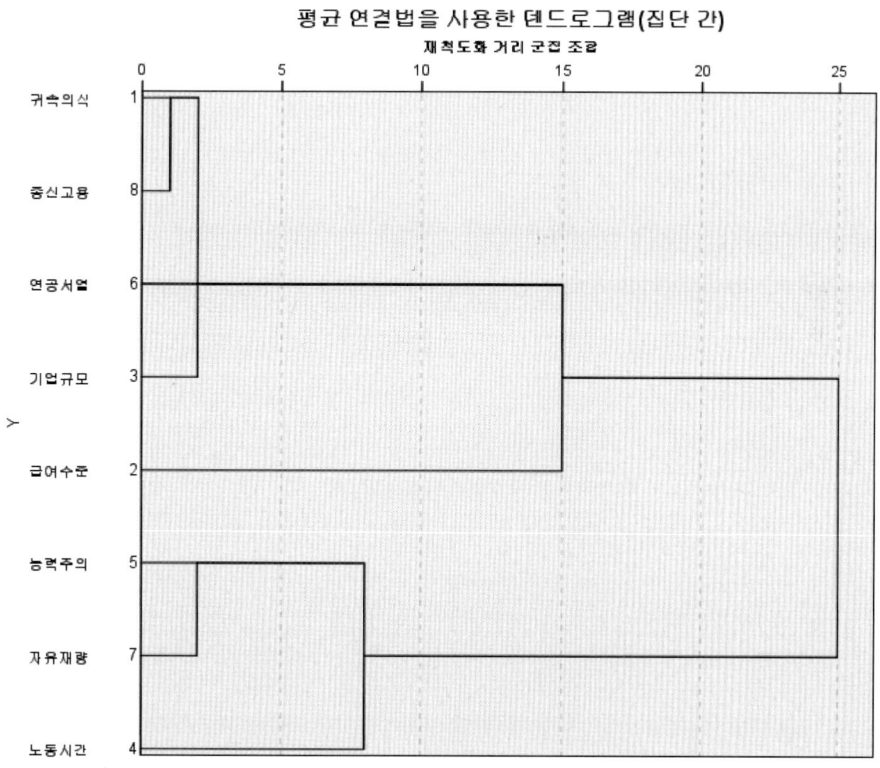

위의 덴드로그램을 보더라도 {연공서열 종신고용 기업규모 귀속의식} 그룹과 {자유재량 능력주의} 그룹으로 묶여 있는 것을 볼 수 있다.

7.3 | 순위상관계수

여덟 개의 질문항목 {연공서열 종신고용 노동시간 급여수준 기업규모 자유재량 능력주의 귀속의식} 사이의 순위상관계수를 구해보자. 이들 질문항목의 회답은 순서척도의 데이터이므로 Kendall의 순위상관계수나 Spearman의 순위상관계수를 구할 수 있다.

» SPSS의 순서

〈순서 1〉 데이터의 입력

<표 1.1>의 데이터를 다음과 같이 입력한다.

〈순서 2〉 분석기법의 선택

① 메뉴에서 [분석]-[상관분석]-[이변량 상관]을 선택한다.

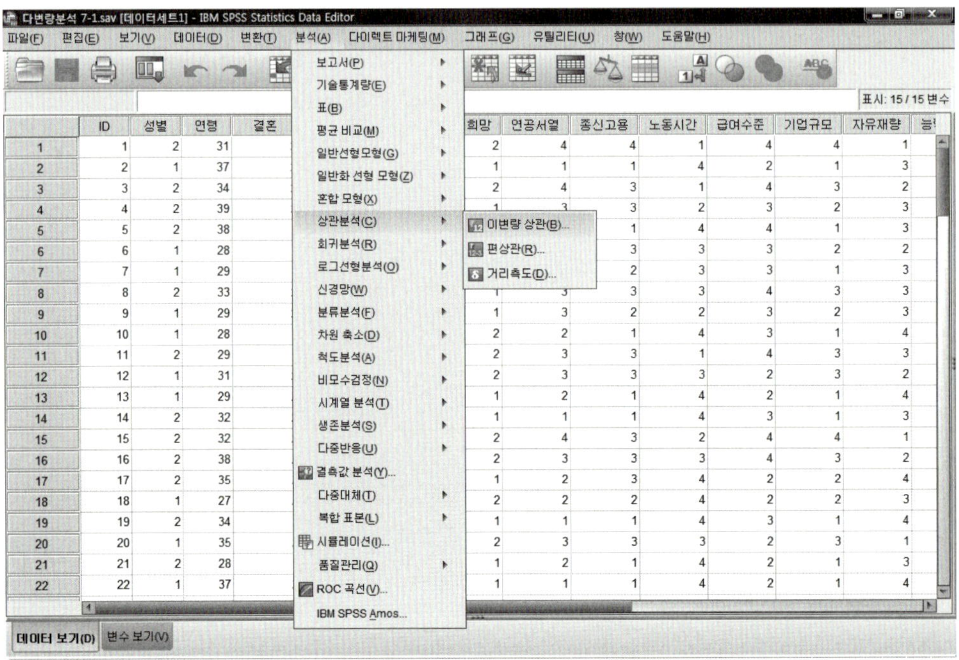

② 다음 대화상자에서 [변수]에 '연공서열', '종신고용', …, '귀속의식' 등 여덟 가지 항목을 투입한다. [상관계수]로 'Kendall의 타우'와 'Spearman'을 선택하고 [확인]을 클릭한다.

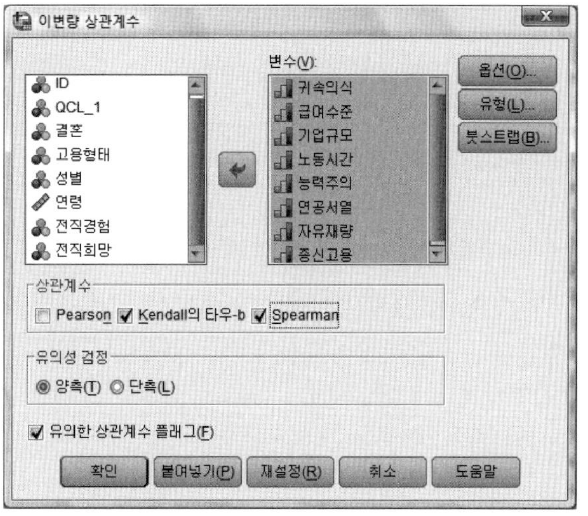

» 분석결과

Kendall의 순위상관계수는 다음과 같다.

상관관계

			귀속의식	급여수준	기업규모	노동시간	능력주의	연공서열	자유재량	종신고용
Kendall의 타우-b	귀속의식	상관계수	1.000	.348**	.749**	-.293**	-.284**	.762**	-.449**	.817**
		유의확률 (양측)	.	.000	.000	.001	.001	.000	.000	.000
		N	100	100	100	100	100	100	100	100
	급여수준	상관계수	.348**	1.000	.284**	-.273**	-.175*	.345**	-.246**	.318**
		유의확률 (양측)	.000	.	.001	.002	.046	.000	.004	.000
		N	100	100	100	100	100	100	100	100
	기업규모	상관계수	.749**	.284**	1.000	-.296**	-.389**	.724**	-.422**	.760**
		유의확률 (양측)	.000	.001	.	.001	.000	.000	.000	.000
		N	100	100	100	100	100	100	100	100
	노동시간	상관계수	-.293**	-.273**	-.296**	1.000	.184*	-.257**	.360**	-.279**
		유의확률 (양측)	.001	.002	.001	.	.034	.003	.000	.001
		N	100	100	100	100	100	100	100	100
	능력주의	상관계수	-.284**	-.175*	-.389**	.184*	1.000	-.323**	.653**	-.313**
		유의확률 (양측)	.001	.046	.000	.034	.	.000	.000	.000
		N	100	100	100	100	100	100	100	100
	연공서열	상관계수	.762**	.345**	.724**	-.257**	-.323**	1.000	-.383**	.770**
		유의확률 (양측)	.000	.000	.000	.003	.000	.	.000	.000
		N	100	100	100	100	100	100	100	100
	자유재량	상관계수	-.449**	-.246**	-.422**	.360**	.653**	-.383**	1.000	-.463**
		유의확률 (양측)	.000	.004	.000	.000	.000	.000	.	.000
		N	100	100	100	100	100	100	100	100
	종신고용	상관계수	.817**	.318**	.760**	-.279**	-.313**	.770**	-.463**	1.000
		유의확률 (양측)	.000	.000	.000	.001	.000	.000	.000	.
		N	100	100	100	100	100	100	100	100

**. 상관관계가 0.01 수준에서 유의합니다(양측).

*. 상관관계가 0.05 수준에서 유의합니다(양측).

* 표가 있는 곳은 유의수준 5%에서 두 개의 항목 사이에 상관이 잇는 곳이다.

Spearman의 순위상관계수는 다음과 같다.

상관관계

			귀속의식	급여수준	기업규모	노동시간	능력주의	연공서열	자유재량	종신고용
Spearman의 rho	귀속의식	상관계수	1.000	.412	.798	-.328	-.328	.821	-.497	.874
		유의확률 (양측)	.	.000	.000	.001	.001	.000	.000	.000
		N	100	100	100	100	100	100	100	100
	급여수준	상관계수	.412	1.000	.333	-.322	-.201	.396	-.284	.379
		유의확률 (양측)	.000	.	.001	.001	.045	.000	.004	.000
		N	100	100	100	100	100	100	100	100
	기업규모	상관계수	.798	.333	1.000	-.339	-.444	.782	-.485	.827
		유의확률 (양측)	.000	.001	.	.001	.000	.000	.000	.000
		N	100	100	100	100	100	100	100	100
	노동시간	상관계수	-.328	-.322	-.339	1.000	.225	-.288	.413	-.315
		유의확률 (양측)	.001	.001	.001	.	.025	.004	.000	.001
		N	100	100	100	100	100	100	100	100
	능력주의	상관계수	-.328	-.201	-.444	.225	1.000	-.371	.715	-.368
		유의확률 (양측)	.001	.045	.000	.025	.	.000	.000	.000
		N	100	100	100	100	100	100	100	100
	연공서열	상관계수	.821	.396	.782	-.288	-.371	1.000	-.439	.830
		유의확률 (양측)	.000	.000	.000	.004	.000	.	.000	.000
		N	100	100	100	100	100	100	100	100
	자유재량	상관계수	-.497	-.284	-.485	.413	.715	-.439	1.000	-.524
		유의확률 (양측)	.000	.004	.000	.000	.000	.000	.	.000
		N	100	100	100	100	100	100	100	100
	종신고용	상관계수	.874	.379	.827	-.315	-.368	.830	-.524	1.000
		유의확률 (양측)	.000	.000	.000	.001	.000	.000	.000	.
		N	100	100	100	100	100	100	100	100

**. 상관관계가 0.01 수준에서 유의합니다(양측).

*. 상관관계가 0.05 수준에서 유의합니다(양측).

앙케트 조사의 회답과 같이 순서척도의 데이터가 많을 때는 Pearson의 상관계수보다도 Kendall이나 Spearman과 같은 순위상관계수 쪽이 좋다.

7.4 | 범주별 상관계수의 산출

1. 파일의 분할

예제 7-1의 데이터에 대해서 남녀 두 그룹으로 나누어 보도록 하자.

» SPSS의 순서

〈순서 1〉 데이터의 입력

<표 1.1>의 데이터를 다음과 같이 입력한다.

	ID	성별	연령	결혼	고용형태	전직경험	전직희망	연공서열	종신고용	노동시간	급여수준	기업규모	자유재량
1	1	2	31	2	1	2	2	4	4	1	4	4	1
2	2	1	37	2	4	1	1	1	1	4	2	1	3
3	3	2	34	2	1	2	2	4	3	1	4	3	2
4	4	2	39	2	1	1	1	3	3	2	3	2	3
5	5	2	38	1	3	1	1	1	1	4	4	1	3

〈순서 2〉 파일분할

① 메뉴에서 [데이터]-[파일분할]을 선택한다.

② [파일분할] 대화상자에서 [분할 집단변수]에 '성별'을 선택하고 [확인]을 클릭한다.

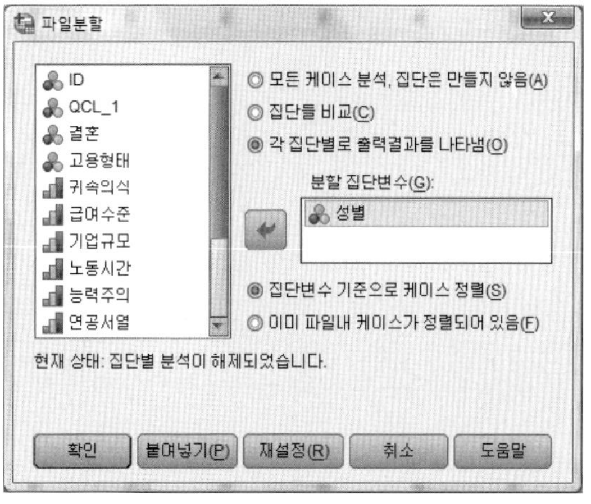

③ 파일분할의 결과

다음과 같이 남녀 두 그룹으로 나누어져 있음을 확인할 수 있다.

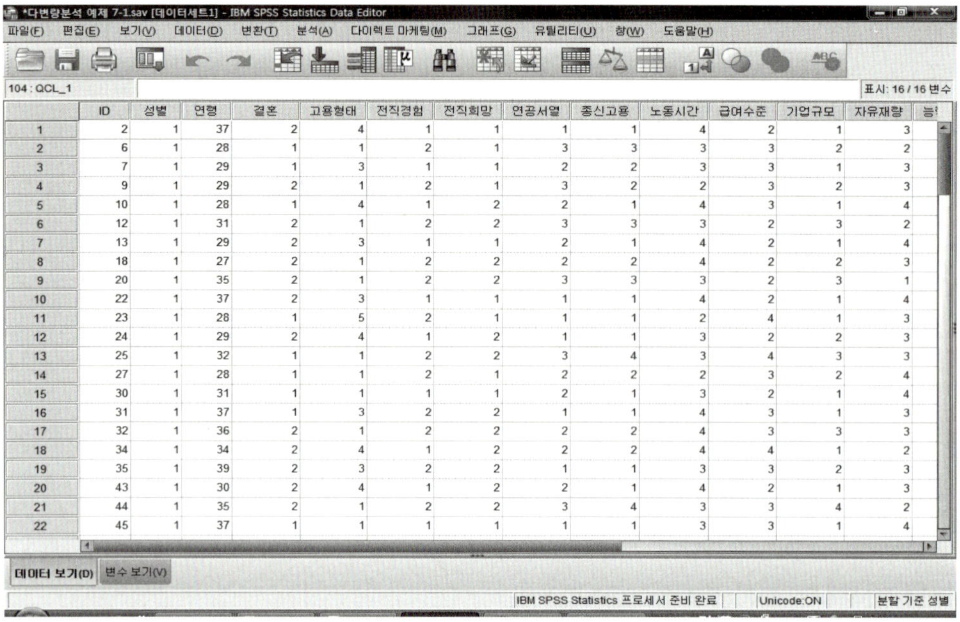

	ID	성별	연령	결혼	고용형태	전직경험	전직희망	연공서열	종신고용	노동시간	급여수준	기업규모	자유재량
1	2	1	37	2	4	1	1	1	1	4	2	1	3
2	6	1	28	1	1	2	1	3	3	3	3	2	2
3	7	1	29	1	3	1	1	2	2	3	3	1	3
4	9	1	29	2	1	2	1	3	2	2	3	2	3
5	10	1	28	1	4	1	2	2	1	4	3	1	4
6	12	1	31	2	1	2	2	3	3	3	2	3	2
7	13	1	29	2	3	1	1	2	1	4	2	1	4
8	18	1	27	2	1	2	2	2	2	4	2	2	3
9	20	1	35	2	1	2	2	3	3	3	2	3	1
10	22	1	37	2	3	1	1	1	1	4	2	1	4
11	23	1	28	1	5	2	1	1	1	2	4	1	3
12	24	1	29	2	4	1	2	1	1	3	2	2	3
13	25	1	32	1	1	2	2	3	4	3	4	3	3
14	27	1	28	1	1	2	1	2	2	2	3	2	4
15	30	1	31	1	1	1	1	2	1	3	2	1	4
16	31	1	37	1	3	2	2	1	1	4	3	1	3
17	32	1	36	2	1	2	2	2	2	4	3	3	3
18	34	1	34	2	4	1	2	2	2	4	4	1	2
19	35	1	39	2	3	2	2	1	1	3	3	2	3
20	43	1	30	2	4	1	2	2	1	4	2	1	3
21	44	1	35	2	1	2	2	3	4	3	3	4	2
22	45	1	37	1	1	1	1	1	1	3	3	1	4

2. 남녀별 상관계수의 산출

남녀 두 그룹으로 분할된 데이터에 대해서 여덟 개 항목 사이의 Pearson 상관계수를 구하면 다음과 같다.

성별=여성

상관관계[a]

		귀속의식	급여수준	기업규모	노동시간	능력주의	연공서열	자유재량	종신고용
귀속의식	Pearson 상관	1	.194	.738**	-.262	-.228	.668**	-.365*	.834**
	유의확률 (양측)		.196	.000	.078	.128	.000	.013	.000
	N	46	46	46	46	46	46	46	46
급여수준	Pearson 상관	.194	1	-.045	-.258	-.007	.164	.017	.099
	유의확률 (양측)	.196		.767	.084	.963	.275	.910	.511
	N	46	46	46	46	46	46	46	46
기업규모	Pearson 상관	.738**	-.045	1	-.234	-.404**	.609**	-.443**	.761**
	유의확률 (양측)	.000	.767		.117	.005	.000	.002	.000
	N	46	46	46	46	46	46	46	46
노동시간	Pearson 상관	-.262	-.258	-.234	1	.055	-.192	.276	-.244
	유의확률 (양측)	.078	.084	.117		.717	.202	.063	.103
	N	46	46	46	46	46	46	46	46
능력주의	Pearson 상관	-.228	-.007	-.404**	.055	1	-.292*	.540**	-.308*
	유의확률 (양측)	.128	.963	.005	.717		.049	.000	.038
	N	46	46	46	46	46	46	46	46
연공서열	Pearson 상관	.668**	.164	.609**	-.192	-.292*	1	-.321*	.662**
	유의확률 (양측)	.000	.275	.000	.202	.049		.030	.000
	N	46	46	46	46	46	46	46	46
자유재량	Pearson 상관	-.365*	.017	-.443**	.276	.540**	-.321*	1	-.479**
	유의확률 (양측)	.013	.910	.002	.063	.000	.030		.001
	N	46	46	46	46	46	46	46	46
종신고용	Pearson 상관	.834**	.099	.761**	-.244	-.308*	.662**	-.479**	1
	유의확률 (양측)	.000	.511	.000	.103	.038	.000	.001	
	N	46	46	46	46	46	46	46	46

성별=남성

상관관계[a]

		귀속의식	급여수준	기업규모	노동시간	능력주의	연공서열	자유재량	종신고용
귀속의식	Pearson 상관	1	.530**	.807**	-.385**	-.435**	.864**	-.652**	.889**
	유의확률 (양측)		.000	.000	.004	.001	.000	.000	.000
	N	54	54	54	54	54	54	54	54
급여수준	Pearson 상관	.530**	1	.462**	-.341*	-.265	.459**	-.432**	.477**
	유의확률 (양측)	.000		.000	.012	.053	.000	.001	.000
	N	54	54	54	54	54	54	54	54
기업규모	Pearson 상관	.807**	.462**	1	-.376**	-.509**	.890**	-.539**	.858**
	유의확률 (양측)	.000	.000		.005	.000	.000	.000	.000
	N	54	54	54	54	54	54	54	54
노동시간	Pearson 상관	-.385**	-.341*	-.376**	1	.378**	-.359**	.567**	-.359**
	유의확률 (양측)	.004	.012	.005		.005	.008	.000	.008
	N	54	54	54	54	54	54	54	54
능력주의	Pearson 상관	-.435**	-.265	-.509**	.378**	1	-.467**	.808**	-.423**
	유의확률 (양측)	.001	.053	.000	.005		.000	.000	.001
	N	54	54	54	54	54	54	54	54
연공서열	Pearson 상관	.864**	.459**	.890**	-.359**	-.467**	1	-.569**	.913**
	유의확률 (양측)	.000	.000	.000	.008	.000		.000	.000
	N	54	54	54	54	54	54	54	54
자유재량	Pearson 상관	-.652**	-.432**	-.539**	.567**	.808**	-.569**	1	-.589**
	유의확률 (양측)	.000	.001	.000	.000	.000	.000		.000
	N	54	54	54	54	54	54	54	54
종신고용	Pearson 상관	.889**	.477**	.858**	-.359**	-.423**	.913**	-.589**	1
	유의확률 (양측)	.000	.000	.000	.008	.001	.000	.000	
	N	54	54	54	54	54	54	54	54

**. 상관관계가 0.01 수준에서 유의합니다(양측).

*. 상관관계가 0.05 수준에서 유의합니다(양측).

다시 모든 케이스를 분석하고 싶은 경우에는 메뉴에서 [데이터]-[파일분할]을 선택하고, [파일분할] 대화상자에서 [모든 케이스 분석, 집단은 만들지 않음]을 체크한 다음 [확인]을 클릭한다.

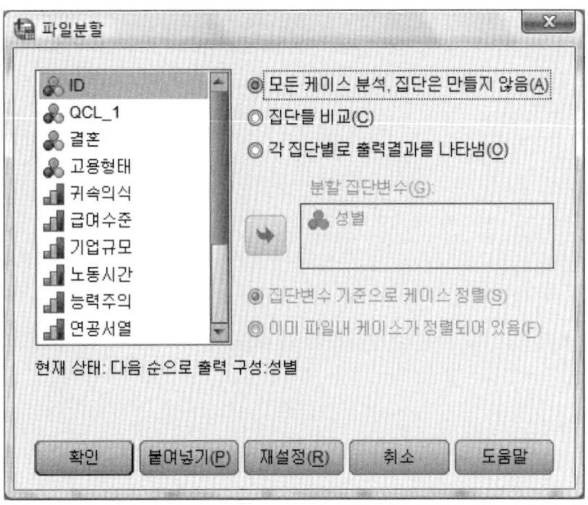

» 케이스를 선택하는 경우의 순서

〈순서 1〉 메뉴에서 [데이터]-[케이스 선택]을 선택한다.

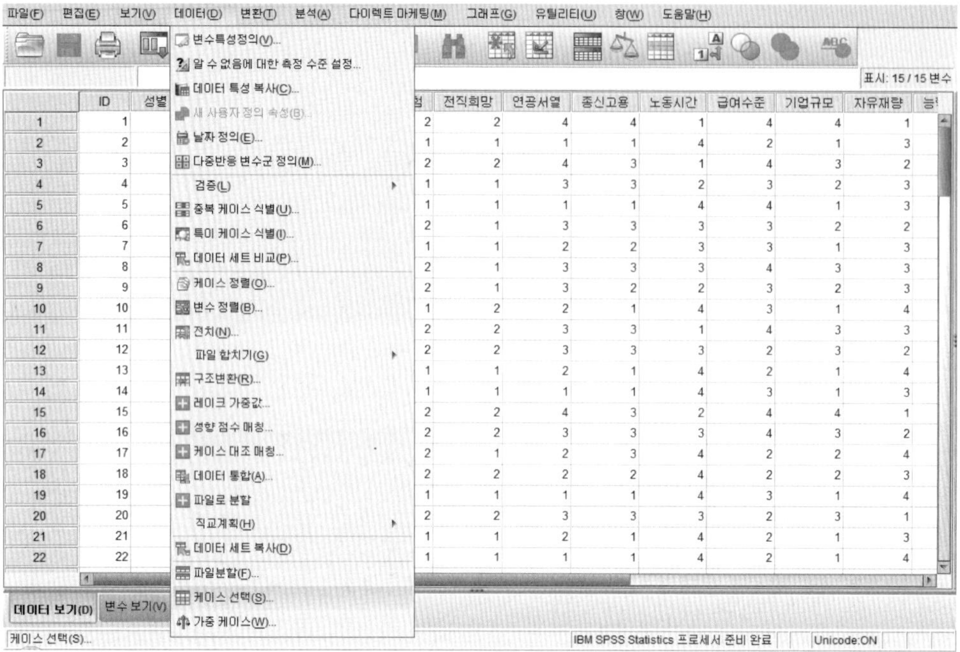

〈순서 2〉 [케이스 선택] 대화상자에서 [조건을 만족하는 케이스]를 선택하고 [조건]을 클릭한다.

〈순서 3〉 여성을 선택하는 경우는 '성별=1'이라고 입력하고 [계속]을 클릭한다. [확인]을 클릭한다.

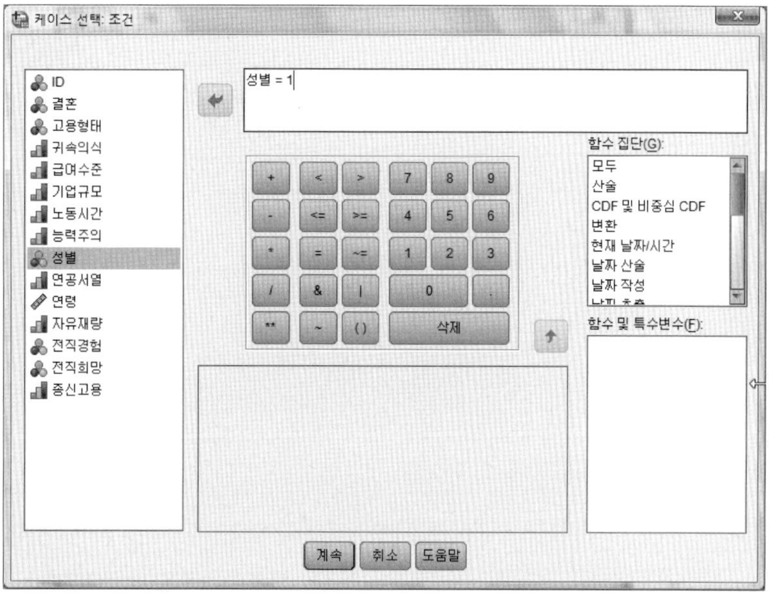

〈순서 4〉 다음과 같이 여성만 선택되고 남성은 제거되어 있음을 확인할 수 있다.

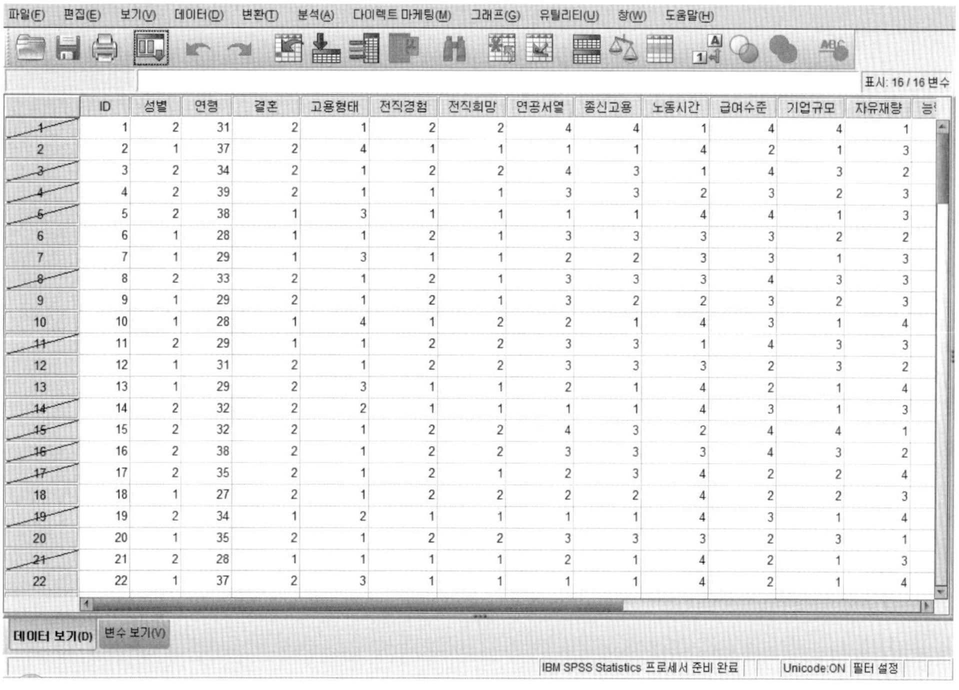

이 상태에서 여성만의 상관계수를 구할 수 있다.

CHAPTER

8

분할표의 분석

CHAPTER 8 # 분할표의 분석

8.1 | 질문항목 사이의 관계

제1장의 앙케트 조사에서 두 가지의 항목, 예를 들면, '전직희망'과 '자유재량' 사이에는 어떤 관계가 있을까?

항목 2.1 귀하는 장래 전직하고 싶다고 생각하십니까? (전직희망)

1. 생각한다 2. 생각하지 않는다

항목 2.2 귀하는 회사선택에 있어서 이하의 조건을 어느 정도 중시하십니까?

	중시하지 않는다	별로 중시하지 않는다	약간 중시 한다	중시 한다	
(6) 일의 계획이나 예정을 자신이 정할 것	1	2	3	4	(자유재량)

이와 같은 때에는 두 가지의 항목 사이의 **분할표**를 작성하고 **독립성**을 검정한다.

〈순서 1〉 분할표의 작성

두 항목 사이의 분할표를 만든다.

전직희망 * 자유재량 교차표

빈도

		자유재량				
		중시하지 않는다	별로 중시하지 않는다	약간 중시한다	중시한다	전체
전직희망	생각한다	1	6	24	16	47
	생각하지 않는다	14	12	18	9	53
전체		15	18	42	25	100

〈순서 2〉 독립성의 검정

이 검정의 귀무가설 및 대립가설은 다음과 같다.

귀무가설 H_0 : ‘전직희망’과 ‘자유재량’은 독립이다

대립가설 H_1 : ‘전직희망’과 ‘자유재량’은 독립이 아니다

가 된다.

이때의 귀무가설은

귀무가설 H_0 : ‘전직희망’과 ‘자유재량’ 사이에 관련성은 없다

와 같은 것이다. 따라서 귀무가설 H_0가 기각되면

“‘전직희망’과 ‘자유재량’ 사이에 관련성이 있다”

라고 결론지을 수 있다.

8.2 | 독립성검정

분할표의 항목 사이의 독립성검정은 카이제곱 검정에 의해서 실시된다.

힌트 : 카이제곱 검정

카이제곱 검정은 카이제곱 분포에 기초한 통계적 방법으로, 관측된 도수가 기대되는 도수(빈도)와 의미있게 다른지의 여부를 검정하기 위해 사용되는 검정방법이다. 데이터가 도수로 주어졌을 때, 특히 명목척도 데이터의 분석에 이용된다. 카이제곱 값은 다음과 같이 계산한다.

$$\chi^2 = \frac{\sum(\text{관측도수} - \text{기대도수})^2}{\text{기대도수}}$$

» SPSS의 순서

〈순서 1〉 데이터의 입력

다음과 같이 데이터를 입력한다(<표 1.1>의 데이터).

	ID	성별	연령	결혼	고용형태	전직경험	전직희망	연공서열	종신고용	노동시간	급여수준	기업규모	자유재량
1	1	2	31	2	1	2	2	4	4	1	4	4	1
2	2	1	37	2	4	1	1	1	1	4	2	1	3
3	3	2	34	2	1	2	2	4	3	1	4	3	2
4	4	2	39	2	1	1	1	3	3	2	3	2	3
5	5	2	38	1	3	1	1	1	1	4	4	1	3
6	6	1	28	1	1	2	1	3	3	3	3	2	2
7	7	1	29	1	3	1	1	2	2	3	3	1	3
8	8	2	33	2	1	2	1	3	3	3	4	3	3
9	9	1	29	2	1	2	1	3	2	2	3	2	3
10	10	1	28	1	4	1	2	2	1	4	3	1	4

〈순서 2〉 분석수법의 선택

메뉴에서 [분석]-[기술통계량]-[교차분석]을 선택한다.

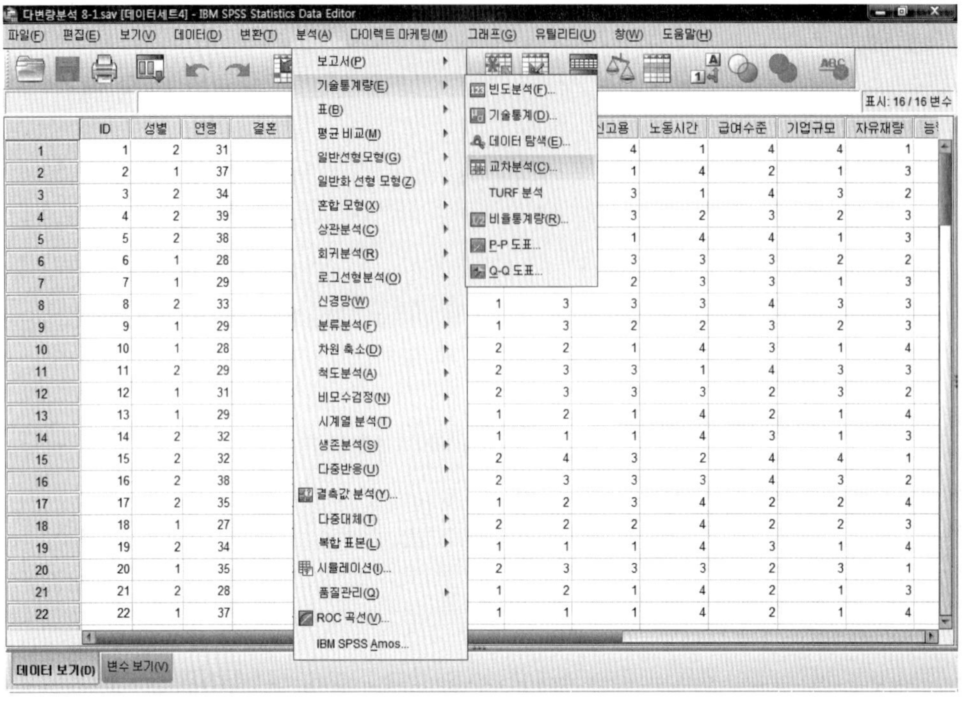

〈순서 3〉 변수의 선택

다음 [교차분석] 대화상자에서 [행]에 '전직희망', [열]에 '자유재량'을 투입한다. [통계량]을 선택한다.

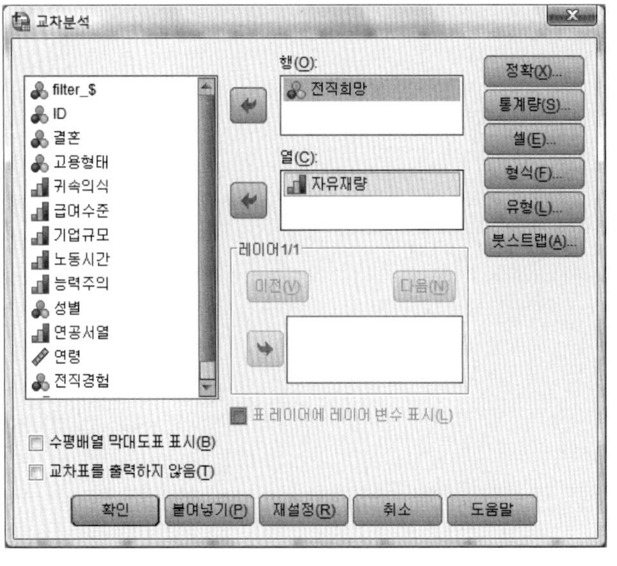

〈순서 4〉 통계량의 선택

다음 대화상자에서 [카이제곱]을 체크하고 [계속]을 클릭한다.

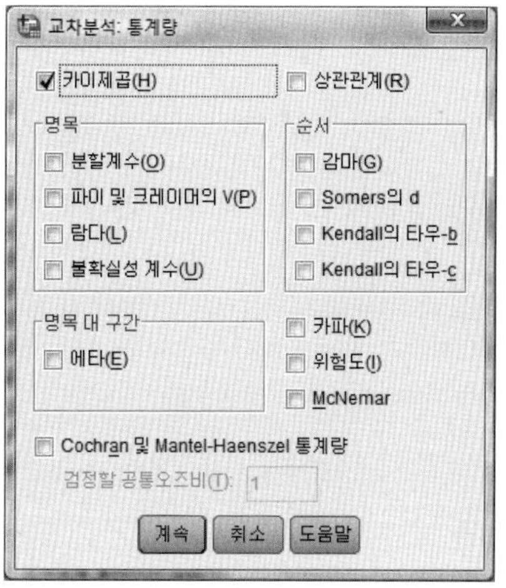

앞의 화면에서 [확인]을 클릭한다.

» **분석결과**

전직희망 * 자유재량 교차표

빈도

		자유재량				전체
		중시하지 않는다	별로 중시하지 않는다	약간 중시한다	중시한다	
전직희망	생각한다	1	6	24	16	47
	생각하지 않는다	14	12	18	9	53
전체		15	18	42	25	100

카이제곱 검정

	값	자유도	근사 유의확률 (양측검정)
Pearson 카이제곱	15.781[a]	3	.001
우도비	17.972	3	.000
선형 대 선형결합	14.391	1	.000
유효 케이스 수	100		

a. 0 셀 (0.0%)은(는) 5보다 작은 기대 빈도를 가지는 셀입니다. 최소 기대빈도는 7.05입니다.

카이제곱 검정결과를 보면,

검정통계량은 $\chi^2 = 15.781 \;\; 15.781$, 유의확률은 $p = 0.001$이다.

유의확률 $p = 0.001 \le$ 유의수준 0.05

이므로 귀무가설 H_0는 기각된다.

이때의 귀무가설 및 대립가설은 다음과 같다.

귀무가설 H_0 : '전직희망'과 '자유재량'은 독립이다

대립가설 H_1 : '전직희망'과 '자유재량'은 독립이 아니다

따라서 귀무가설 H_0가 기각되므로 "'전직희망'과 '자유재량'은 독립이 아니다", 즉 "'전직희망'과 '자유재량' 사이에는 관련이 있다"라고 하는 것을 알 수 있다.

힌트 : 동질성검정과 독립성검정

카이제곱 검정에는 동질성검정과 독립성검정 두 가지 유형이 있다.

- 동질성검정: "변수의 분포가 이항분포나 정규분포와 동일하다"라는 가설을 설정한다. 이는 어떤 모집단의 표본이 그 모집단을 대표하고 있는지를 검정하는 데 사용한다.
- 독립성검정: 변수가 두 개 이상일 때 사용되며, 기대도수는 "두 변수가 서로 상관이 없고 독립적이다"라고 기대하는 것을 의미하며 관측도수와의 차이를 통해 기대도수의 진위여부를 밝힌다.

8.3 다른 항목 사이의 독립성검정

» 성별과 능력주의 사이의 독립성검정

성별 * 능력주의 교차표

빈도

		능력주의				
		중시하지 않는다	별로 중시하지 않는다	약간 중시한다	중시한다	전체
성별	여성	2	13	15	16	46
	남성	2	18	23	11	54
전체		4	31	38	27	100

카이제곱 검정

	값	자유도	근사 유의확률 (양측검정)
Pearson 카이제곱	2.794[a]	3	.424
우도비	2.797	3	.424
선형 대 선형결합	1.122	1	.289
유효 케이스 수	100		

a. 2 셀 (25.0%)은(는) 5보다 작은 기대 빈도를 가지는 셀입니다. 최소 기대빈도는 1.84입니다.

유의확률 $p = 0.424 > 0.05$이므로, 귀무가설 H_0는 채택된다. 즉, 성별과 능력주의 사이에는 관련이 없다는 것을 알 수 있다.

» 고용형태와 노동시간 사이의 독립성검정

고용형태 * 노동시간 교차표

빈도

		노동시간				전체
		중시하지 않는다	별로 중시하지 않는다	약간 중시한다	중시한다	
고용형태	정식사원	12	10	30	11	63
	계약사원	0	2	3	3	8
	파견사원	0	0	4	8	12
	파트타이머	0	1	3	8	12
	프리터	3	2	0	0	5
전체		15	15	40	30	100

카이제곱 검정

	값	자유도	근사 유의확률 (양측검정)
Pearson 카이제곱	36.485[a]	12	.000
우도비	40.752	12	.000
선형 대 선형결합	2.132	1	.144
유효 케이스 수	100		

a. 16 셀 (80.0%)은(는) 5보다 작은 기대 빈도를 가지는 셀입니다. 최소 기대빈도는 .75입니다.

유의확률 $p = 0.000 < 0.05$이므로, 귀무가설 H_0는 기각된다. 즉, 고용형태와 노동시간 사이에는 관련이 있다는 것을 알 수 있다.

» 전직경험과 귀속의식 사이의 독립성검정

전직경험 * 귀속의식 교차표

빈도

		귀속의식				전체
		중시하지 않는다	별로 중시하지 않는다	약간 중시한다	중시한다	
전직경험	있다	35	6	1	1	43
	없다	9	19	14	15	57
전체		44	25	15	16	100

카이제곱 검정

	값	자유도	근사 유의확률 (양측검정)
Pearson 카이제곱	44.554[a]	3	.000
우도비	49.695	3	.000
선형 대 선형결합	36.419	1	.000
유효 케이스 수	100		

a. 0 셀 (0.0%)은(는) 5보다 작은 기대 빈도를 가지는 셀입니다. 최소 기대빈도는 6.45입니다.

유의확률 $p = 0.000 < 0.05$이므로, 귀무가설 H_0는 기각된다. 즉, 전직경험과 귀속의식 사이에는 관련이 있다는 것을 알 수 있다.

» 전직희망과 급여수준 사이의 독립성검정

전직희망 * 급여수준 교차표

빈도

		급여수준				전체
		중시하지 않는다	별로 중시하지 않는다	약간 중시한다	중시한다	
전직희망	생각한다	4	11	24	8	47
	생각하지 않는다	1	13	12	27	53
전체		5	24	36	35	100

카이제곱 검정

	값	자유도	근사 유의확률 (양측검정)
Pearson 카이제곱	15.978[a]	3	.001
우도비	16.704	3	.001
선형 대 선형결합	6.619	1	.010
유효 케이스 수	100		

a. 2 셀 (25.0%)은(는) 5보다 작은 기대 빈도를 가지는 셀입니다. 최소 기대빈도는 2.35입니다.

유의확률 $p = 0.001 < 0.05$이므로, 귀무가설 H_0는 기각된다. 즉, 전직희망과 급여수준 사이에는 관련이 있다는 것을 알 수 있다.

» 결혼과 종신고용 사이의 독립성검정

결혼 * 종신고용 교차표

빈도

		종신고용				전체
		중시하지 않는다	별로 중시하지 않는다	약간 중시한다	중시한다	
결혼	미혼	25	9	9	5	48
	기혼	13	13	13	13	52
전체		38	22	22	18	100

카이제곱 검정

	값	자유도	근사 유의확률 (양측검정)
Pearson 카이제곱	8.653[a]	3	.034
우도비	8.841	3	.031
선형 대 선형결합	7.541	1	.006
유효 케이스 수	100		

a. 0 셀 (0.0%)은(는) 5보다 작은 기대 빈도를 가지는 셀입니다. 최소 기대빈도는 8.64입니다.

유의확률 $p = 0.034 < 0.05$이므로, 귀무가설 H_0는 기각된다. 즉, 결혼과 종신고용 사이에는 관련이 있다는 것을 알 수 있다.

» 고용형태와 기업규모 사이의 독립성검정

고용형태 * 기업규모 교차표

빈도

		기업규모				전체
		중시하지 않는다	별로 중시하지 않는다	약간 중시한다	중시한다	
고용형태	정식사원	10	22	14	17	63
	계약사원	4	2	1	1	8
	파견사원	7	4	1	0	12
	파트타이머	7	3	0	2	12
	프리터	5	0	0	0	5
전체		33	31	16	20	100

카이제곱 검정

	값	자유도	근사 유의확률 (양측검정)
Pearson 카이제곱	29.860[a]	12	.003
우도비	35.307	12	.000
선형 대 선형결합	18.612	1	.000
유효 케이스 수	100		

a. 16 셀 (80.0%)은(는) 5보다 작은 기대 빈도를 가지는 셀입니다. 최소 기대빈도는 .80입니다.

유의확률 $p = 0.003 < 0.05$이므로, 귀무가설 H_0는 기각된다. 즉, 고용형태와 기업규모 사이에는 관련이 있다는 것을 알 수 있다.

CHAPTER

9

로지스틱 회귀분석

CHAPTER 9 로지스틱 회귀분석

9.1 | 예측확률

조사회답자가 장래에 전직을 희망하는지 어떤지를 예측하고 싶다면 어떻게 할까?

항목 1.1 귀하의 성별을 답해 주십시오. (성별)
1. 여성 2. 남성

항목 1.2 귀하의 연령을 답해 주십시오. (연령)
( )세

항목 1.3 귀하의 현재 결혼 여부는? (결혼)
1. 미혼 2. 기혼

항목 1.5 귀하는 전직한 경험이 있습니까? (전직경험)
1. 있다 2. 없다

항목 2.1 귀하는 장래 전직하고 싶다고 생각하십니까? (전직희망)
1. 생각한다 2. 생각하지 않는다

이와 같은 때에는 로지스틱 회귀분석을 실시한다.

로지스틱 회귀분석(logistic regression analysis)이란 다음과 같은 식을 구하는 것부터 시작한다.

$$\log \frac{y}{1-y} = b_1x_1 + b_2x_2 + \cdots + b_px_p + b_0$$

이 수식을 로지스틱 회귀식이라고 한다. 그리고 $x_1, x_2, \cdots, x_p$ 를 **공변량**(共變量, covariate)이라고 한다.

로지스틱 회귀분석을 하면,

$$b_1 = -0.466,\ b_2 = 0.112,\ b_3 = 0.330,\ \cdots,\ b_0 = -4.419$$

와 같이 계수 $b_1, b_2, \cdots, b_p$ 와 상수항 b_0가 구해진다.

로지스틱 회귀식은

$$\log\frac{y}{1-y} = -0.466x_1 + 0.112x_2 + 0.330x_3 + \cdots + 4.419$$

가 된다.

그리하여 이 식을 사용해서 조사회답자가 전직을 희망하는지 어떤지의 **'예측확률'**을 구할 수 있다.

힌트 : 로지스틱 회귀분석

목적변량이 비율 $p(0<p<1)$로 되어 있을 때, 목적변량 p를 일단 다음과 같은 로지스틱 변환

$$p \rightarrow \log\frac{p}{1-p}$$

를 하고 나서, 선형모형

$$\log\frac{y}{1-y} = b_1x_1 + b_2x_2 + \cdots + b_px_p + b_0$$

로 나타냈을 때, 이 모형을 로지스틱 회귀모형이라고 한다. 로짓 모형(logit model)이라고도 한다.

9.2 | 로지스틱 회귀분석

종속변수를 '전직희망', 공변량을 '성별', '연령', '결혼', '전직경험'으로 해서 로지스틱 회귀분석을 실시해 보자.

그렇게 하면 '전직희망'의 예측확률을 구할 수 있다.

힌트 : '전직희망' 종속변수 처리방법

'전직희망'의 데이터는 "전직하고 싶다고 생각한다"=1, "전직하고 싶다고 생각하지 않는다"=2 이므로, '전직하지 않을' 예측확률이 구해진다.

'전직할' 예측확률을 구하고 싶을 때에는 "전직하고 싶다고 생각한다"=1, "전직하고 싶다고 생각하지 않는다"=0 또는 "전직하고 싶다고 생각한다"=2, "전직하고 싶다고 생각하지 않는다"=1과 같이 대소관계를 거꾸로 한다.

» SPSS의 순서

〈순서 1〉 데이터의 입력

<표 1.1>의 데이터를 입력한다.

〈순서 2〉 분석수법의 선택

메뉴에서 [분석]-[회귀분석]-[이분형 로지스틱]을 선택한다.

(주) SPSS에는 다항 로지스틱 회귀분석도 갖추어져 있다.

〈순서 3〉 변수의 선택

[종속변수]에 '전직희망', [공변량]에 '성별', '연령', '결혼', '전직경험'을 투입한다.

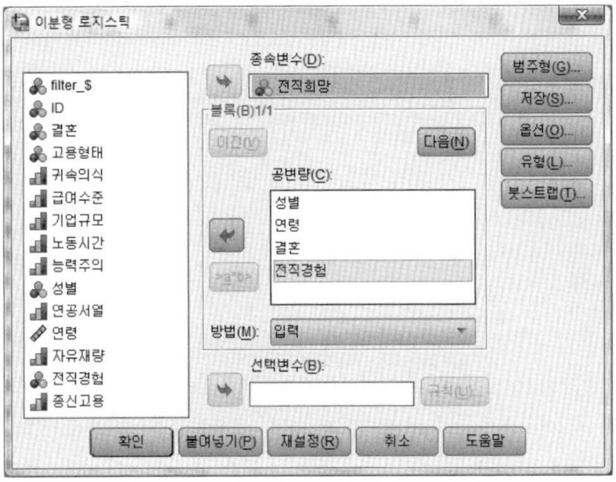

〈순서 4〉 범주형 변수의 정의

위의 대화상자에서 [범주형]을 클릭한다. [범주형 공변량]에 '전직경험'을 이동한다. [참조범주]를 [처음]으로 하고 [변경]을 클릭한다.

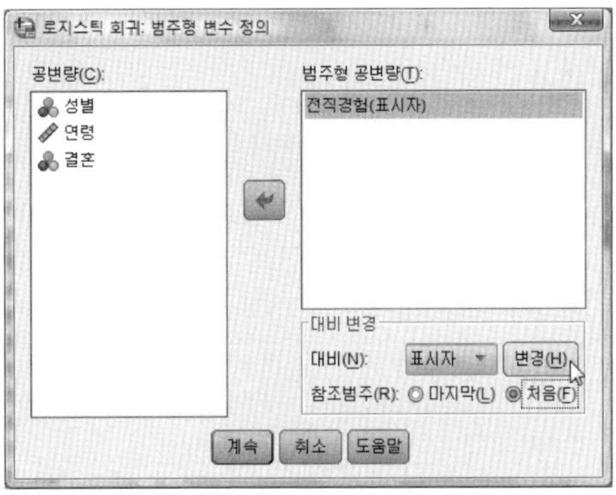

화면이 다음과 같이 바뀐다. 여기가 중요한 포인트이다.

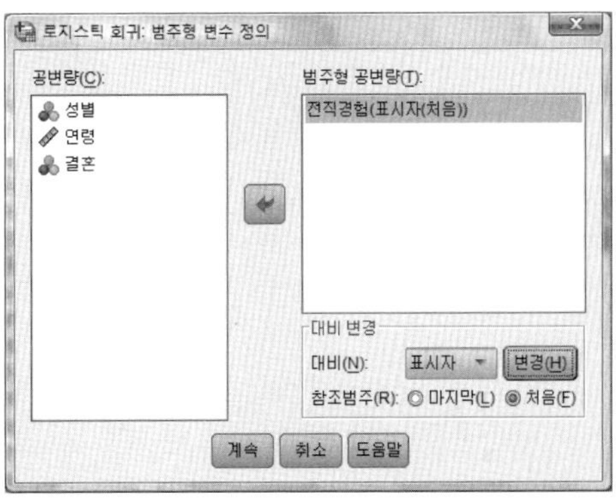

〈순서 5〉 저장의 선택

[계속]을 클릭하면, 다음 화면이 된다. [저장]을 클릭한다.

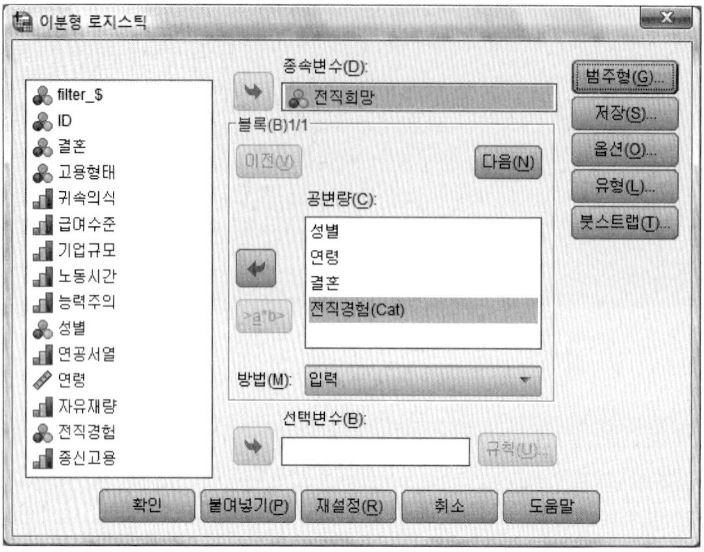

〈순서 6〉 예측값의 선택

[예측값]의 [확률]을 체크하고, [계속]을 클릭한다.

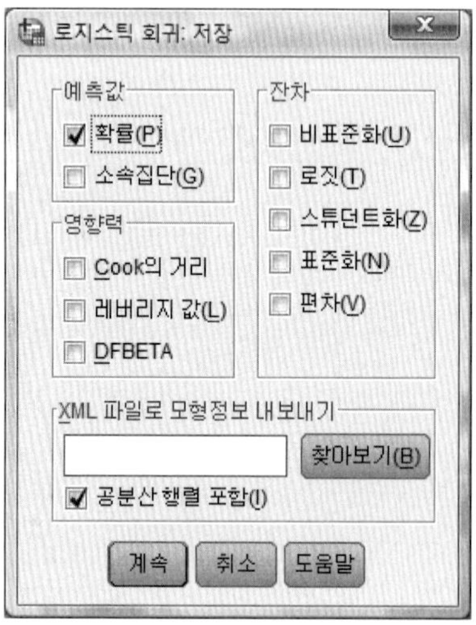

[확인]을 클릭하면 분석결과가 출력된다.
조사회답자의 예측확률을 계산한다.

» 분석결과(1)

이하와 같은 분석결과가 출력된다.

종속변수 인코딩

원래 값	내부 값
생각한다	0
생각하지 않는다	1

종속변수의 원래 회답은

1. 생각한다　　　2. 생각하지 않는다

내부 값은

0=생각한다　　　1=생각하지 않는다

방정식의 변수

		B	S.E.	Wald	자유도	유의확률	Exp(B)
1 단계[a]	성별	-.466	.472	.974	1	.324	.627
	연령	.112	.060	3.527	1	.060	1.118
	결혼	.330	.474	.486	1	.486	1.392
	전직경험(1)	2.117	.515	16.910	1	.000	8.305
	상수항	-4.419	2.215	3.980	1	.046	.012

a. 변수가 1: 성별, 연령, 결혼, 전직경험 단계에 입력되었습니다.

[요주의 NO.1]

데이터 입력 시에 '전직희망'에 대하여

"전직하고 싶다고 생각하지 않는다" = 1

"전직하고 싶다고 생각한다" = 2

로 해서 로지스틱 회귀분석을 실시한다.

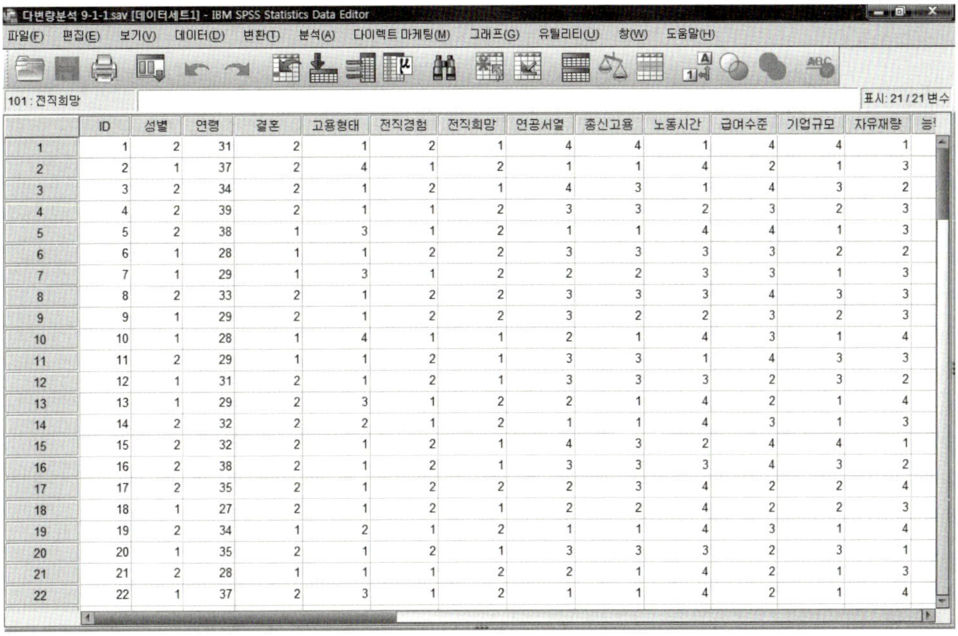

	ID	성별	연령	결혼	고용형태	전직경험	전직희망	연공서열	종신고용	노동시간	급여수준	기업규모	자유재량
1	1	2	31	2	1	2	1	4	4	1	4	4	1
2	2	1	37	2	4	1	2	1	1	4	2	1	3
3	3	2	34	2	1	2	1	4	3	1	4	3	2
4	4	2	39	2	1	1	2	3	3	2	3	2	3
5	5	2	38	1	3	1	2	1	1	4	4	1	3
6	6	1	28	1	1	2	2	3	3	3	3	2	2
7	7	1	29	1	3	1	2	2	2	3	3	1	3
8	8	2	33	2	1	2	2	3	3	3	4	3	3
9	9	1	29	2	1	2	2	3	2	2	3	2	3
10	10	1	28	1	4	1	1	2	1	4	3	1	4
11	11	2	29	1	1	2	1	3	3	1	4	3	3
12	12	1	31	2	1	2	1	3	3	3	2	3	2
13	13	1	29	2	3	1	2	2	1	4	2	1	4
14	14	2	32	2	2	1	2	1	1	4	3	1	3
15	15	2	32	2	1	2	1	4	3	2	4	4	1
16	16	2	38	2	1	2	1	3	3	3	4	3	2
17	17	2	35	2	1	2	2	2	3	4	2	2	4
18	18	1	27	2	1	2	1	2	2	4	2	2	3
19	19	2	34	1	2	1	2	1	1	4	3	1	4
20	20	1	35	2	1	2	1	3	3	3	2	3	1
21	21	2	28	1	1	1	2	2	1	4	2	1	3
22	22	1	37	2	3	1	2	1	1	4	2	1	4

계수 B는 다음과 같이 된다.

종속변수 인코딩

원래 값	내부 값
생각하지 않는다	0
생각한다	1

방정식의 변수

		B	S.E.	Wald	자유도	유의확률	Exp(B)
1 단계[a]	성별	.466	.472	.974	1	.324	1.594
	연령	-.112	.060	3.527	1	.060	.894
	결혼	-.330	.474	.486	1	.486	.719
	전직경험(1)	-2.117	.515	16.910	1	.000	.120
	상수항	4.419	2.215	3.980	1	.046	82.983

a. 변수가 1: 성별, 연령, 결혼, 전직경험 단계에 입력되었습니다.

» 분석결과(2)

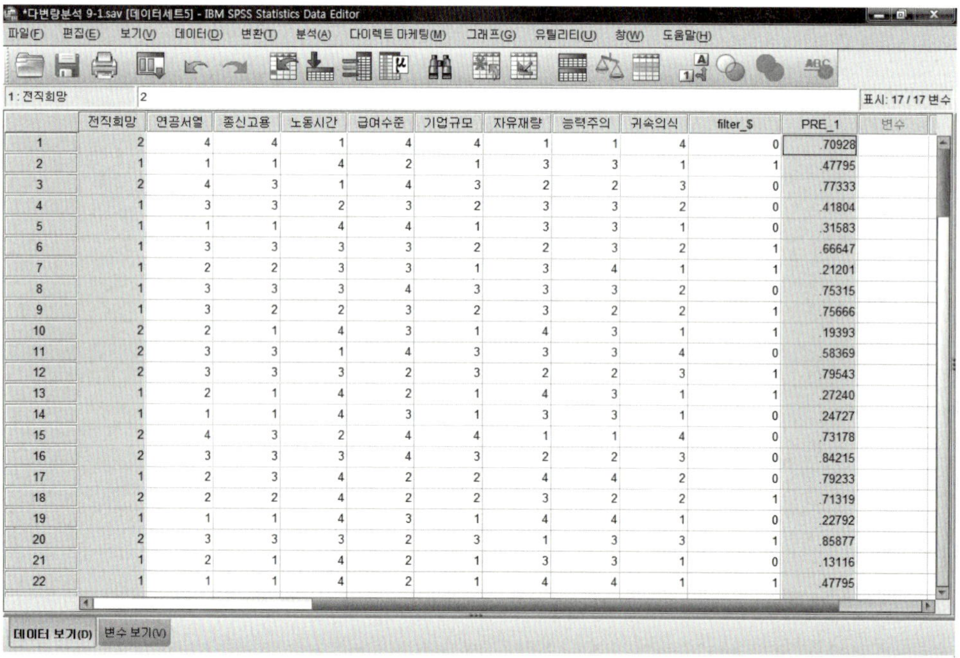

	전직희망	연공서열	종신고용	노동시간	급여수준	기업규모	자유재량	능력주의	귀속의식	filter_$	PRE_1	변수
1	2	4	4	1	4	4	1	1	4	0	.70928	
2	1	1	1	4	2	1	3	3	1	1	.47795	
3	2	4	3	1	4	3	2	2	3	0	.77333	
4	1	3	3	2	3	2	3	3	2	0	.41804	
5	1	1	1	4	4	1	3	3	1	0	.31583	
6	1	3	3	3	3	2	2	3	2	1	.66647	
7	1	2	2	3	3	1	3	4	1	1	.21201	
8	1	3	3	3	4	3	3	3	2	0	.75315	
9	1	3	2	2	3	2	3	2	2	1	.75666	
10	2	2	1	4	3	1	4	3	1	1	.19393	
11	2	3	3	1	4	3	3	3	4	0	.58369	
12	2	3	3	3	2	3	2	2	3	1	.79543	
13	1	2	1	4	2	1	4	3	1	1	.27240	
14	1	1	1	4	3	1	3	3	1	0	.24727	
15	2	4	3	2	4	4	1	1	4	0	.73178	
16	2	3	3	3	4	3	2	2	3	0	.84215	
17	1	2	3	4	2	2	4	4	2	0	.79233	
18	2	2	2	4	2	2	3	2	2	1	.71319	
19	1	1	1	4	3	1	4	4	1	0	.22792	
20	2	3	3	3	2	3	1	3	3	1	.85877	
21	1	2	1	4	2	1	3	3	1	0	.13116	
22	1	1	1	4	2	1	4	4	1	1	.47795	

No.1의 조사회답자의 전직하지 않을 확률은 70.93%이다.

[요주의 NO.2]

데이터 입력 시에 '전직희망'에 대하여

"전직하고 싶다고 생각하지 않는다" = 2

"전직하고 싶다고 생각한다" = 1

로 해서 로지스틱 회귀분석을 실시하면, 예측확률은 다음과 같이 된다.

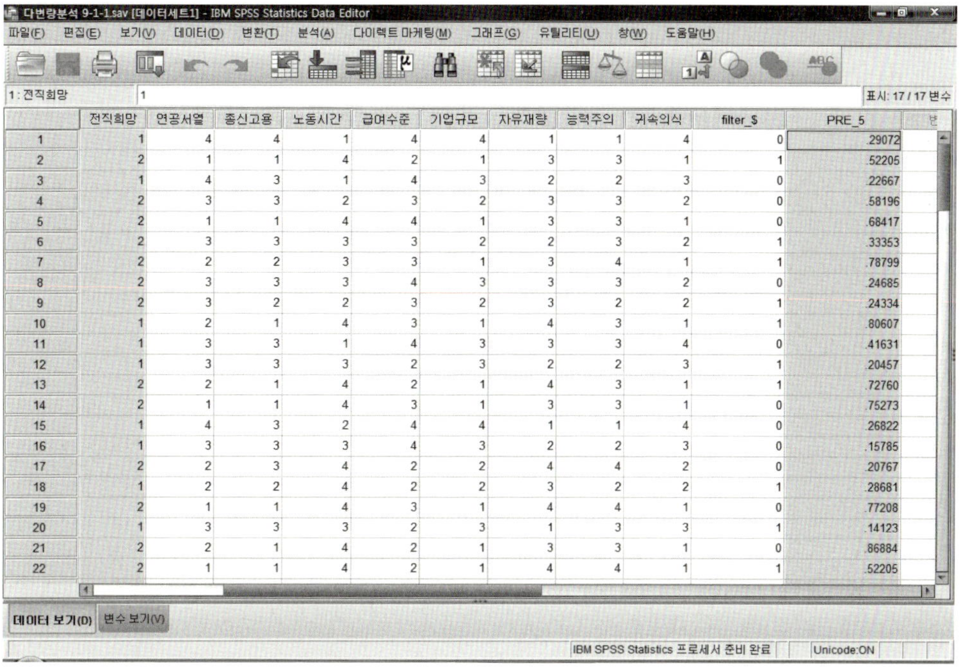

	전직희망	연공서열	종신고용	노동시간	급여수준	기업규모	자유재량	능력주의	귀속의식	filter_$	PRE_5
1	1	4	4	1	4	4	1	1	4	0	.29072
2	2	1	1	4	2	1	3	3	1	1	.52205
3	1	4	3	1	4	3	2	2	3	0	.22667
4	2	3	3	2	3	2	3	3	2	0	.58196
5	2	1	1	4	4	1	3	3	1	0	.68417
6	2	3	3	3	3	2	2	3	2	1	.33353
7	2	2	2	3	3	1	3	4	1	1	.78799
8	2	3	3	3	4	3	3	3	2	0	.24685
9	2	3	2	2	3	2	3	2	2	1	.24334
10	1	2	1	4	3	1	4	3	1	1	.80607
11	1	3	3	1	4	3	3	3	4	0	.41631
12	1	3	3	3	2	3	2	2	3	1	.20457
13	2	2	1	4	2	1	4	3	1	1	.72760
14	2	1	1	4	3	1	3	3	1	0	.75273
15	1	4	3	2	4	4	1	1	4	0	.26822
16	1	3	3	3	4	3	2	2	3	0	.15785
17	2	2	3	4	2	2	4	4	2	0	.20767
18	1	2	2	4	2	2	3	2	2	1	.28681
19	2	1	1	4	3	1	4	4	1	0	.77208
20	1	3	3	3	2	3	1	3	3	1	.14123
21	2	2	1	4	2	1	3	3	1	0	.86884
22	2	1	1	4	2	1	4	4	1	1	.52205

No.1의 조사회답자의 전직할 확률은 29.07%이다.

9.3 | 다른 조건에서의 로지스틱 회귀분석

» 기혼 그룹에 대해서

기혼인 그룹에 대해서 로지스틱 회귀분석을 실시하고, 장래 전직할 예측확률을 구해보자. 단,

"전직하고 싶다고 생각한다"=1
"전직하고 싶다고 생각하지 않는다"=0
공변량=성별, 연령, 결혼, 전직경험

으로 해 놓는다.

» 미혼 그룹에 대해서

기혼인 그룹에 대해서 로지스틱 회귀분석을 실시하고, 장래 전직할 예측확률을 구해보자. 단,

"전직하고 싶다고 생각한다"=1
"전직하고 싶다고 생각하지 않는다"=0
공변량=성별, 연령, 결혼, 전직경험

으로 해 놓는다.

» 미혼 그룹에 대한 분석결과

[케이스 선택: 조건] 대화상자에서 다음과 같이 설정하고 로지스틱 회귀분석을 실시한다.

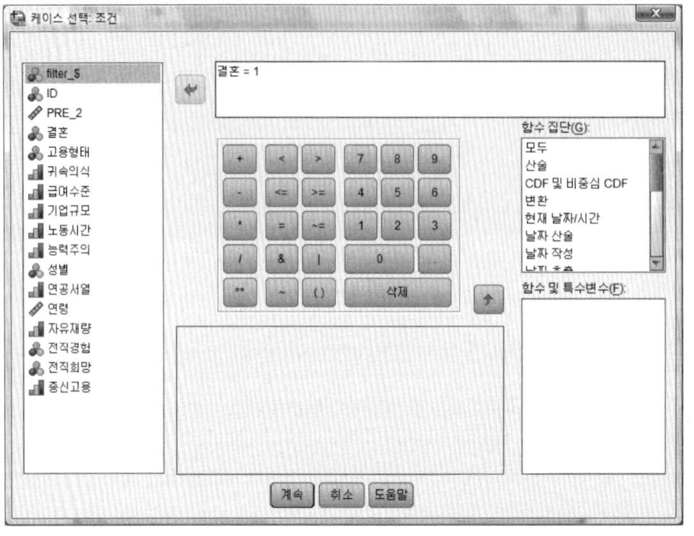

분석결과는 다음과 같다.

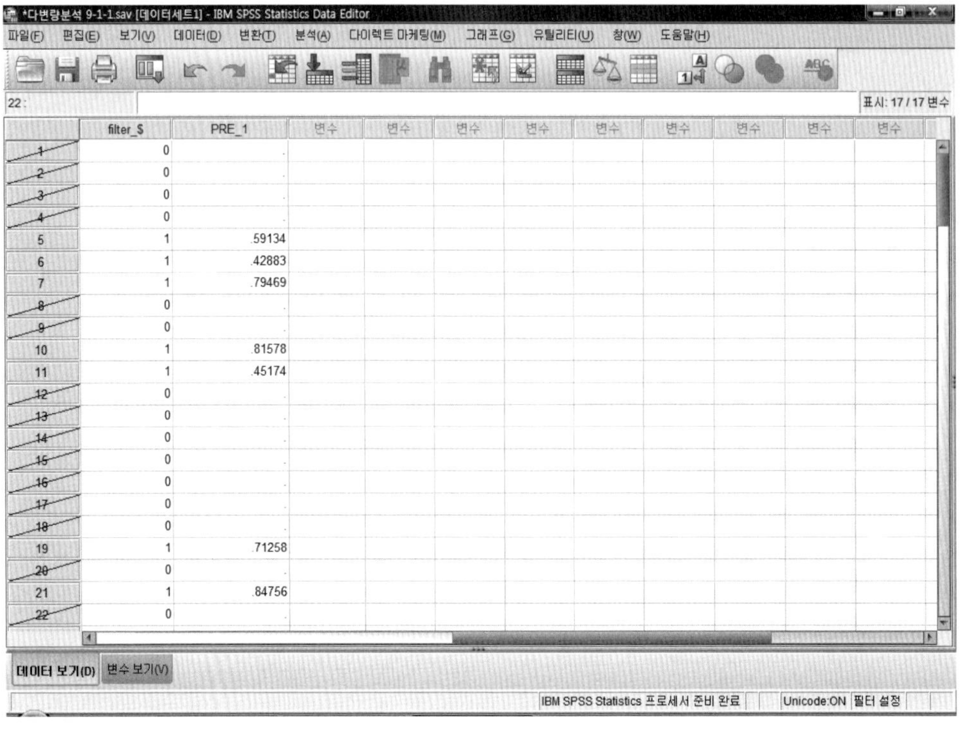

» 기혼 그룹에 대한 분석결과

[케이스 선택: 조건] 대화상자에서 다음과 같이 설정하고 로지스틱 회귀분석을 실시한다.

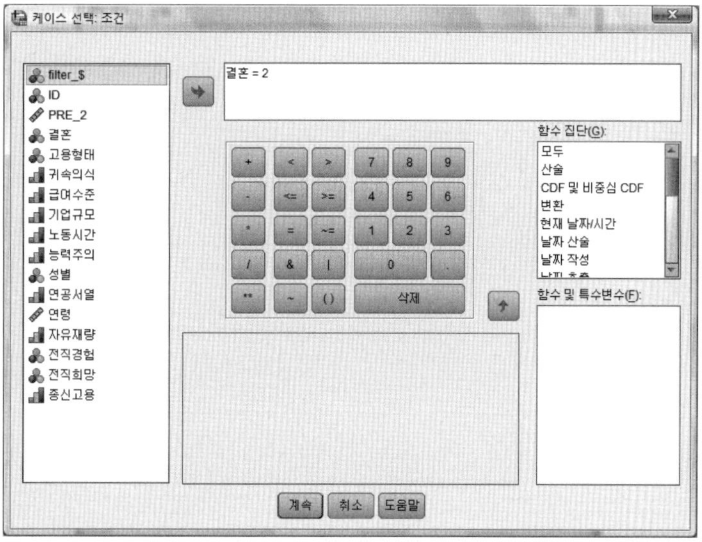

분석결과는 다음과 같다.

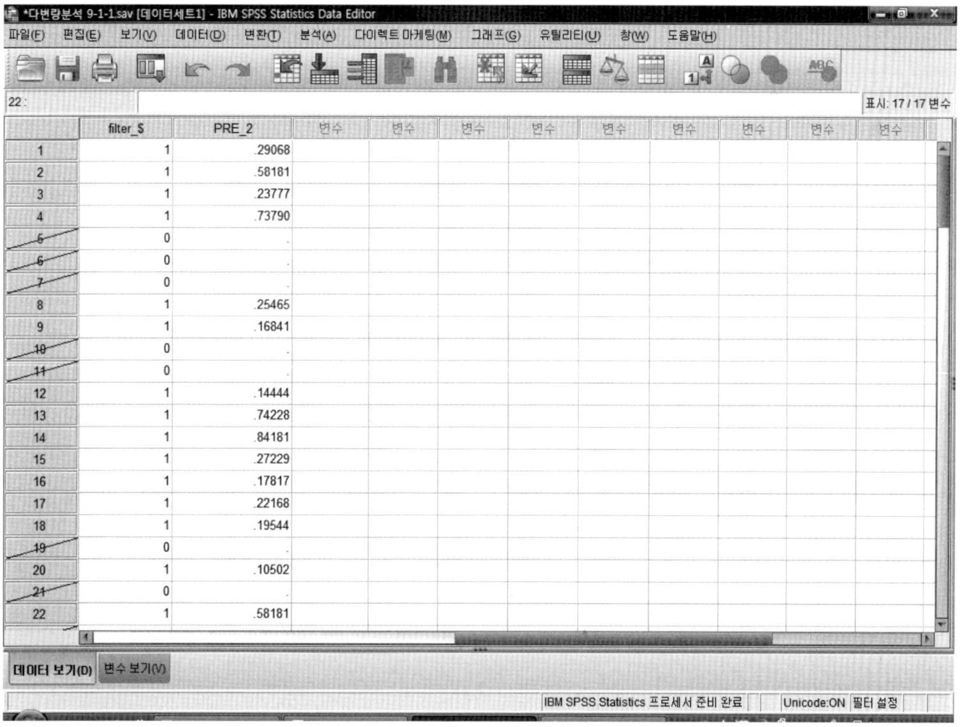

CHAPTER

10

주성분분석

CHAPTER 10 **주성분분석**

10.1 | 종합적 특성

제1장의 '앙케트 조사표 No.3'의 여덟 개 질문항목을 종합화해서 그 특성을 조사하려면, 이들 질문항목을 가능한 한 소수의 합성변수에 의해서 나타낼 수 있다.

항목 2.2 귀하는 회사선택에 있어서 이하의 조건을 어느 정도 중시하십니까?

	중시하지 않는다	별로 중시하지 않는다	약간 중시 한다	중시 한다	
(1) 근속년수에 따라 확실히 연봉이 오를 것	1	2	3	4	(연공서열)
(2) 종신고용제도가 보증되어 있을 것	1	2	3	4	(종신고용)
(3) 노동시간이 짧을 것	1	2	3	4	(노동시간)
(4) 급여수준이 높을 것	1	2	3	4	(급여수준)
(5) 어느 정도의 규모 있는 기업일 것	1	2	3	4	(기업규모)
(6) 일의 계획이나 예정을 자신이 정할 것	1	2	3	4	(자유재량)
(7) 자신의 능력을 살릴 수 있을 것	1	2	3	4	(능력주의)
(8) 회사에 일체감을 느낄 것	1	2	3	4	(귀속의식)

이와 같은 때는 주성분분석(principal component analysis)을 실시하면 된다. 주성분분석을 실시하면, 여덟 개의 질문항목을

$$\begin{aligned}\text{특성1} = {} & 0.894 \times \text{연공서열} + 0.924 \times \text{종신고용} - 0.491 \times \text{노동시간} \\ & + 0.459 \times \text{급여수준} + 0.898 \times \text{기업규모} - 0.694 \times \text{자유재량} \\ & - 0.547 \times \text{능력주의} + 0.919 \times \text{귀속의식}\end{aligned}$$

이라든가

$$\begin{aligned}\text{특성2} = {} & 0.229 \times \text{연공서열} + 0.212 \times \text{종신고용} + 0.651 \times \text{노동시간} \\ & - 0.110 \times \text{급여수준} + 0.172 \times \text{기업규모} + 0.517 \times \text{자유재량} \\ & + 0.427 \times \text{능력주의} + 0.180 \times \text{귀속의식}\end{aligned}$$

과 같이 1차식의 형태로 종합화해서 '종합적 특성'을 추출해 준다.

이 특성1과 특성2는 각각 무엇을 나타내고 있을까? 이 특성1과 특성2를 각각 제1주성분, 제2주성분이라고 한다.

주성분분석은 많은 질문항목을 소수의 특성으로 종합화하는 통계처리 수법이다.

그림으로 표현하면 다음과 같은 이미지이다.

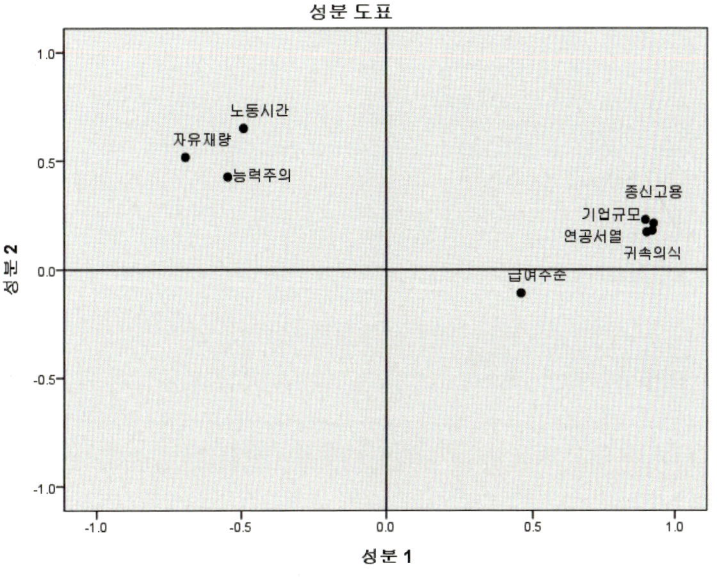

이 예에서는 여덟 개의 변수가 두 개의 합성 변수로 종합화되었다.

힌트 : 주성분분석과 요인분석

주성분분석은 많은 항목을 몇 개의 특성으로 정리하는 통계처리인데, 요인분석은 많은 항목으로부터 몇 개의 공통요인을 추출하는 통계처리 수법이다.

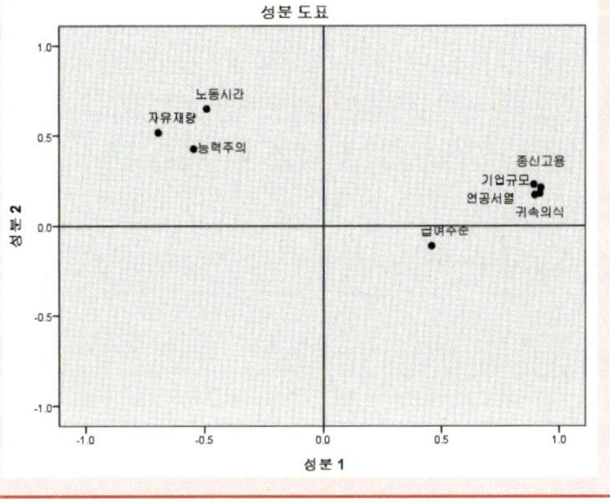

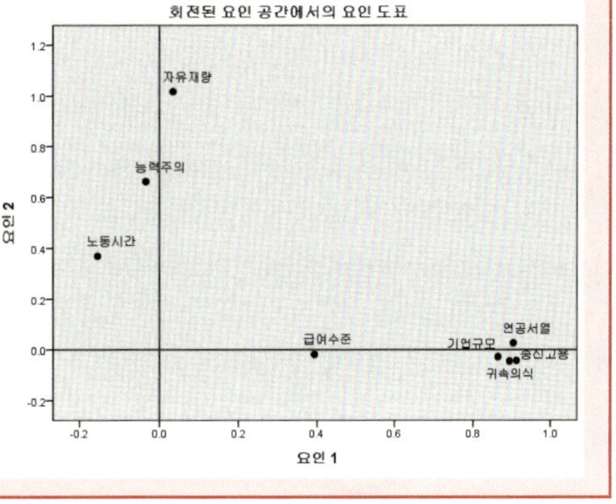

그런데 여덟 개의 질문항목에는 각각 서로 다른 변수명이 붙어 있는데, 특성1과 특성2에는 아직 구체적인 이름이 붙어 있지 않다.

그래서

특성1 = 생활의 안정도

특성2 = 업무의 충실도

와 같이 각각의 특성에 이름을 붙인다.

이 종합화된 특성을 '주성분'이라고 한다.

따라서

제1주성분 = 생활의 안정도

제2주성분 = 업무의 충실도

이 되는 것이다.

10.2 | 주성분분석의 실제

데이터를 표준화하지 않고 직접 원 데이터에 대해서 주성분분석을 적용하는 방법을 '분산공분산행렬로부터 출발하는 주성분분석'이라 하고, 표준화한 데이터에 대해서 주성분분석을 적용하는 방법을 '상관행렬로부터 출발하는 주성분분석'이라고 한다.

어느 쪽의 행렬로부터 출발하느냐의 판단기준은 다음과 같이 생각할 수 있다.

① 각 변수의 측정단위가 다르다. → 상관행렬

② 각 변수의 산포도(散布度) 차이를 반영시키고 싶다. → 분산공분산행렬

③ 각 변수의 산포도 차이를 반영시키고 싶지 않다. → 상관행렬

④ 그 밖에 → 양쪽 적용

힌트 : 주성분분석

주성분분석(principal component analysis)이란 해석하고자 하는 다차원의 데이터를 거기에 포함된 정보의 손실을 가능한 한 적게 해서 2 혹은 3차원의 데이터로 축약하는 수법이다. 주성분분석을 활용하면 관측대상이 어떠한 위치에 있는지 시각적으로 파악할 수 있게 된다.

주성분분석은 다음과 같은 목적으로 이용된다.

① 다수의 지표를 통합한 종합적인 지표를 작성한다.

② 관측대상을 몇 개의 그룹으로 나눈다.

③ 중회귀분석이나 판별분석을 위한 데이터를 다른 관점에서 음미한다.

여기에서는 분산공분산행렬에 의한 방법으로 주성분분석을 실시하도록 한다.

» SPSS의 순서

〈순서 1〉 데이터의 입력

여기에서도 <표 1.1>의 데이터를 입력한다.

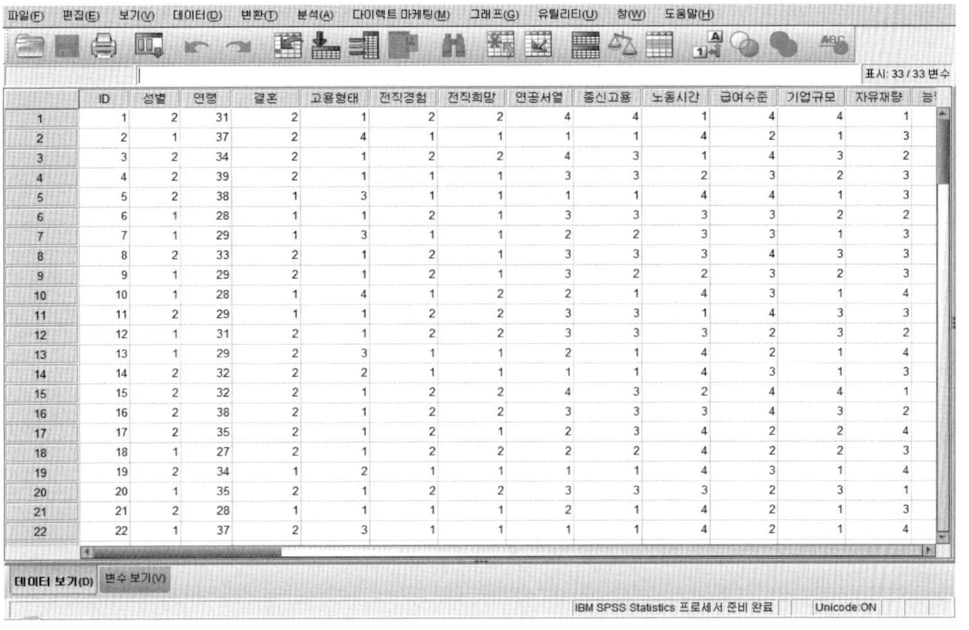

〈순서 2〉 분석수법의 선택

메뉴에서 [분석]-[차원 축소]-[요인분석]을 선택한다.

〈순서 3〉 변수의 선택

연공서열에서 귀속의식까지의 여덟 개의 질문항목을 [변수]로 이동한다.

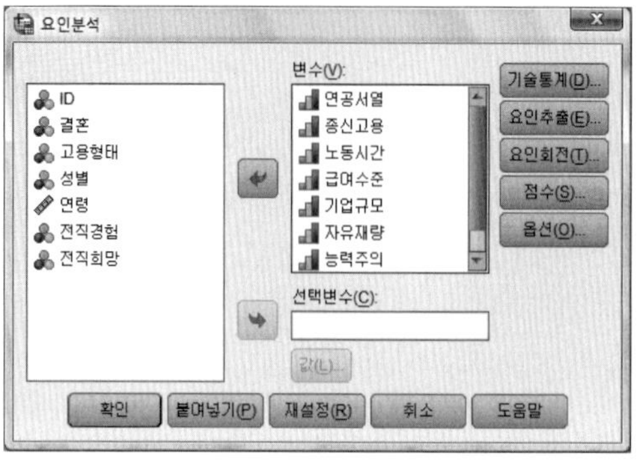

〈순서 4〉 요인추출의 선택

① [요인추출]을 클릭하면, 다음 화면이 된다.

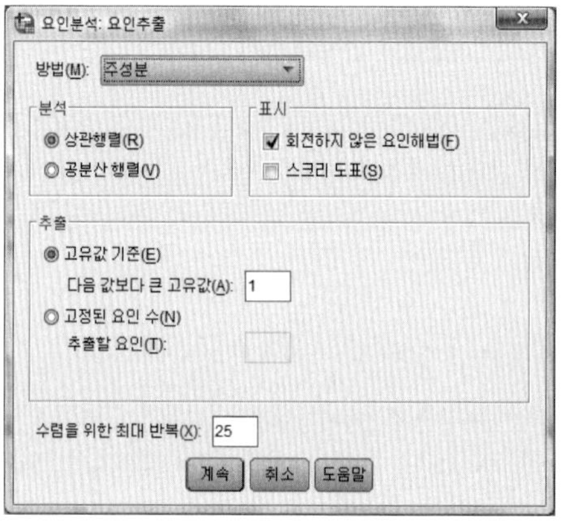

② [공분산행렬]을 체크한다. 즉, 분산공분산행렬에 의한 주성분분석을 선택한다.

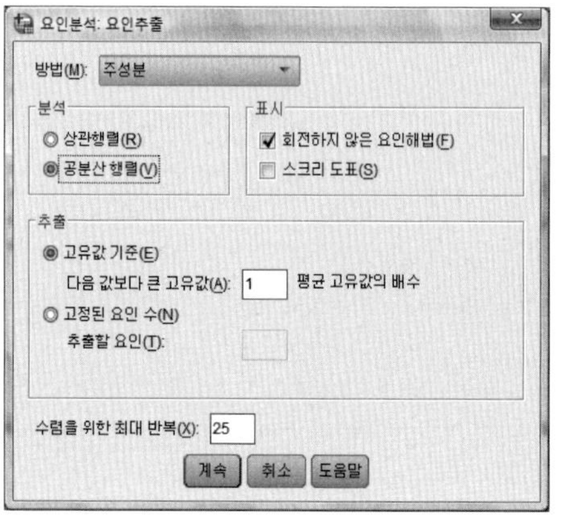

③ 다음에 [고정된 요인 수]를 체크하고, '8'이라고 입력한다. [계속]을 클릭한다.

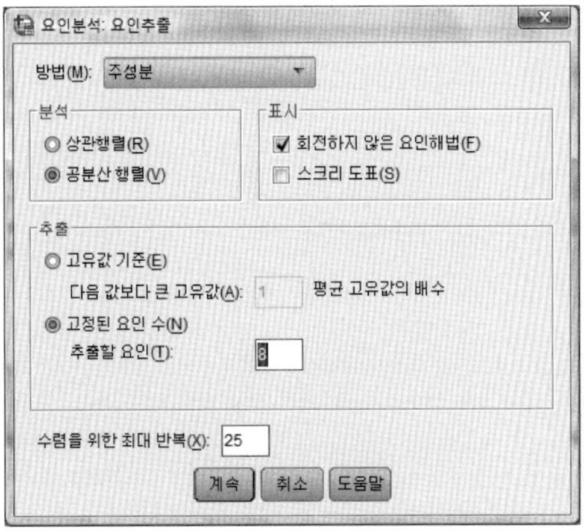

(주) 실제로 주성분분석을 실시할 때는 요인 수를 2 ~ 3개로 한다. 또는 [고유값 기준]을 '1'로 해서 요인을 추출하는데, 이것은 추출되는 고유값의 평균이 '1'이라는 의미이다. 즉, 평균 이상의 고유값을 갖는 요인만을 추출한다는 뜻이다.

〈순서 5〉 [요인회전]을 클릭한다. 회전방법은 선택하지 않고, [적재량 도표]에 체크하고, [계속]을 클릭한다.

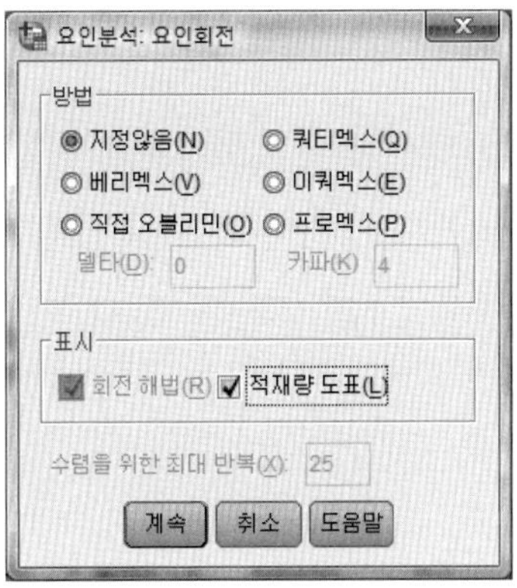

〈순서 6〉 [점수]를 클릭한다. 다음과 같이 체크하고 [계속]을 클릭한다.

〈순서 7〉 [옵션]을 클릭한다. 주성분의 변수를 크기순으로 정렬하고 싶은 때는 [크기순 정렬]에 체크하고 [계속]을 클릭한다.

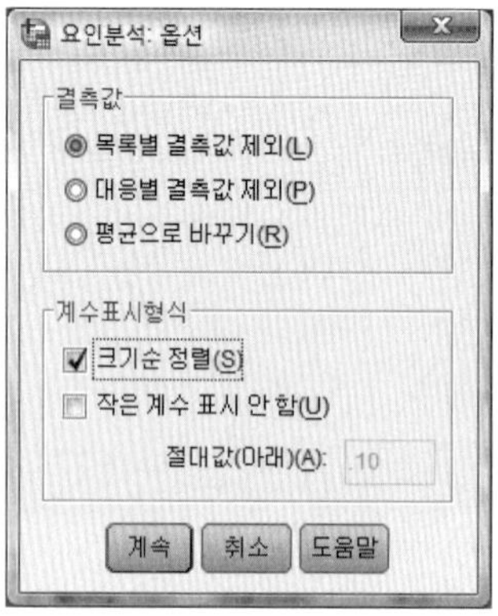

〈순서 8〉 다음 화면으로 되돌아오면 [확인]을 클릭한다.

» **분석결과(1)**

공통성

	원래 값		재척도화	
	초기	추출	초기	추출
연공서열	1.199	1.199	1.000	1.000
종신고용	1.293	1.293	1.000	1.000
노동시간	1.038	1.038	1.000	1.000
급여수준	.798	.798	1.000	1.000
기업규모	1.250	1.250	1.000	1.000
자유재량	.987	.987	1.000	1.000
능력주의	.733	.733	1.000	1.000
귀속의식	1.242	1.242	1.000	1.000

추출 방법: 주성분 분석.

설명된 총분산

성분		초기 고유값[a]			추출 제곱합 적재량		
		전체	% 분산	누적 %	전체	% 분산	누적 %
원래 값	1	5.230	61.251	61.251	5.230	61.251	61.251
	2	1.044	12.229	73.480	1.044	12.229	73.480
	3	.831	9.728	83.209	.831	9.728	83.209
	4	.565	6.619	89.828	.565	6.619	89.828
	5	.327	3.830	93.658	.327	3.830	93.658
	6	.229	2.686	96.344	.229	2.686	96.344
	7	.163	1.907	98.251	.163	1.907	98.251
	8	.149	1.749	100.000	.149	1.749	100.000
재척도화	1	5.230	61.251	61.251	4.535	56.690	56.690
	2	1.044	12.229	73.480	1.044	13.050	69.739
	3	.831	9.728	83.209	.973	12.161	81.900
	4	.565	6.619	89.828	.656	8.196	90.096
	5	.327	3.830	93.658	.319	3.993	94.089
	6	.229	2.686	96.344	.190	2.377	96.466
	7	.163	1.907	98.251	.161	2.016	98.482
	8	.149	1.749	100.000	.121	1.518	100.000

추출 방법: 주성분 분석.

a. 공분산행렬 분석시 원래의 해법과 재척도화 해법에서 초기 고유값은 동일합니다.

» 분석결과(2)

성분행렬[a]

	원래 값							
	성분							
	1	2	3	4	5	6	7	8
종신고용	1.050	.241	-.017	-.084	-.170	.055	-.009	-.304
귀속의식	1.024	.200	.103	.008	-.213	.061	-.239	.190
기업규모	1.004	.192	-.110	-.140	.267	.263	.155	.090
연공서열	.979	.251	.027	-.015	.148	-.386	.066	.041
자유재량	-.689	.513	.333	-.123	.290	.027	-.182	-.070
능력주의	-.468	.365	.458	-.248	-.257	.002	.196	.069
노동시간	-.501	.663	-.432	.388	-.082	.018	.047	.024
급여수준	.410	-.098	.547	.558	.055	.057	.057	-.026

추출 방법: 주성분 분석.

a. 추출된 8 성분

(주) 이것은 분산공분산행렬의 고유벡터이다.

힌트 : 분산공분산행렬과 상관행렬

분산공분산행렬을 표준화하면 상관행렬이 된다. 이것들은 다변량분석의 필수품이다. 고유값이나 고유벡터를 구할 때, 이들은 대칭행렬이기 때문에 좋은 성질을 가지고 있다.

성분행렬[a]

	재척도화							
	성분							
	1	2	3	4	5	6	7	8
종신고용	.924	.212	-.015	-.074	-.150	.048	-.008	-.267
귀속의식	.919	.180	.093	.007	-.191	.055	-.215	.170
기업규모	.898	.172	-.099	-.125	.239	.235	.139	.081
연공서열	.894	.229	.024	-.014	.135	-.353	.060	.038
자유재량	-.694	.517	.335	-.123	.292	.028	-.183	-.071
능력주의	-.547	.427	.535	-.290	-.300	.003	.229	.081
노동시간	-.491	.651	-.424	.381	-.081	.017	.046	.023
급여수준	.459	-.110	.612	.625	.062	.064	.064	-.029

추출 방법: 주성분 분석.

a. 추출된 8 성분

(주) 이것은 요인부하량(factor loading)이다.

» 분석결과의 해석방법

(1) 제1주성분의 계수

SPSS의 출력 중에 다음과 같은 부분이 있다.

성분행렬[a]

	재척도화							
	성분							
	1	2	3	4	5	6	7	8
종신고용	.924	.212	-.015	-.074	-.150	.048	-.008	-.267
귀속의식	.919	.180	.093	.007	-.191	.055	-.215	.170
기업규모	.898	.172	-.099	-.125	.239	.235	.139	.081
연공서열	.894	.229	.024	-.014	.135	-.353	.060	.038
자유재량	-.694	.517	.335	-.123	.292	.028	-.183	-.071
능력주의	-.547	.427	.535	-.290	-.300	.003	.229	.081
노동시간	-.491	.651	-.424	.381	-.081	.017	.046	.023
급여수준	.459	-.110	.612	.625	.062	.064	.064	-.029

추출 방법: 주성분 분석.

a. 추출된 8 성분

이것은 제1주성분에서 제8주성분까지의 계수로 되어 있다. 그러나 실제로 분석에서 이용하는 것은 제1주성분과 제2주성분이다.

따라서 제1주성분 z_1은

$$\begin{aligned} z_1 = &\ 0.924 \times \text{종신고용} + 0.919 \times \text{귀속의식} + 0.898 \times \text{기업규모} \\ &+ 0.894 \times \text{연공서열} - 0.694 \times \text{자유재량} - 0.547 \times \text{능력주의} \\ &- 0.491 \times \text{노동시간} + 0.459 \times \text{급여수준} \end{aligned}$$

이 된다.

이 주성분을 '종합적 특성'이라고 부르고 있다.

왜 이 주성분을 종합적 특성이라고 하는 것일까?

주성분은 여덟 개의 질문항목의 1차식의 결합으로 되어 있으므로, 그런 의미에서 여덟 개의 질문항목의 종합화로 되어 있다.

그렇지만 그것만은 아니다. 또 하나의 이유를 알기 위해서는

"데이터가 가지고 있는 정보량"

에 주목할 필요가 있다.

(주) 분산은 데이터의 정보량이다.

(2) 제1주성분과 제2주성분의 정보량

SPSS의 다음 출력을 살펴보자.

설명된 총분산

	성분	초기 고유값[a]			추출 제곱합 적재량		
		전체	% 분산	누적 %	전체	% 분산	누적 %
원래값	1	5.230	61.251	61.251	5.230	61.251	61.251
	2	1.044	12.229	73.480	1.044	12.229	73.480
	3	.831	9.728	83.209	.831	9.728	83.209
	4	.565	6.619	89.828	.565	6.619	89.828
	5	.327	3.830	93.658	.327	3.830	93.658
	6	.229	2.686	96.344	.229	2.686	96.344
	7	.163	1.907	98.251	.163	1.907	98.251
	8	.149	1.749	100.000	.149	1.749	100.000
재척도화	1	5.230	61.251	61.251	4.535	56.690	56.690
	2	1.044	12.229	73.480	1.044	13.050	69.739
	3	.831	9.728	83.209	.973	12.161	81.900
	4	.565	6.619	89.828	.656	8.196	90.096
	5	.327	3.830	93.658	.319	3.993	94.089
	6	.229	2.686	96.344	.190	2.377	96.466
	7	.163	1.907	98.251	.161	2.016	98.482
	8	.149	1.749	100.000	.121	1.518	100.000

추출 방법: 주성분 분석.

a. 공분산행렬 분석시 원래의 해법과 재척도화 해법에서 초기 고유값은 동일합니다.

이 출력의 부분이 데이터가 가지고 있는 정보량을 나타내고 있다. 예를 들면, 성분1의 고유값은 5.230이고, % 분산은 61.251로 되어 있다.

이것은 다음의 식

$$\frac{5.230}{5.230+1.044+0.831+\cdots+0.149}\times 100 = 61.251\%$$

으로 계산된다.

따라서 성분1(=제1주성분)은 데이터 전체의 정보량

$$5.230+1.044+0.831+\cdots+0.149 = 8.538$$

중 61.251%의 정보를 갖고 있다고 할 수 있는 것이다.

다시 말하면, 제1주성분은 전체의 정보량 중 61.251%의 정보를 갖고 있다.

성분2(=제2주성분)은

$$\frac{1.044}{5.230+1.044+0.831+\cdots+0.149}\times 100 = 12.229\%$$

다시 말하면, 제2주성분은 전체의 정보량 중 12.229%의 정보를 갖고 있다.

그런데 성분8(=제8주성분)에서는

$$\frac{0.149}{5.230+1.044+0.831+\cdots+0.149}\times 100 = 1.749\%$$

따라서 제8주성분에는 정보가 거의 남아 있지 않다.

이와 같이 주성분분석을 실시하면 100명의 조사회답자의 정보를

제1주성분, 제2주성분

에 거의 모아놓고 있다.

그래서 제1주성분이나 제2주성분을 '종합적 특성'이라고 부르고 있는 것이다.

(3) 제1주성분과 제2주성분의 종합적 특성

제1주성분, 제2주성분은 각각 어떠한 종합적 특성을 가지고 있는 것일까?

그래서 다시 한 번 성분1과 성분2의 계수를 관찰해 보자.

그러면 다음과 같이 계수의 절대치가 큰 변수가 있다는 것이 눈이 띈다.

성분행렬[a]

	재척도화							
	성분							
	1	2	3	4	5	6	7	8
종신고용	.924	.212	-.015	-.074	-.150	.048	-.008	-.267
귀속의식	.919	.180	.093	.007	-.191	.055	-.215	.170
기업규모	.898	.172	-.099	-.125	.239	.235	.139	.081
연공서열	.894	.229	.024	-.014	.135	-.353	.060	.038
자유재량	-.694	.517	.335	-.123	.292	.028	-.183	-.071
능력주의	-.547	.427	.535	-.290	-.300	.003	.229	.081
노동시간	-.491	.651	-.424	.381	-.081	.017	.046	.023
급여수준	.459	-.110	.612	.625	.062	.064	.064	-.029

추출 방법: 주성분 분석.

a. 추출된 8 성분

제1주성분에서는 {종신고용 귀속의식 기업규모 연공서열}, 제2주성분에서는 {자유재량 능력주의 노동시간}이 요인부하량에 크게 기여하고 있다.

다시 말하면, 제1주성분은 다음의 네 가지 질문항목

{종신고용 귀속의식 기업규모 연공서열}

을 주로 종합화한 변수라고 생각된다.

이들 질문항목은 생활의 안정에 관한 것이므로

제1주성분 = 생활의 안정도

라고 이름붙일 수 있다.

제2주성분에 대해서는

{자유재량 능력주의 노동시간}

이라고 하는 질문항목을 주로 종합화한 변수라고 생각되기 때문에,

제2주성분 = 업무의 충실도

라고 이름붙일 수 있겠다.

» 분석결과(3)

파일(F) 편집(E) 보기(V) 데이터(D) 변환(T) 분석(A) 다이렉트 마케팅(M) 그래프(G) 유틸리티(U) 창(W) 도움말(H)

22 : 표시: 23 / 23 변수

	귀속의식	FAC1_1	FAC2_1	FAC3_1	FAC4_1	FAC5_1	FAC6_1	FAC7_1	FAC8_1
1	4	2.07048	-1.25595	-.10194	.19260	.55341	-.09423	-1.06181	-.10640
2	1	-1.14290	-.02098	-1.08578	.19094	-.62260	.00147	-.23698	.34586
3	3	1.26071	-1.02127	.87919	-.08230	1.00978	-1.61344	-.40842	.04535
4	2	.29055	-.06713	.62882	-.77879	.07526	-1.38377	-.27706	-1.78378
5	1	-.98629	-.20885	.23079	2.16477	-.28562	.50151	.46560	.00011
6	2	.32656	.07643	-.29274	.12485	-1.06192	-1.42590	1.12975	-1.15536
7	1	-.67039	.07083	.65619	-.12309	-1.05679	-1.26104	1.37832	-1.28004
8	2	.46511	.65818	.63389	.64806	.80945	.08979	1.31723	-1.19272
9	2	.17924	-.64764	.09786	-.19160	1.38012	-1.63238	-1.42475	-.21254
10	1	-1.00913	.61684	.00574	.93406	.88337	-1.31340	-.59918	-.02079
11	4	1.04804	-.22875	1.92398	-.69638	.00893	.46565	-2.19911	1.03523
12	3	.72549	.19640	-1.51063	-.65557	-.28033	-.27529	-.93883	.43110
13	1	-1.08744	.71077	-.65254	-.05286	.71488	-1.56342	-.95047	.15209
14	1	-1.06459	-.11491	-.42750	1.17785	-.45411	.25149	.11431	.17298
15	4	1.77396	-.85168	-.60197	1.02783	.82268	-.25494	-.71890	2.08736
16	3	.88210	.00853	-.19406	1.31825	.05665	.22475	-.23624	.08536
17	2	-.38760	1.89783	-.15025	-1.02076	-.94477	.33444	-.37236	-1.57679
18	2	-.27767	.47609	-1.63368	.22204	.25850	-.04421	-1.60386	.00033
19	1	-1.28583	.72631	.52498	.52224	-.35252	.38152	.19811	.16710
20	3	.76771	.05467	-1.36021	-.87749	-1.95122	-.38363	1.38159	1.36561
21	1	-.95571	.21930	-1.05357	.16399	-.17136	-1.68261	.16783	.62229
22	1	-1.36414	.82025	-.13330	-.46467	-.52101	.13150	-.15318	.33997

데이터 보기(D) 변수 보기(V)

IBM SPSS Statistics 프로세서 준비 완료 Unicode:ON

주성분점수는 위와 같이 데이터 파일의 오른쪽에 계산되어 있다.

제1주성분에서 제8주성분까지 계산되어 있는데, 실제로 이용하는 것은 제1주성분과 제2주성분이다.

예를 들면, No.1의 조사회답자의 주성분점수는

제1주성분점수 = 2.07048

제2주성분점수 = −1.25595

이므로 No.1의 조사회답자의 위치는 다음과 같이 된다.

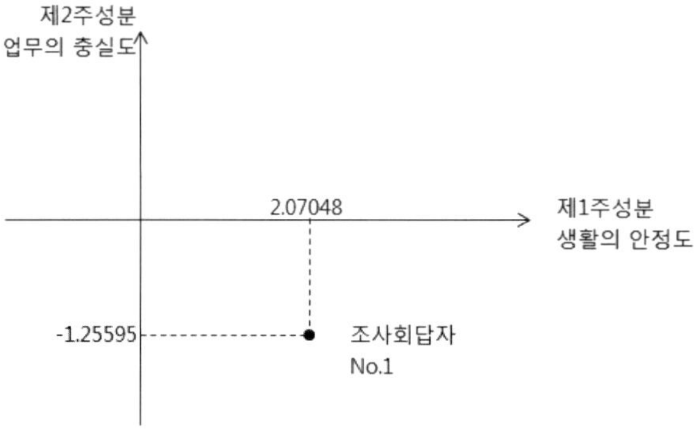

따라서,

"No.1의 조사회답자는 업무의 충실도보다도 생활의 안정을 바라고 있다"

는 것을 알 수 있다.

No.1의 조사회답자 이외의 조사회답자에 대해서도 제1주성분과 제2주성분을 각각 가로축 세로축으로 하는 산점도를 작성해서 각각의 위치를 조사할 수 있다.

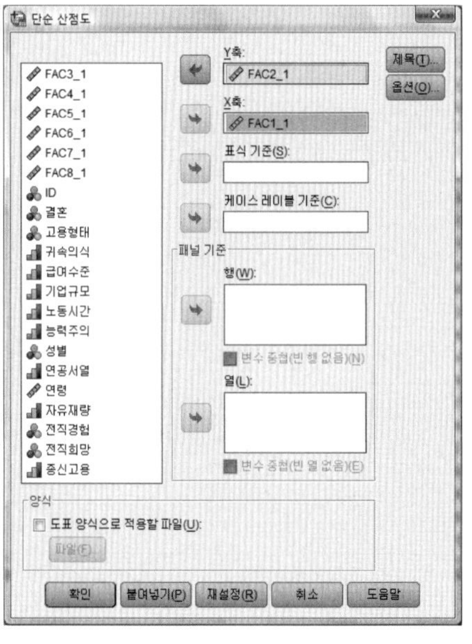

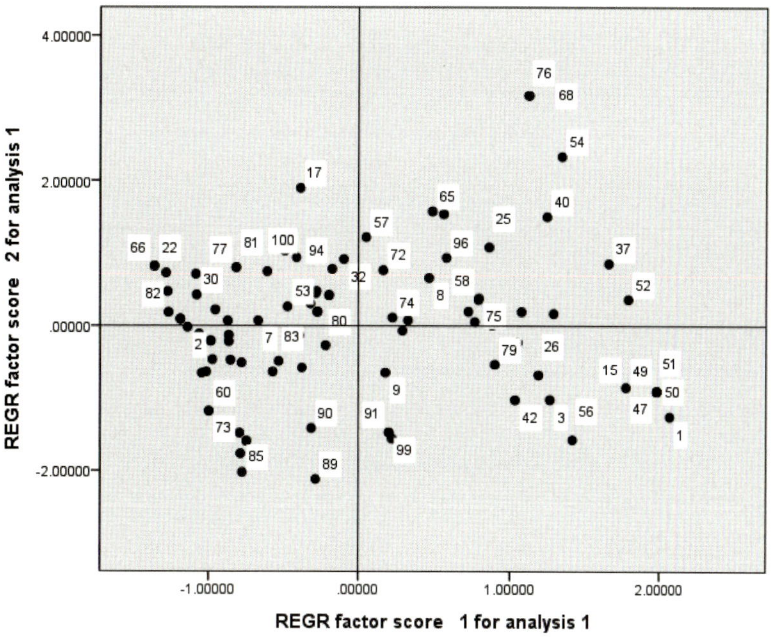

10.3 ㅣ 상관행렬에 의한 주성분분석

상관행렬에 의한 제1주성분과 제2주성분을 구해보자.

〈순서 1〉 요인추출 방법 선택

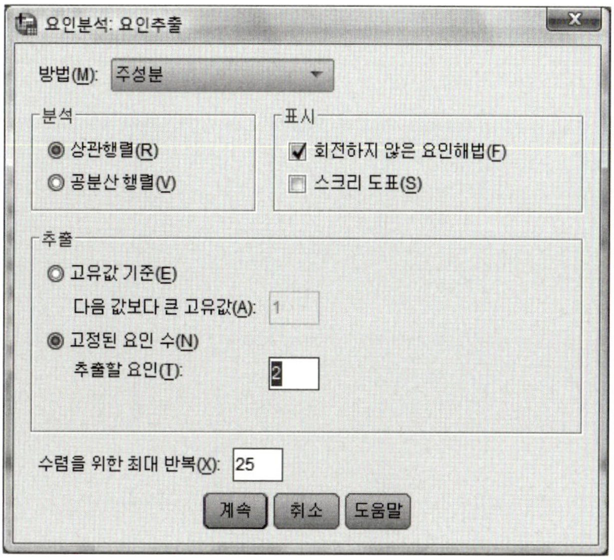

〈순서 2〉 요인회전에서 [적재량 도표] 선택

〈순서 3〉 요인점수 선택

〈순서 4〉 옵션에서 [크기순 정렬] 선택

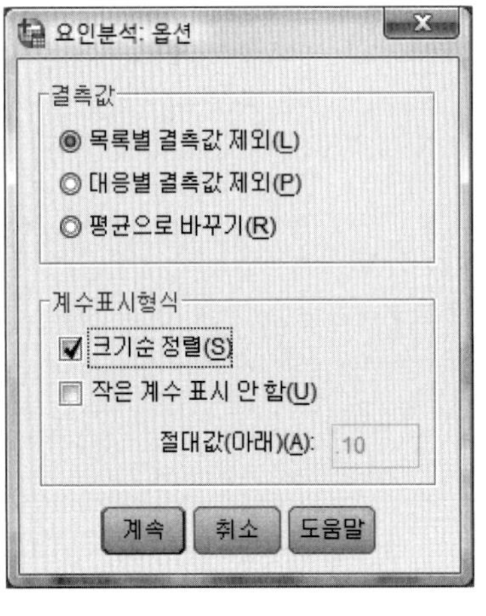

» 분석결과(1)

설명된 총분산

성분	초기 고유값			추출 제곱합 적재량		
	전체	% 분산	누적 %	전체	% 분산	누적 %
1	4.560	56.994	56.994	4.560	56.994	56.994
2	1.069	13.358	70.352	1.069	13.358	70.352
3	.947	11.833	82.185			
4	.644	8.053	90.238			
5	.322	4.023	94.261			
6	.189	2.368	96.629			
7	.151	1.890	98.518			
8	.119	1.482	100.000			

추출 방법: 주성분 분석.

성분행렬[a]

	성분	
	1	2
종신고용	.901	.236
귀속의식	.901	.262
기업규모	.881	.151
연공서열	.876	.258
자유재량	-.731	.545
노동시간	-.516	.282
급여수준	.485	.250
능력주의	-.597	.645

추출 방법: 주성분 분석.

a. 추출된 2 성분

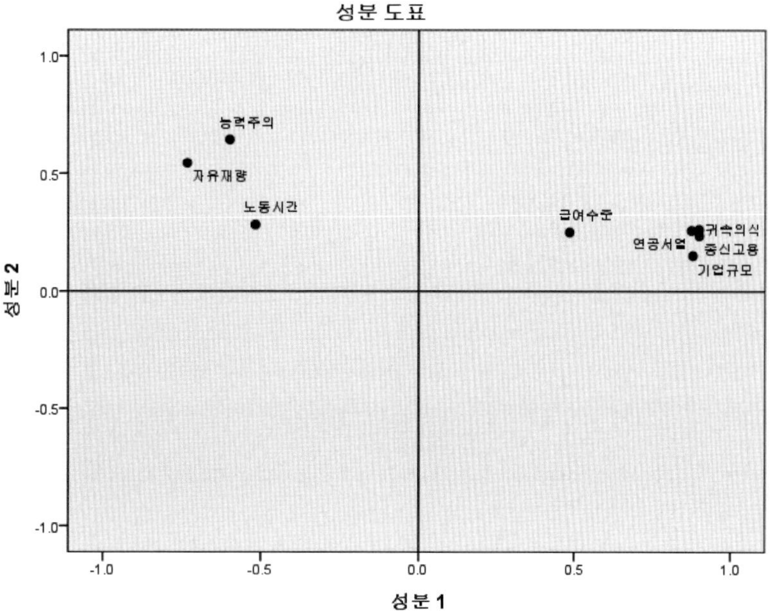

» 분석결과(2)

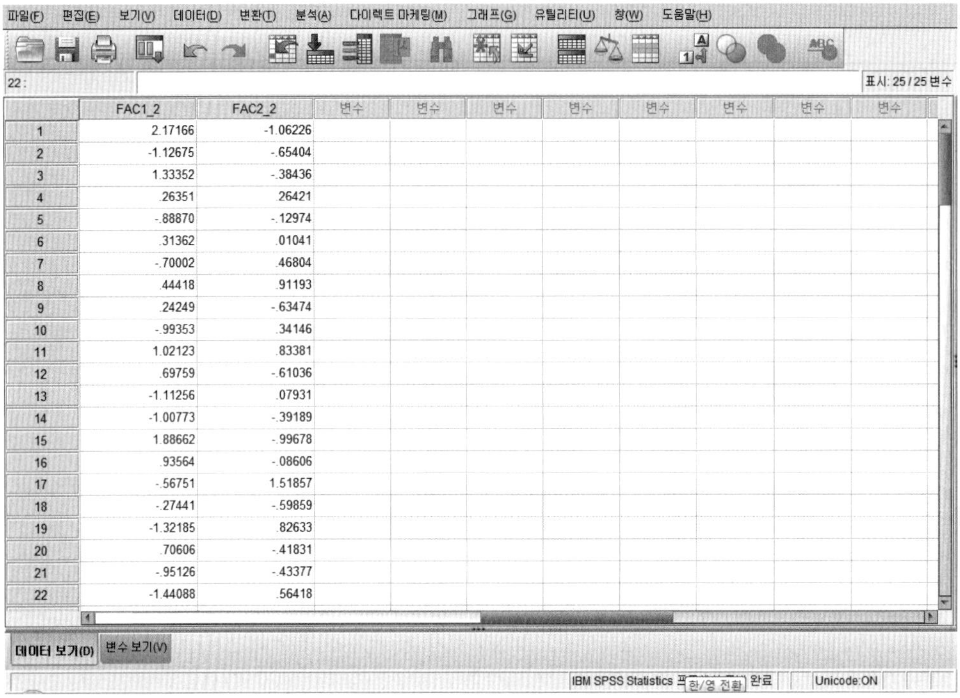

» 요인추출 방법 선택(2)

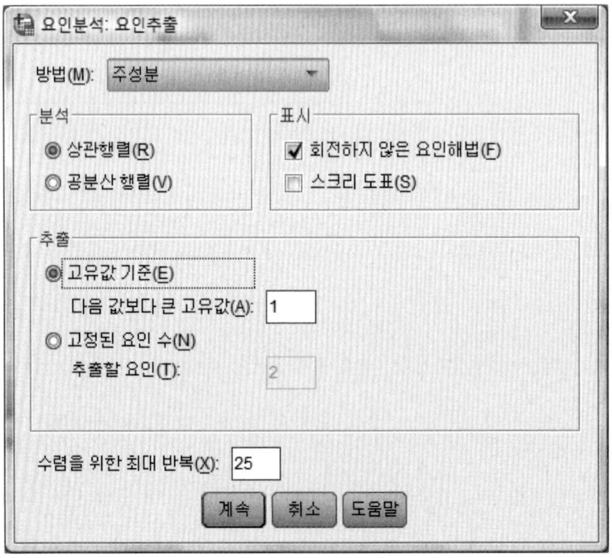

요인추출 방법 선택에서 [고유값 기준]을 '1'을 지정하여 추출할 수도 있다. 이 예제의 경우 분석결과는 [고정된 요인 수]를 '2'로 지정해서 분석한 결과와 같다.

CHAPTER

11

요인분석

CHAPTER 11 # 요인분석

11.1 | 공통요인 추출

앙케트 조사의 여덟 항목의 **공통요인**을 조사하려면 요인분석을 실시한다.

항목 2.2 귀하는 회사선택에 있어서 이하의 조건을 어느 정도 중시하십니까?

	중시하지 않는다	별로 중시하지 않는다	약간 중시 한다	중시 한다	
(1) 근속년수에 따라 확실히 연봉이 오를 것	1	2	3	4	(연공서열)
(2) 종신고용제도가 보증되어 있을 것	1	2	3	4	(종신고용)
(3) 노동시간이 짧을 것	1	2	3	4	(노동시간)
(4) 급여수준이 높을 것	1	2	3	4	(급여수준)
(5) 어느 정도의 규모 있는 기업일 것	1	2	3	4	(기업규모)
(6) 일의 계획이나 예정을 자신이 정할 것	1	2	3	4	(자유재량)
(7) 자신의 능력을 살릴 수 있을 것	1	2	3	4	(능력주의)
(8) 회사에 일체감을 느낄 것	1	2	3	4	(귀속의식)

요인분석을 실시하면 여덟 개의 질문항목은

공통요인1의 주요 항목은 {종신고용, 연공서열, 귀속의식, 기업규모} 등이 추출된다. 그렇다면 이들 세 항목을 중시하고자 하는 심층심리는 무엇인가?

공통요인2의 주요 항목은 {자유재량, 능력주의} 등이 추출된다. 이 두 항목을 중시하고자 하는 마음 속 깊은 곳이 있는 것은 무엇인가?

이와 같이 요인분석은 여덟 개의 질문항목의 공통요인을 추출해 준다.

요인분석(factor analysis)은 많은 변수로부터 몇 개의 공통요인을 추출하는 통계처리 수법이다. 요인분석은 많은 변수의 상호관련성을 소수의 기본적인 요인으로 집약하는 방법의 하나로 전체 변수에 공통적인 요인이 있다고 가정하고, 이 요인을 찾아내어 각 변수가 어느 정도 영향을 받고 있는지 그 정도를 산출하기도 하고 그 집단의 특성이 무엇인가를 기술하려는 통계수법이다.

» 요인분석의 용도

요인분석이 회귀분석이나 판별분석 등의 다른 다변량분석법과 다른 점은 설명변수와 목적변수가 지정되지 않고 변수들 간의 상호작용을 분석하는 데 있다. 요인분석은 주로 다음과 같은 경우에 사용된다.

1. 데이터의 양을 줄여 정보를 요약하는 경우
2. 변수들 내부에 존재하는 구조를 발견하고자 하는 경우
3. 요인으로 묶이지 않는 중요도가 낮은 변수를 제거하고자 하는 경우
4. 같은 개념을 측정하는 변수들이 동일한 요인으로 묶이는지를 확인(측정도구의 타당성 검정)하고자 하는 경우
5. 요인분석을 통하여 얻어진 요인들을 회귀분석이나 판별분석에서 설명변수로 활용하고자 하는 경우

» 요인의 회전

요인의 회전이란 요인의 축을 약간 회전시킴으로써 요인의 의미를 간파하기 쉽도록 하고자 하는 것이다. 예를 들면, 다음과 같은 이미지를 말한다.

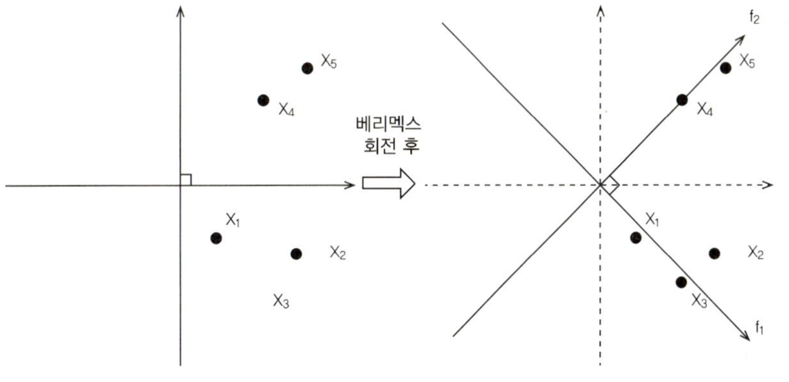

» 요인분석과 주성분분석의 차이

요인분석과 주성분분석의 차이는 어디에 있는가? 다음의 경로도형(path diagram)이 그 차이를 보이고 있다.

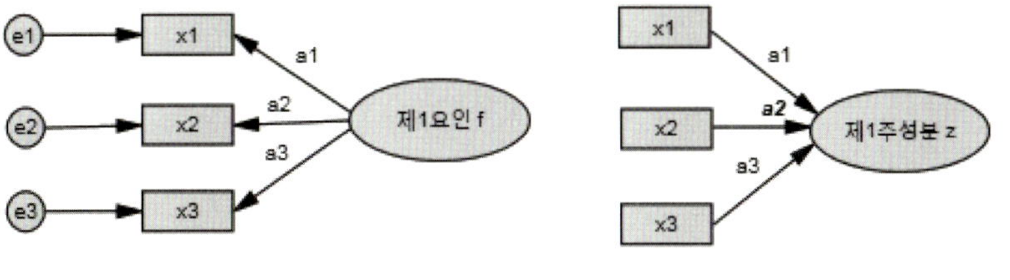

요인분석 　　　　 주성분분석

모형의 식으로 표현하면 각각 다음과 같다.
요인분석의 모형

$$x_1 = a_1 f + e_1$$
$$x_2 = a_2 f + e_2$$
$$x_3 = a_3 f + e_3$$

주성분분석의 모형

$$z = a_1 x_1 + a_2 x_2 + a_3 x_3$$

즉, 차이는 오차의 취급에 있다.
오차를 생각하는 것이 요인분석이고, 오차를 생각하지 않는 것이 주성분분석인 것이다.

그런데 여덟 개의 질문항목에는

{연공서열, 종신고용, 노동시간, 급여수준, 기업규모, 자유재량, 능력주의 귀속의식}

과 같이 각각 변수명이 붙어 있는데, 공통요인1, 공통요인2에는 아직 구체적인 이름이 붙어 있지 않다.
그래서 주요 질문항목의 공통점을 생각하면서

공통요인1 = 소속하는 것의 안심감
공통요인2 = 업무에 대한 의욕

과 같이 각각의 공통요인에 이름을 붙인다.
이 공통요인(common factor)을 단지 요인(factor)이라고 한다.
따라서

제1요인 = 소속하는 것의 안심감
제2요인 = 업무에 대한 의욕

이 된다.

11.2 | 요인분석의 실제

요인분석에서는

주축 요인추출법 ⇒ 베리멕스 회전
최대우도법 ⇒ 프로멕스 회전

을 자주 사용한다.

요인의 회전이란 요인의 축을 약간 회전시킴으로써 요인의 의미를 간파하기 쉽도록 하고자 하는 것이다. 베리멕스 회전은 직각회전(直角回轉)이고, 프로멕스 회전은 사각회전(斜角回轉)의 일종이다.

여기에서는 최대우도법을 사용해서 요인분석을 실시한다.

» SPSS의 순서

〈순서 1〉 데이터의 입력

여기에서도 <표 1.1>의 데이터를 입력한다.

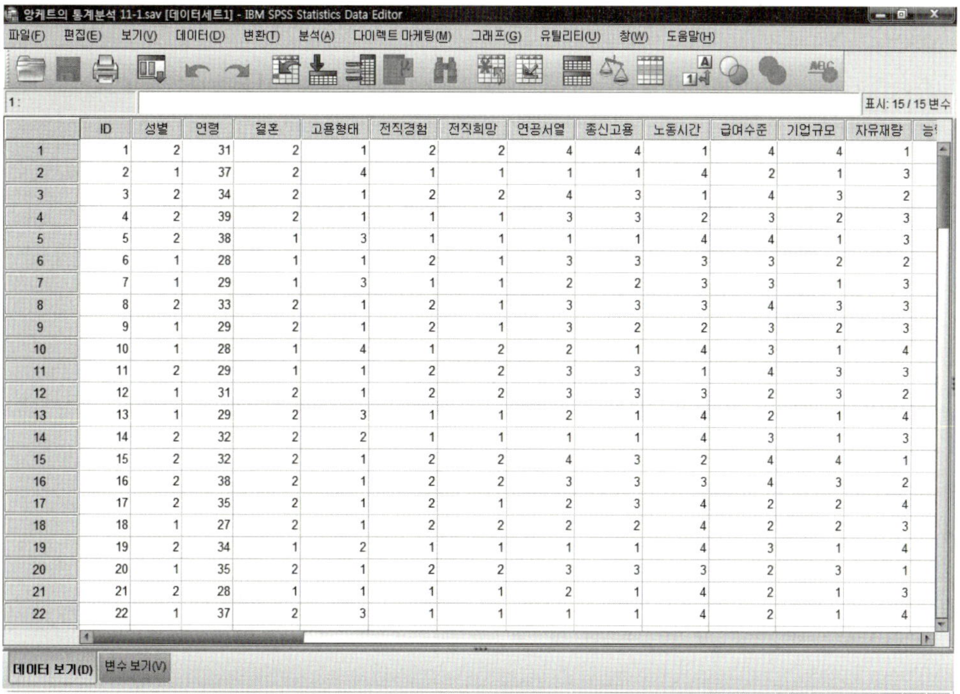

	ID	성별	연령	결혼	고용형태	전직경험	전직희망	연공서열	종신고용	노동시간	급여수준	기업규모	자유재량
1	1	2	31	2	1	2	2	4	4	1	4	4	1
2	2	1	37	2	4	1	1	1	1	4	2	1	3
3	3	2	34	2	1	2	2	4	3	1	4	3	2
4	4	2	39	2	1	1	1	3	3	2	3	2	3
5	5	2	38	1	3	1	1	1	1	4	4	1	3
6	6	1	28	1	1	2	1	3	3	3	3	2	2
7	7	1	29	1	3	1	1	2	2	3	3	1	3
8	8	2	33	2	1	2	1	3	3	3	4	3	3
9	9	1	29	2	1	2	1	3	2	2	3	2	3
10	10	1	28	1	4	1	2	2	1	4	3	1	4
11	11	2	29	1	1	2	2	3	3	1	4	3	3
12	12	1	31	2	1	2	2	3	3	3	2	3	2
13	13	1	29	2	3	1	1	2	1	4	2	1	4
14	14	2	32	2	2	1	1	1	1	4	3	1	3
15	15	2	32	2	1	2	2	4	3	2	4	4	1
16	16	2	38	2	1	2	2	3	3	3	4	3	2
17	17	2	35	2	1	2	1	2	3	4	2	2	4
18	18	1	27	2	1	2	2	2	2	4	2	2	3
19	19	2	34	1	2	1	1	1	1	4	3	1	4
20	20	1	35	2	1	2	2	3	3	3	2	3	1
21	21	2	28	1	1	1	1	2	1	4	2	1	3
22	22	1	37	2	3	1	1	1	1	4	2	1	4

〈순서 2〉 분석수법의 선택

메뉴에서 [분석]-[차원 축소]-[요인분석]을 선택한다.

〈순서 3〉 변수의 선택

연공서열에서 귀속의식까지의 여덟 개의 질문항목을 [변수]로 이동한다.

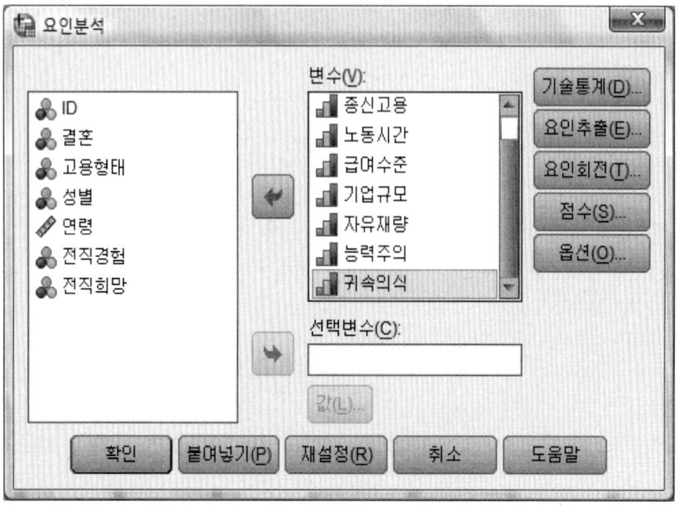

〈순서 4〉 요인추출의 선택

[요인추출]을 클릭하면, 다음 화면이 된다. [방법]에서 [최대우도]를 선택하고 [계속]을 클릭한다.

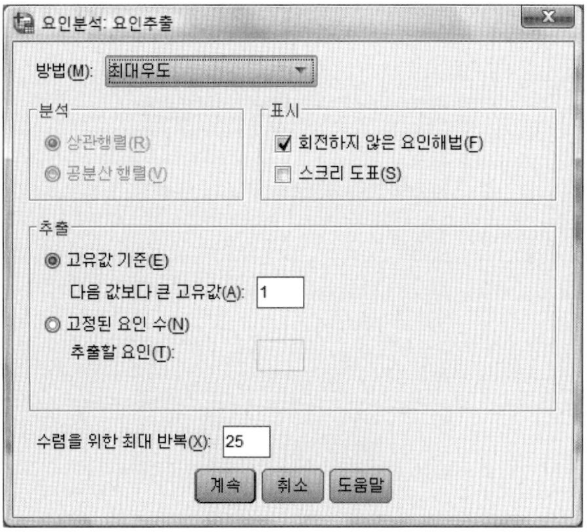

〈순서 5〉 [요인회전]을 클릭한다. [프로멕스]를 선택하고, [적재량 도표]에 체크한 다음에 [계속]을 클릭한다.

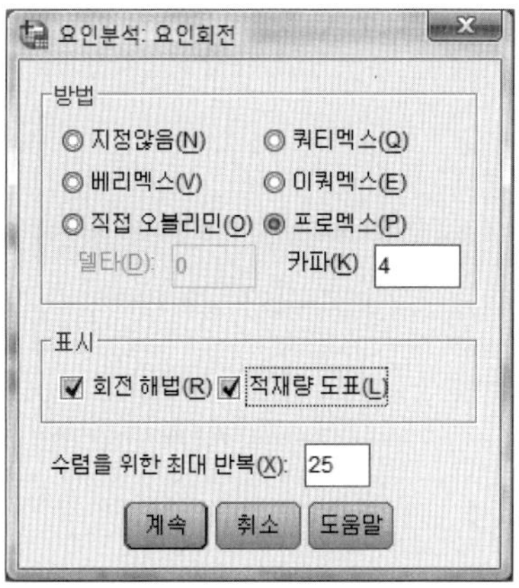

〈순서 6〉 [점수]를 클릭한다. 다음과 같이 체크하고 [계속]을 클릭한다.

〈순서 7〉 [옵션]을 클릭한다. 요인의 변수를 크기순으로 정렬하고 싶은 때는 [크기순 정렬]에 체크하고 [계속]을 클릭한다.

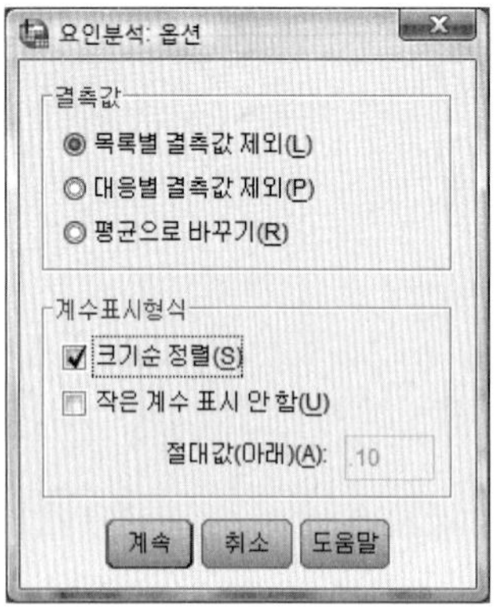

〈순서 8〉 [기술통계]를 클릭한다. [KMO와 Bartlett의 구형성 검정]에 체크하고 [계속]을 클릭한다.

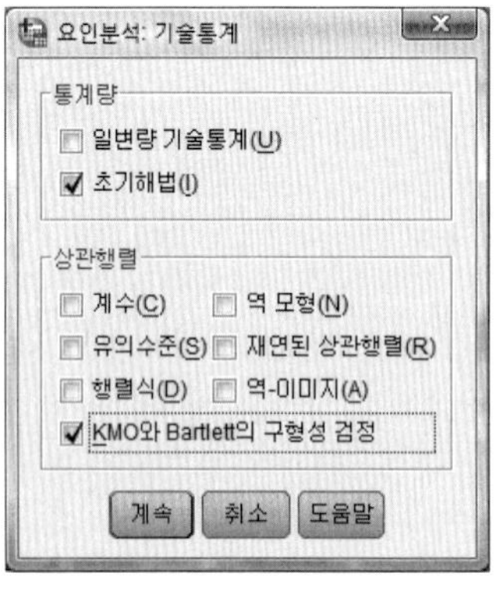

〈순서 9〉 다음 화면으로 되돌아오면 [확인]을 클릭한다.

» 분석결과(1)

KMO와 Bartlett의 검정

표본 적절성의 Kaiser-Meyer-Olkin 측도.		.838
Bartlett의 구형성 검정	근사 카이제곱	547.242
	자유도	28
	유의확률	.000

공통성[a]

	초기	추출
언공서열	.753	.793
종신고용	.831	.881
노동시간	.277	.226
급여수준	.248	.163
기업규모	.765	.776
자유재량	.630	.999
능력주의	.530	.465
귀속의식	.815	.850

추출 방법: 최대우도.

a. 반복계산 중 1보다 큰 하나 이상의 공통성 추정량이 나타났습니다. 결과해법은 주의하여 해석해야 합니다.

설명된 총분산

요인	초기 고유값			추출 제곱합 적재량			회전 제곱합 적재량[a]
	전체	% 분산	누적 %	전체	% 분산	누적 %	전체
1	4.560	56.994	56.994	2.837	35.458	35.458	4.073
2	1.069	13.358	70.352	2.315	28.940	64.399	2.895
3	.947	11.833	82.185				
4	.644	8.053	90.238				
5	.322	4.023	94.261				
6	.189	2.368	96.629				
7	.151	1.890	98.518				
8	.119	1.482	100.000				

추출 방법: 최대우도.

a. 요인이 상관된 경우 전체 분산을 구할 때 제곱합 적재량이 추가될 수 없습니다.

» 분석결과(1)의 해석방법

KMO의 타당성 값이 0.5 미만일 때는

"요인분석을 실시하는 타당성이 없다"

라고 생각되어진다.

이 데이터의 경우 0.838이므로 요인분석을 실시하는 데에 타당성이 있다.

Bartlett의 구형성 검정의 가설은

귀무가설 H_0 : 상관행렬은 단위행렬이다

대립가설 H_1 : 상관행렬은 단위행렬이 아니다

이다.

유의확률 0.000 ≤ 유의수준 0.05

이므로, 귀무가설 H_0는 기각된다.

다시 말하면, 질문항목 사이에 상관이 있으므로, 공통요인을 생각하는 데에 의미가 있다.

공통성은 그 질문항목이 갖고 있는 정보량을 가리킨다.

설명된 총분산은 고유값 기준 1 이상의 추출된 요인의 % 분산, 누적 % 등을 보여준다. 제2요인까지의 누적 %는 70.352%이다.

» 분석결과(2)

요인행렬[a]

	요인	
	1	2
자유재량	-.999	.010
능력주의	-.681	-.039
노동시간	-.456	-.134
종신고용	.557	.756
연공서열	.483	.748
귀속의식	.549	.741
기업규모	.514	.715
급여수준	.240	.325

추출 방법: 최대우도.

a. 추출된 2 요인 5의 반복계산이 요구됩니다.

패턴 행렬[a]

	요인	
	1	2
종신고용	.913	-.043
연공서열	.905	.026
귀속의식	.895	-.045
기업규모	.865	-.028
급여수준	.393	-.019
자유재량	.033	1.018
능력주의	-.034	.662
노동시간	-.154	.369

추출 방법: 최대우도.
회전 방법: Kaiser 정규화가 있는 프로멕스.

a. 3 반복계산에서 요인회전이 수렴되었습니다.

패턴 행렬은 프로멕스 회전 후의 요인부하량이다. 이 값의 대소나 플러스・마이너스를 보면서 공통요인을 찾아 이름을 붙인다.

요인부하량이 큰 변수는 다음과 같이 되어 있다.

제1요인 … {종신고용, 연공서열, 귀속의식, 기업규모}

제2요인 … {자유재량, 능력주의}

» 분석결과(3)

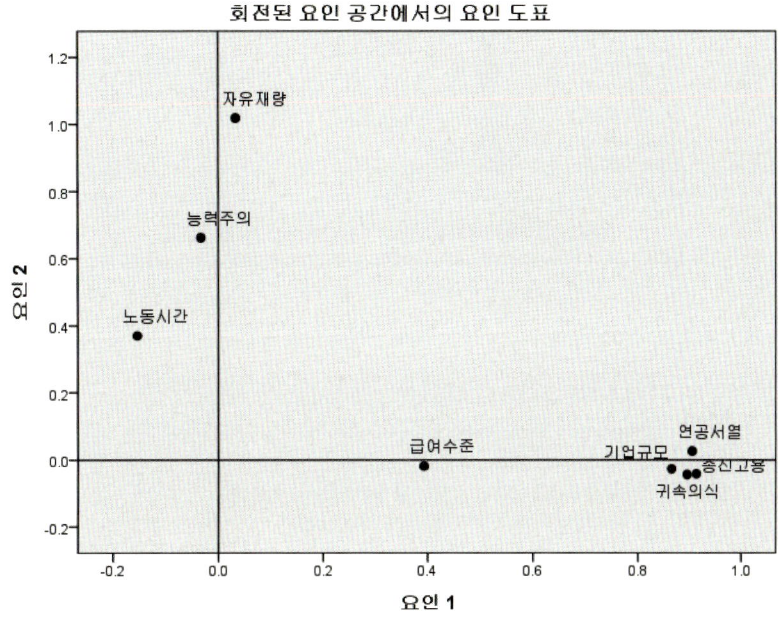

회전된 요인 공간에서의 요인 도표를 보여 주고 있다. 제1요인과 제2요인을 구성하는 질문항목을 잘 나타내고 있다.

11.3 | 주축요인추출에 의한 요인분석

요인추출 방법의 주축요인추출을 사용해서 제1요인, 제2요인을 구해보자.

분석할 질문항목은 다음의 다섯 가지로 한다.

{연공서열, 종신고용, 자유재량, 능력주의, 기업규모}

> **주의**
>
> 요인분석에서는
>
> 주축 요인추출법 ⇒ 베리멕스 회전
> 최대우도법 ⇒ 프로멕스 회전
>
> 을 자주 사용한다.

〈순서 1〉 변수의 선택

〈순서 2〉 요인추출의 선택

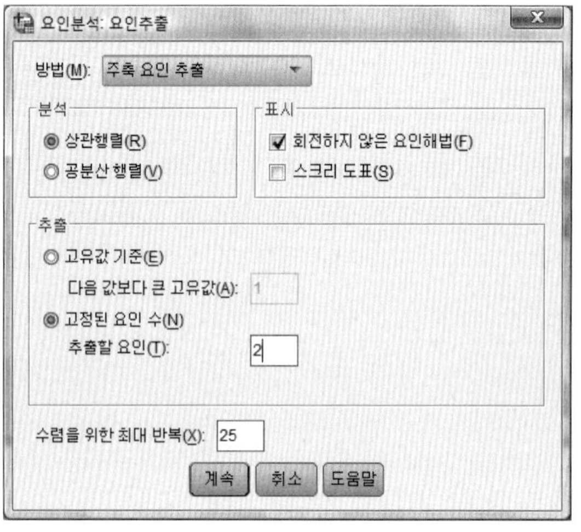

〈순서 3〉 요인회전의 선택

〈순서 4〉 요인점수의 선택

〈순서 5〉 옵션의 선택

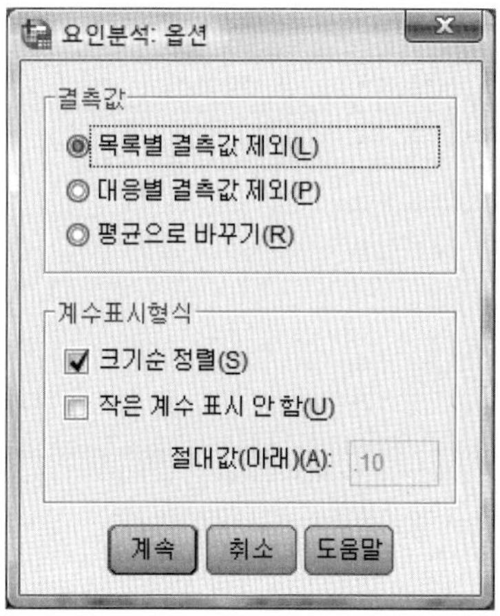

» 분석결과

KMO와 Bartlett의 검정

표본 적절성의 Kaiser-Meyer-Olkin 측도.		.764
Bartlett의 구형성 검정	근사 카이제곱	342.514
	자유도	10
	유의확률	.000

공통성

	초기	추출
언공서열	.729	.795
종신고용	.786	.871
자유재량	.565	.666
능력주의	.509	.718
기업규모	.750	.800

추출 방법: 주축요인추출.

설명된 총분산

요인	초기 고유값			추출 제곱합 적재량			회전 제곱합 적재량		
	전체	% 분산	누적 %	전체	% 분산	누적 %	전체	% 분산	누적 %
1	3.394	67.882	67.882	3.178	63.553	63.553	2.374	47.472	47.472
2	.938	18.760	86.642	.673	13.463	77.015	1.477	29.543	77.015
3	.335	6.695	93.337						
4	.194	3.890	97.226						
5	.139	2.774	100.000						

추출 방법: 주축요인추출.

회전된 요인행렬[a]

	요인	
	1	2
종신고용	.892	-.276
연공서열	.853	-.260
기업규모	.830	-.333
능력주의	-.205	.822
자유재량	-.347	.739

추출 방법: 주축 요인추출.
회전 방법: Kaiser 정규화가 있는 베리멕스.

a. 3 반복계산에서 요인회전이 수렴되었습니다.

회전된 요인 공간에서의 요인 도표

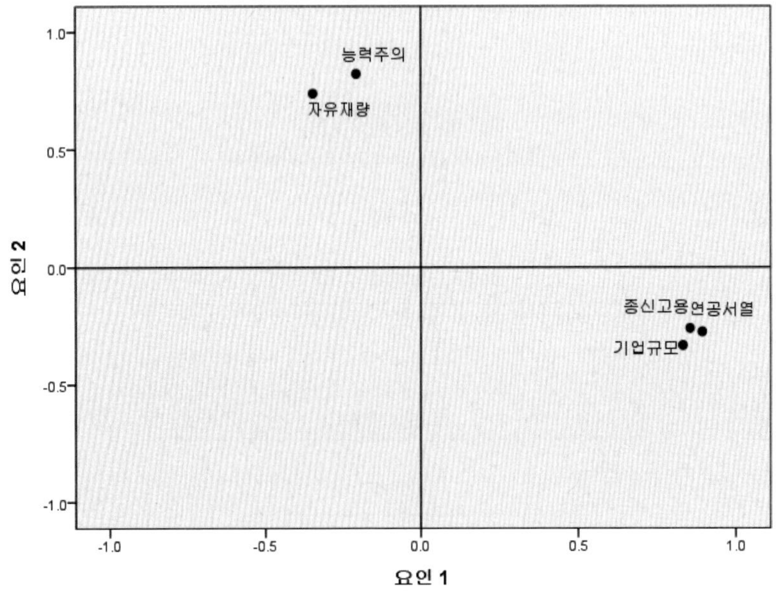

요인부하량이 큰 변수는 다음과 같이 되어 있다.

제1요인 … {종신고용, 연공서열, 기업규모}

제2요인 … {자유재량, 능력주의}

CHAPTER

12

대응분석

CHAPTER 12 **대응분석**

12.1 | 항목 간의 대응관계

앙케트 조사의 항목 '고용형태'와 '자유재량' 사이에는 어떠한 대응이 있는 것일까? 즉, 이 두 개의 질문항목에 대한 카테고리의 대응은 어떠한 관계일까?

항목 1.4 귀하의 고용형태는 다음 중 어느 것입니까? (고용형태)

1. 정식사원 2. 계약사원 3. 파견사원
4. 파트타이머 5. 프리터

항목 2.2 귀하는 회사선택에 있어서 이하의 조건을 어느 정도 중시하십니까?

	중시하지 않는다	별로 중시하지 않는다	약간 중시 한다	중시 한다	
(6) 일의 계획이나 예정을 자신이 정할 것	1	2	3	4	(자유재량)

이와 같은 때는 **대응분석**(correspondence analysis)을 실시한다.

대응분석을 실시하면

"고용형태가 파견사원이나 프리터인 사람은 자유재량을 중시하고 있다"

라든가

"고용형태가 파트타이머인 사람은 자유재량을 중시하고 있지 않다"

라고 하는 식의

고용형태의 다섯 가지 카테고리 {정식사원, 계약사원, 파견사원, 파트타이머, 프리터}와 자유재량의 네 가지 카테고리 {중시하지 않는다, 별로 중시하지 않는다, 약간 중시한다, 중시한다}의 카테고리 사이의 대응을 조사할 수 있다.

» 대응분석의 개요

질적 데이터 혹은 비계량 데이터에 대한 분석법은 많은 연구자들이 서로 다른 영역에서 각각 독자적인 이름 아래 독립적으로 발전시켜 왔다고 하는 흥미 있는 역사적 배경을 가지고 있다. 1960년대부터 프랑스의 Benzécri 및 그 제자들에 의해서 개발되어 대성공을 거둔 대응분석(correspondence analysis)을 북미지역에 소개하고자 했을 때, 이미 미국에서는 최적화 척도법(optimal scaling)이란 이름으로 다수의 연구가 이루어져 있어 전혀 새로운 것이 아니었다. 또한 캐나다에서는 쌍대척도법(dual scaling)이란 이름으로 여러 분야에 응용되고 있으며, 일본에서는 하야시(林知己夫)에 의한 수량화이론(quantification theory) 중 특히 수량화 제Ⅲ류, 네덜란드에서는 동질성분석(homogeneity analysis) 등 각 나라마다 다른 이름 아래 서로 다른 언어로써 독립적으로 발전해 왔다. 1970년대 후반에 접어들어 국제적인 교류가 이루어져, 이에 관한 각국의 제반 기법들은 외견상은 다르지만 결국은 같은 기법이란 것이 Tenenhaus and Young의 공동연구에서 밝혀졌다[1]. 즉, 이들 기법은 모두 고유방정식을 푸는 문제로 귀착하게 된다는 것이다.

Tenenhaus and Young(1985)은 이와 같은 기법들이 불어문헌에는 매우 널리 보급되어 있고 수준 높게 발전되어 응용되고 있는데 반하여, 영어문헌에는 아직 덜 보급되어 있으나 상당한 관심을 갖고 연구되고 있다고 언급하고 있다. 뿐만 아니라 이들 기법은 서로 다른 이름과 근본적인 원리 하에서 외견상으로는 독립적인 몇 가지 그 이전의 연구에 기원을 두고 있다고 지적하고 있다.

대응분석(correspondence analysis)은 앙케트의 질문에 대한 회답의 패턴에 주목하여, 패턴이 비슷한 회답자(개인 또는 집단)와 비슷하지 않은 회답자를 분류하기 위한 기법이다. 이 기법은 질문항목끼리의 관계도 동시에 분석할 수 있다.

대응분석은 분할표의 행과 열의 정보를 2차원 또는 3차원상의 그림에 표현하는 것을 목적의 하나로 한 수법으로 분할표의 상세한 분석에 적합하다. 또한 대응분석은 분할표 뿐만 아니라 복수선택형식의 질문에서 얻어진 데이터표의 분석에도 적용이 가능하므로, 선택지의 분류나 회답자의 분류에 활용할 수 있다. 더욱이 대응분석을 확장한 다중대응분석은 질문항목과 회답결과를 회답자마다 일람한 표의 분석에 적용할 수 있다. 이러한 사실로부터 대응분석은 앙케트 조사의 데이터 분석에서 매우 유효한 수법이라고 생각할 수 있다. 덧붙여서 말하면 대응분석은 대응일치분석 혹은 응답분석이라고 하는 명칭으로도 불리고 있다.

힌트 : 대응분석

쌍대척도법, 최적화 척도법, 대응분석, 동질성분석, 수량화이론 Ⅲ류 등은 이름은 다르지만 같은 내용의 수법으로 알려져 잇다. 요컨대, 범주형 데이터에 의한 주성분분석의 일종이라고 할 수 있다.

1 Tenenhaus, M., & Young, F. W., "An analysis and synthesis of multiple correspondence analysis, optimal scaling, dual scaling, homogeneity analysis and other methods for quantifying categorical multivariate data," Psychometrika, 1985, 50, No. 1, pp. 91-119.

12.2 | 대응분석의 실제

고용형태의 다섯 가지 카테고리 {정식사원, 계약사원, 파견사원, 파트타이머, 프리터}와 자유재량의 네 가지 카테고리 {중시하지 않는다, 별로 중시하지 않는다, 약간 중시한다, 중시한다}의 카테고리 사이의 대응을 조사해 보자.

» SPSS의 순서

〈순서 1〉 데이터의 입력

〈순서 2〉 분석수법의 선택

메뉴에서 [분석]-[차원 축소]-[대응일치분석]을 선택한다.

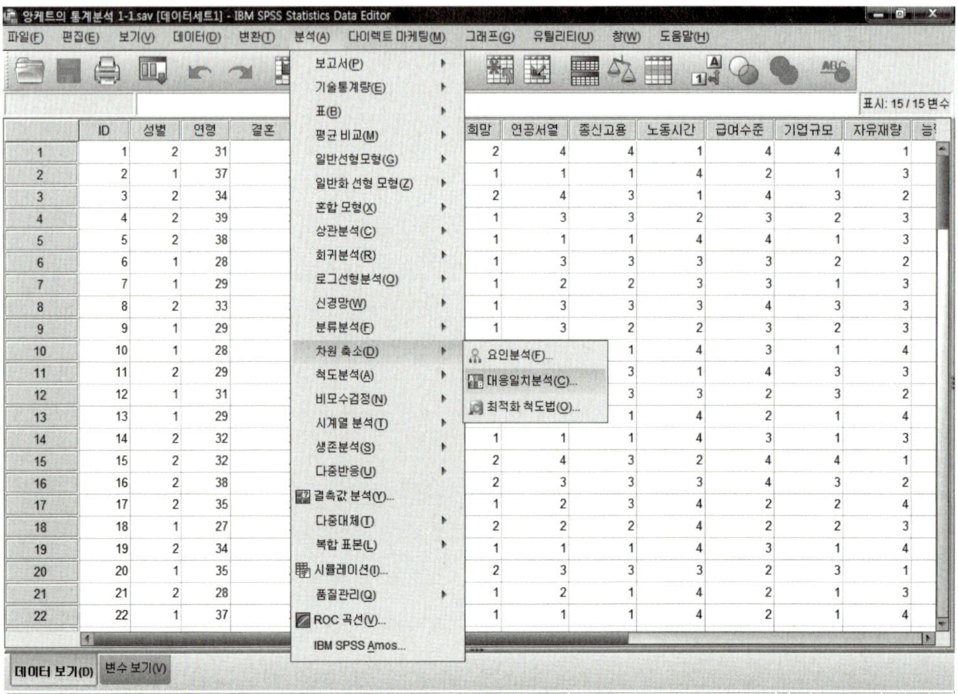

〈순서 3〉 변수의 선택

① 고용형태를 [행]으로 이동한다.

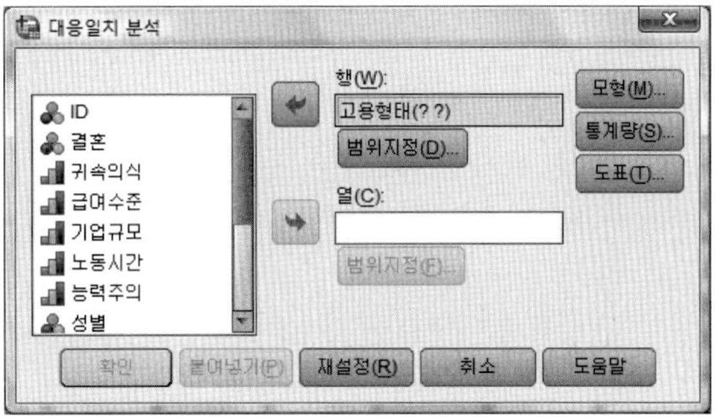

② [범위지정]을 클릭하고 [최소값]에 '1', [최대값]에 '5', 그리고 [업데이트]를 클릭한다. [계속]을 클릭한다.

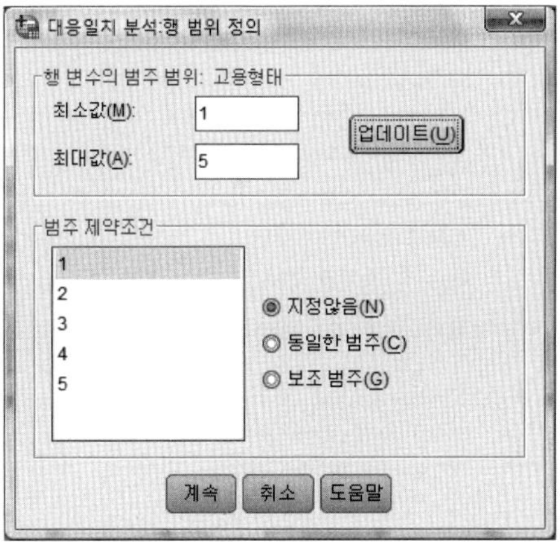

③ 자유재량을 [열]에 이동한다.

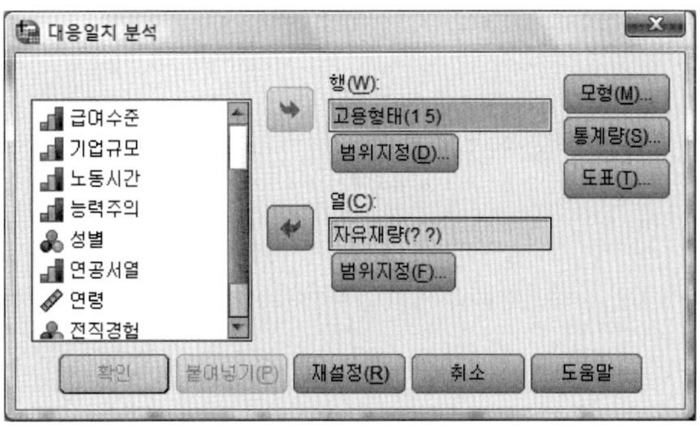

④ [범위지정]을 클릭하고 [최소값]에 '1', [최대값]에 '4', 그리고 [업데이트]를 클릭한다. [계속]을 클릭한다.

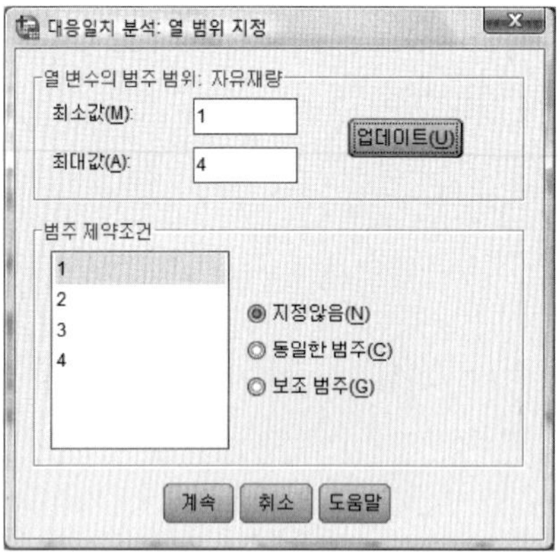

〈순서 4〉 도표의 선택

[도표]를 클릭하고, [Bi-플롯]에 체크되어 있음을 확인한다. 그리고 [계속]을 클릭한다.

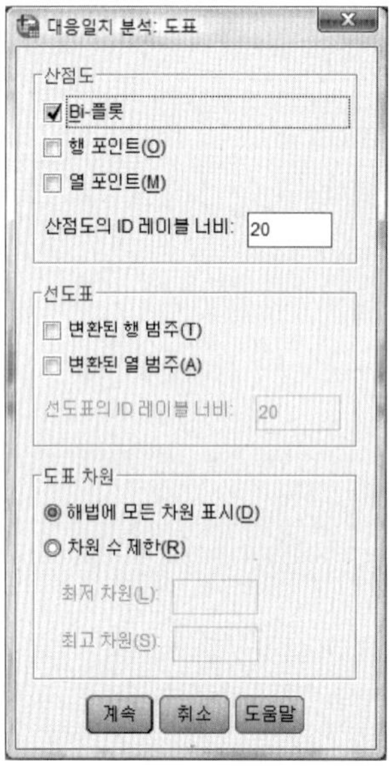

〈순서 5〉 다음 화면으로 되돌아오면 [확인]을 클릭한다.

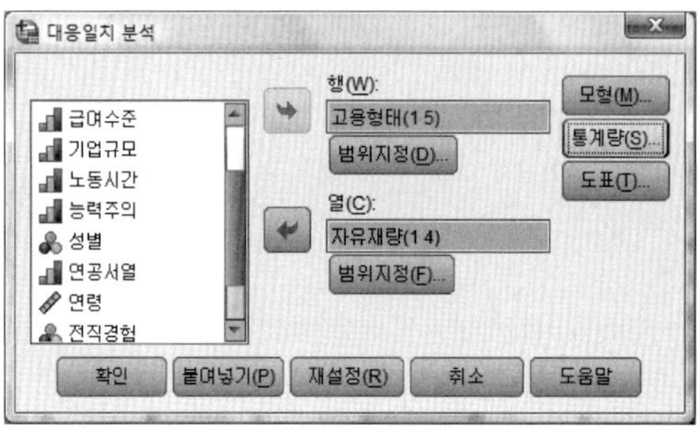

» 분석결과

대응일치표

고용형태	자유재량				
	중시하지 않는다	별로 중시하지 않는다	약간 중시한다	중시한다	주변 합
정식사원	15	11	24	13	63
계약사원	0	3	3	2	8
파견사원	0	0	9	3	12
파트타이머	0	4	4	4	12
프리터	0	0	2	3	5
주변 합	15	18	42	25	100

요약

차원	비정칙값	요약 관성	카이제곱	유의확률	관성비율		신뢰 비정칙값	
								상관관계
					설명됨	누적	표준편차	2
1	.334	.112			.508	.508	.053	-.267
2	.286	.082			.371	.879	.092	
3	.163	.027			.121	1.000		
전체		.220	21.999	.038[a]	1.000	1.000		

a. 자유도 12

행 포인트 및 열 포인트

대칭적 정규화

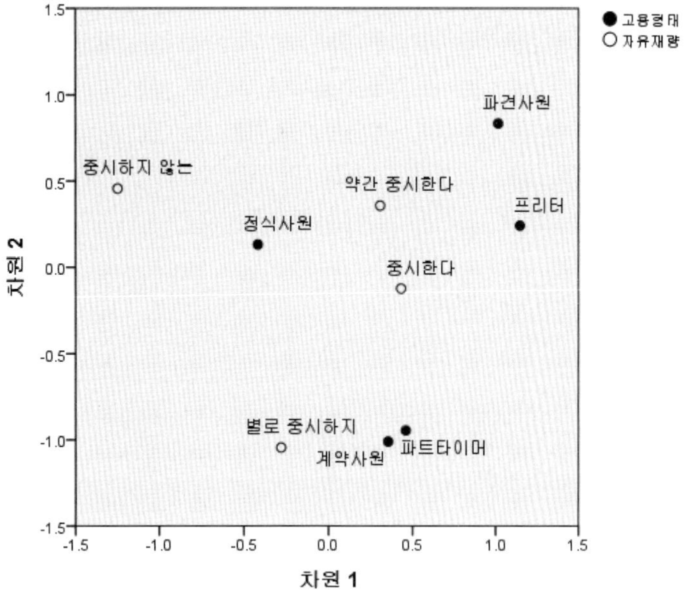

행 포인트 및 열 포인트 도표를 보면 파트타이머나 계약사원은 자유재량을 별로 중시하지 않는 것 같이 보인다. 중시하는 것은 아무래도 정식사원 쪽이다.

» 고용형태와 능력주의의 대응

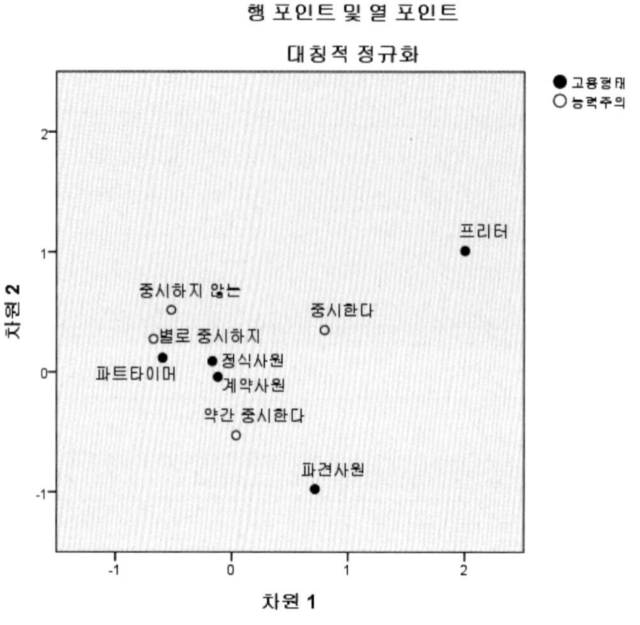

이 도표로부터 고용형태의 다섯 가지 카테고리와 능력주의의 네 가지 카테고리의 관계를 간파할 수 있다.

» 고용형태와 노동시간의 대응

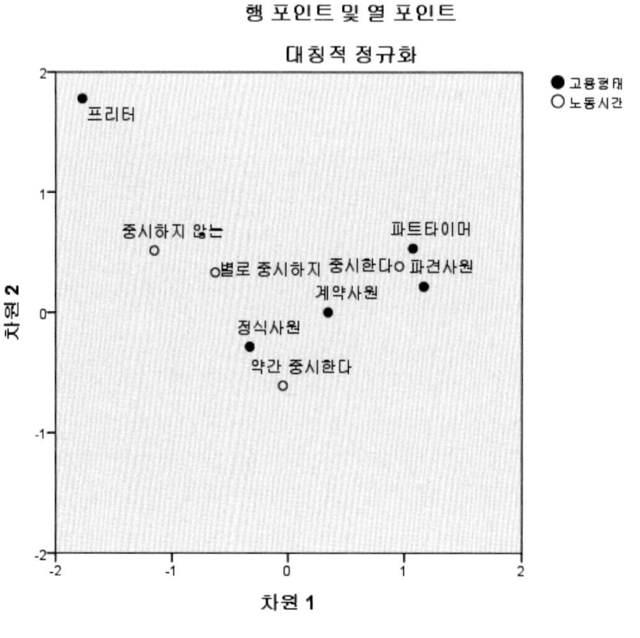

» 고용형태와 급여수준의 대응

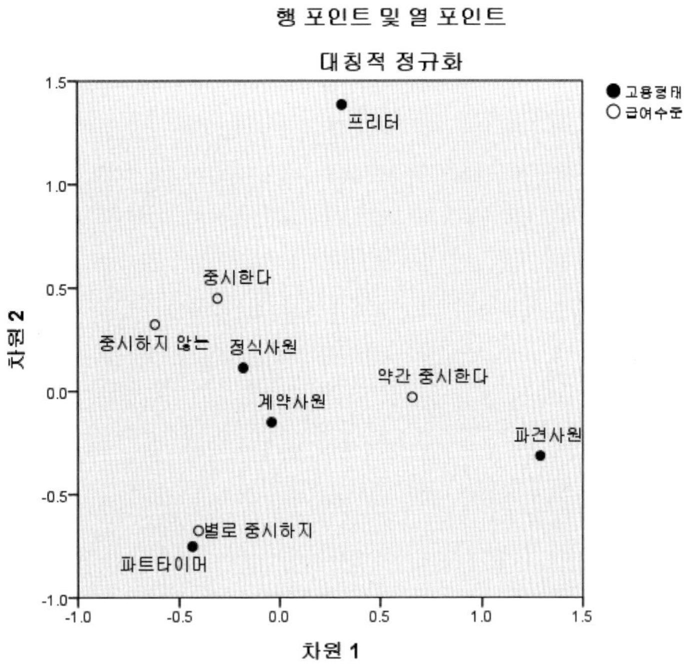

» 고용형태와 귀속의식의 대응

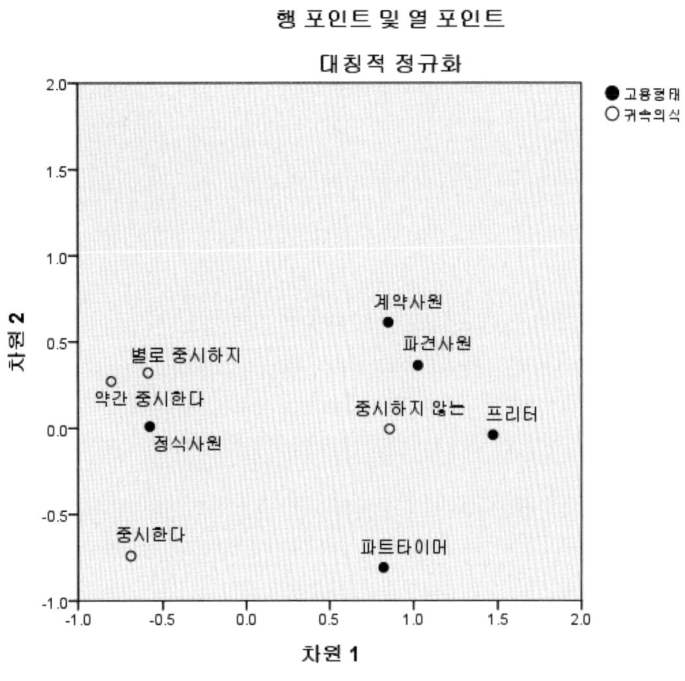

» 고용형태와 종신고용의 대응

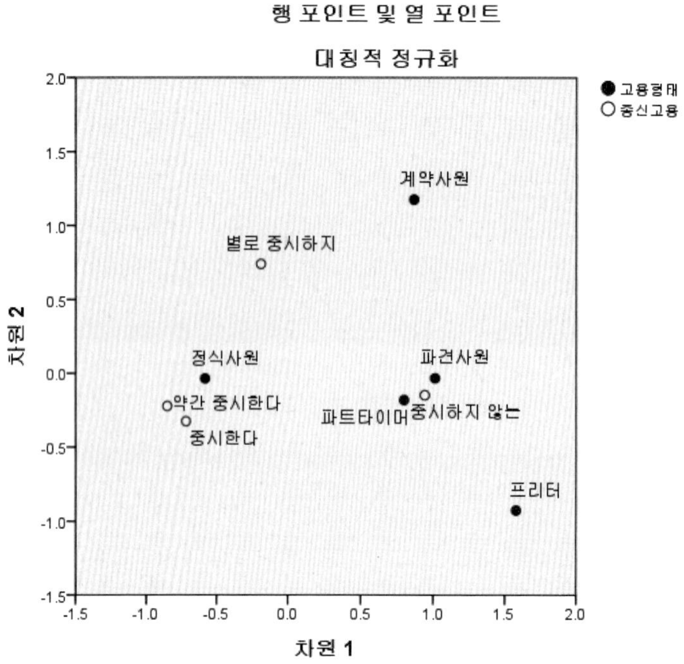

CHAPTER

13

군집분석

CHAPTER 13

군집분석

13.1 | 분류 및 유사성

앙케트 조사의 항목 2.2의 여덟 가지 질문항목을 이용해서 조사회답자를 몇 개의 그룹으로 분류하고 싶다거나, 여덟 가지 질문항목의 유사성(類似性)을 보고 싶다면 군집분석을 실시한다.

군집분석(cluster analysis)은 데이터 사이의 유사성을 정의하고, 그 유사성이 가까운 것부터 차례로 한데 모아가는 방법이다. 유사성의 정의에는 거리나 상관계수 등 여러 가지가 알려져 있다. 군집분석에는 차례차례 한데 모아간다고 하는 계층적 수법 외에 요인분석 등으로 미리 군집을 예상해서 한데 모으는 비계층적 수법도 있다.

군집분석의 사용방법으로서는 다음과 같은 방법이 있다.

(1) 방법 1

여덟 개의 질문항목을 변수로 해서 군집분석을 실시하면 100명의 조사회답자를 비슷한 사람끼리의 그룹으로 분류할 수 있다.

(2) 방법 2

100명의 조사회답자를 변수로 생각해서 군집분석을 실시하면 여덟 개의 질문항목을 공통점이 있는 몇 개의 그룹으로 분류할 수 있다.

(3) 방법 3

주성분분석에서 구한 제1주성분 점수와 제2주성분 점수를 이용해서 산점도로 네 개의 군집으로 분류한다.

13.2 | 질문항목을 변수로 한 군집분석

여덟 개의 질문항목 {연공서열 종신고용 노동시간 급여수준 기업규모 자유재량 능력주의 귀속의식}을 변수로 해서 군집분석을 실시한다.

그러면 "100명의 조사회답자를 비슷한 사람끼리 그룹으로 분류"할 수 있다.

» 질문항목을 변수로 하는 경우

〈순서 1〉 데이터의 입력

<표 1.1>의 데이터를 입력한다.

	ID	성별	연령	결혼	고용형태	전직경험	전직희망	연공서열	종신고용	노동시간	급여수준	기업규모	자유재량
1	1	2	31	2	1	2	2	4	4	1	4	4	1
2	2	1	37	2	4	1	1	1	1	4	2	1	3
3	3	2	34	2	1	2	2	4	3	1	4	3	2
4	4	2	39	2	1	1	1	3	3	2	3	2	3
5	5	2	38	1	3	1	1	1	1	4	4	1	3
6	6	1	28	1	1	2	1	3	3	3	3	2	2
7	7	1	29	1	3	1	1	2	2	3	3	1	3
8	8	2	33	2	1	2	1	3	3	3	4	3	3
9	9	1	29	2	1	2	1	3	2	2	3	2	3
10	10	1	28	1	4	1	2	2	1	4	3	1	4

〈순서 2〉 분석수법의 선택

메뉴에서 [분석]-[분류분석]-[K-평균 군집]을 선택한다.

(주) 데이터 수가 적을 때는 [계층적 군집(H)]을 선택한다.

〈순서 3〉 변수의 선택

[K-평균 군집분석] 대화상자가 나타나면, '연공서열', '종신고용', '노동시간', '급여수준', '기업규모', '자유재량', '능력주의', '귀속의식'을 [변수]로 이동한다. [군집 수]에 '4'를 입력한다. [방법]으로서는 [반복계산 및 분류하기]를 선택한 상태로 유지한다.

(주) [군집 수]에는 분류하고 싶은 그룹의 개수를 입력한다.

〈순서 4〉 저장의 선택

[저장]을 클릭하여 다음 화면이 나타나면, [소속군집]을 체크하고 [계속]을 클릭한다.

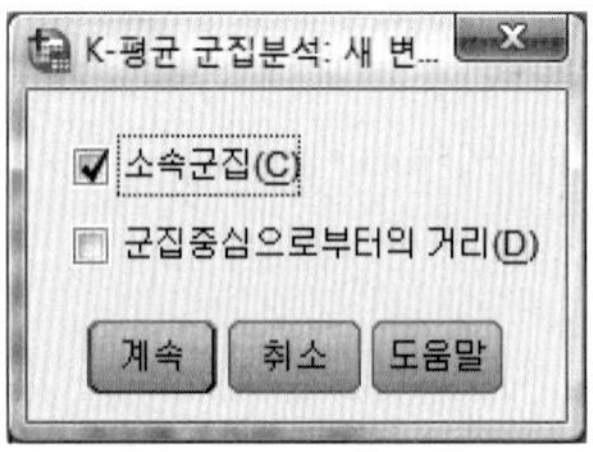

〈순서 5〉 다음 화면으로 되돌아오면 [확인]을 클릭한다.

» 분석결과(1)

군집중심초기값

	군집			
	1	2	3	4
연공서열	4	1	4	2
종신고용	4	1	4	4
노동시간	1	2	4	3
급여수준	4	4	4	1
기업규모	4	1	4	2
자유재량	1	4	4	1
능력주의	1	4	4	4
귀속의식	4	1	4	2

반복계산과정[a]

	군집중심의 변화량			
반복	1	2	3	4
1	1.543	1.987	1.847	2.612
2	.193	.215	.230	.350
3	.000	.084	.000	.148
4	.000	.000	.000	.000

a. 군집 중심값의 변화가 없거나 작아 수렴이 일어났습니다. 모든 중심에 대한 최대 절대 좌표 변경은 .000입니다. 현재 반복계산은 4입니다. 초기 중심 간의 최소 거리는 5.196입니다.

최종 군집중심

	군집			
	1	2	3	4
연공서열	4	1	3	2
종신고용	4	1	3	2
노동시간	2	3	3	3
급여수준	4	3	4	2
기업규모	4	1	3	2
자유재량	1	3	3	2
능력주의	2	3	3	3
귀속의식	4	1	3	2

» 분석결과(2)

각 군집의 케이스 수

군집	1	19.000
	2	46.000
	3	11.000
	4	24.000
유효		100.000
결측		.000

이 표는 네 개의 군집에 속하는 조사회답자의 사람 수이다.

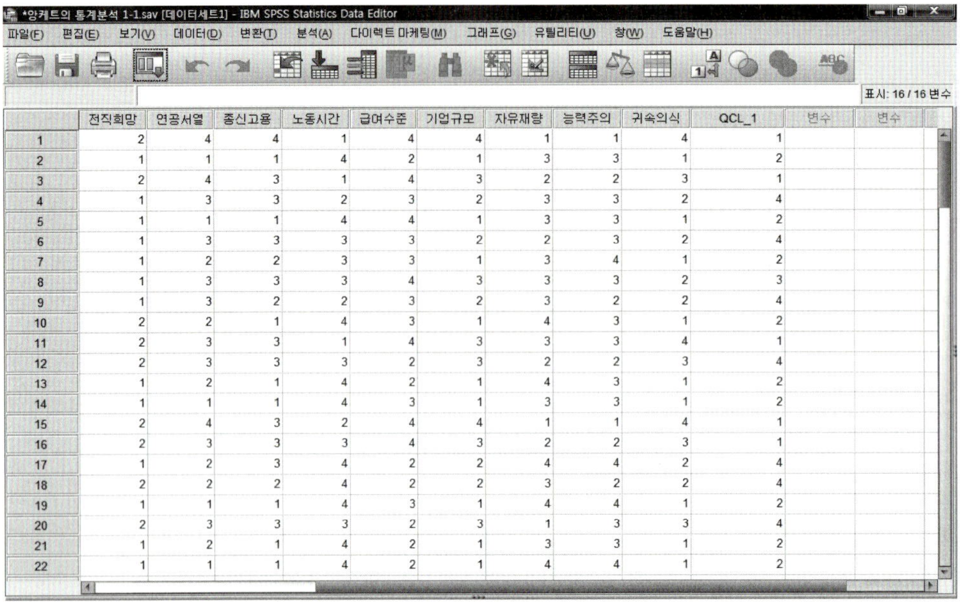

	전직희망	연공서열	종신고용	노동시간	급여수준	기업규모	자유재량	능력주의	귀속의식	QCL_1
1	2	4	4	1	4	4	1	1	4	1
2	1	1	1	4	2	1	3	3	1	2
3	2	4	3	1	4	3	2	2	3	1
4	1	3	3	2	3	2	3	3	2	4
5	1	1	1	4	4	1	3	3	1	2
6	1	3	3	3	3	2	2	3	2	4
7	1	2	2	3	3	1	3	4	1	2
8	1	3	3	3	4	3	3	3	2	3
9	1	3	2	2	3	2	3	2	2	4
10	2	2	1	4	3	1	4	3	1	2
11	2	3	3	1	4	3	3	3	4	1
12	2	3	3	3	2	3	2	2	3	4
13	1	2	1	4	2	1	4	3	1	2
14	1	1	1	4	3	1	3	3	1	2
15	2	4	3	2	4	4	1	1	4	1
16	2	3	3	3	4	3	2	2	3	1
17	1	2	3	4	2	2	4	4	2	4
18	2	2	2	4	2	2	3	2	2	4
19	1	1	1	4	3	1	4	4	1	2
20	2	3	3	3	2	3	1	3	3	4
21	1	2	1	4	2	1	3	3	1	2
22	1	1	1	4	2	1	4	4	1	2

QCL_1을 보면 각각의 조사회답자가 어느 군집에 속해 있는지 잘 알 수 있다. 조사회답자를 비슷한 사람끼리 군집으로 분류한 것이다.

13.3 | 조사회답자를 변수로 한 군집분석

100명의 조사회답자를 변수로 해서 군집분석을 실시해 보자.

그러면 "여덟 개의 질문항목을 몇 개의 그룹으로 분류"할 수 있다. 케이스와 변수가 거꾸로 된다는 것이다.

» 조사회답자를 변수로 하는 경우

〈순서 1〉 데이터의 입력

<표 1.1>의 데이터를 입력한다.

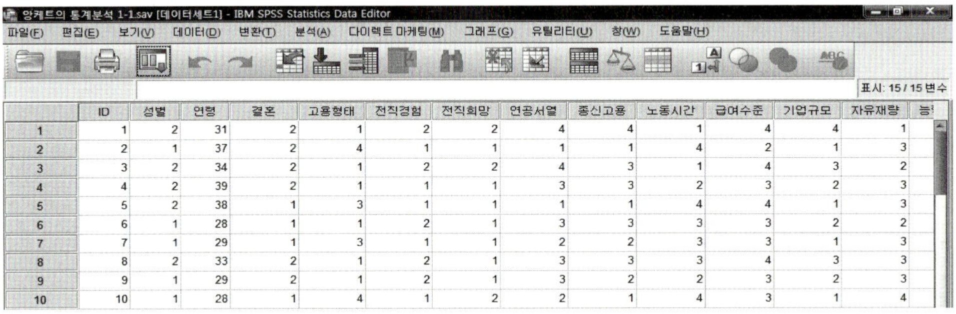

	ID	성별	연령	결혼	고용형태	전직경험	전직희망	연공서열	종신고용	노동시간	급여수준	기업규모	자유재량
1	1	2	31	2	1	2	2	4	4	1	4	4	1
2	2	1	37	2	4	1	1	1	1	4	2	1	3
3	3	2	34	2	1	2	2	4	3	1	4	3	2
4	4	2	39	2	1	1	1	3	3	2	3	2	3
5	5	2	38	1	3	1	1	1	1	4	4	1	3
6	6	1	28	1	1	2	1	3	3	3	3	2	2
7	7	1	29	1	3	1	1	2	2	3	3	1	3
8	8	2	33	2	1	2	1	3	3	3	4	3	3
9	9	1	29	2	1	2	1	3	2	2	3	2	3
10	10	1	28	1	4	1	2	2	1	4	3	1	4

〈순서 2〉 **분석수법의 선택**

메뉴에서 [분석]-[분류분석]-[계층적 군집]을 선택한다.

〈순서 3〉 **변수의 선택**

다음 대화상자에서 여덟 개의 질문항목을 [변수]로 이동한다. [군집 기준]은 [변수]를 선택한다.

(주) 여기에서 [군집 기준]으로 [케이스]를 선택하면 조사회답자를 군집으로 분류한다.

〈순서 4〉 **도표의 선택**

[도표]를 클릭하면 다음 대화상자가 나타난다.

[덴드로그램]을 체크하고, [고드름]에서는 [지정않음]을 선택한다. 필요하면 [전체 군집]이나 [군집 범위 지정]을 선택해도 무방하다. [계속]을 클릭한다.

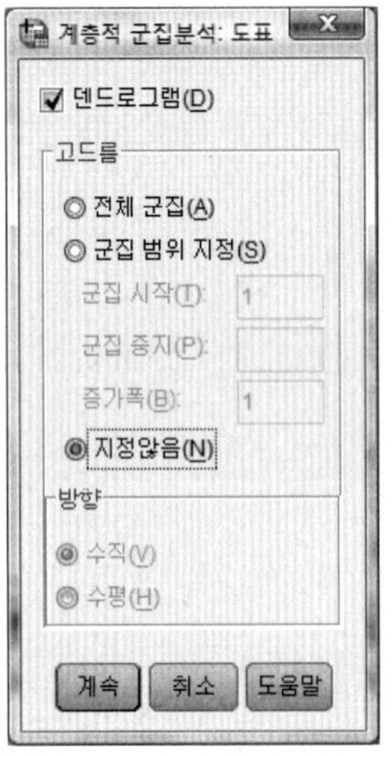

〈순서 5〉 앞의 화면으로 되돌아오면 [확인]을 클릭한다.

» 분석결과(1)

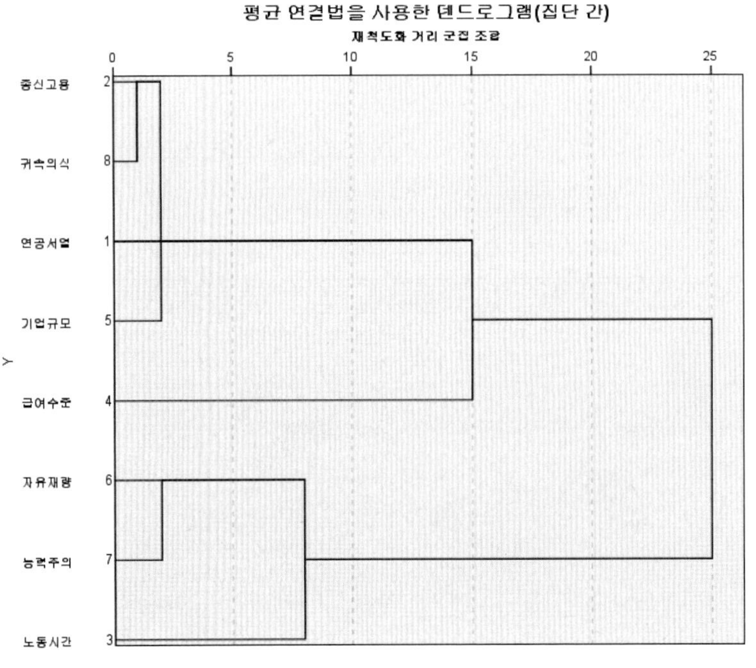

이 덴드로그램을 보면, 다음의 네 개의 질문 항목 {종신고용 귀속의식 연공서열 기업규모}에

유사성이 있는 것을 알 수 있다.

다음의 두 개의 질문항목 {자유재량 능력주의}에도 유사성이 있는 듯하다.

이를테면 보수적 그룹과 혁신적 그룹으로 나뉘었다고 볼 수 있다.

» 분석결과(2)

참고로 [도표]의 [고드름]에서 [전체 군집]을 선택하면 아래와 같은 수직 방향의 고드름 도표를 얻을 수 있다.

수직 방향의 고드름 도표는 다음과 같다. 고드름 도표는 덴드로그램에 비하여 다소 이해하기 어렵다.

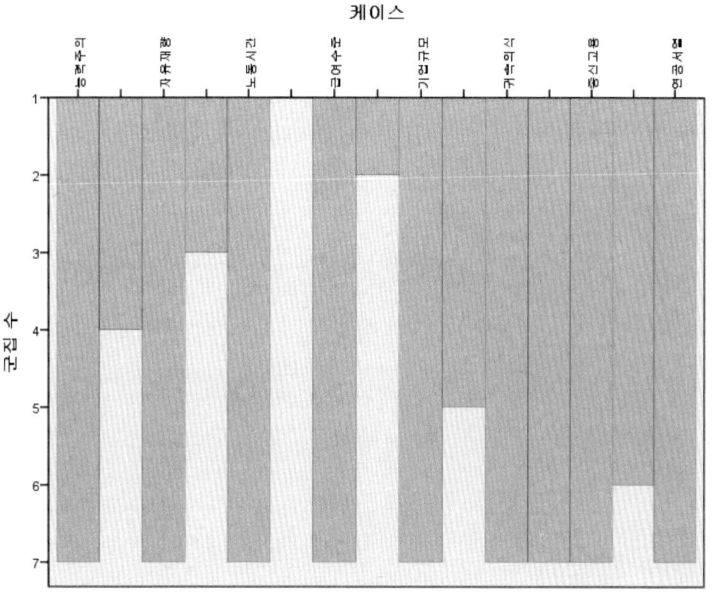

13.4 | 주성분점수를 변수로 한 군집분석

제10장에서 구한 주성분점수를 이용해서 100명의 조사회답자를 네 개의 그룹으로 분류해 보자. 평면상에 분류결과를 표현하고 싶을 때는 네 개의 군집이 좋다. 이 방법은 논문을 쓸 때 매우 유익하다.

» 주성분점수를 변수로 하는 경우

〈순서 1〉 데이터의 입력

<표 1.1>의 데이터를 입력한다.

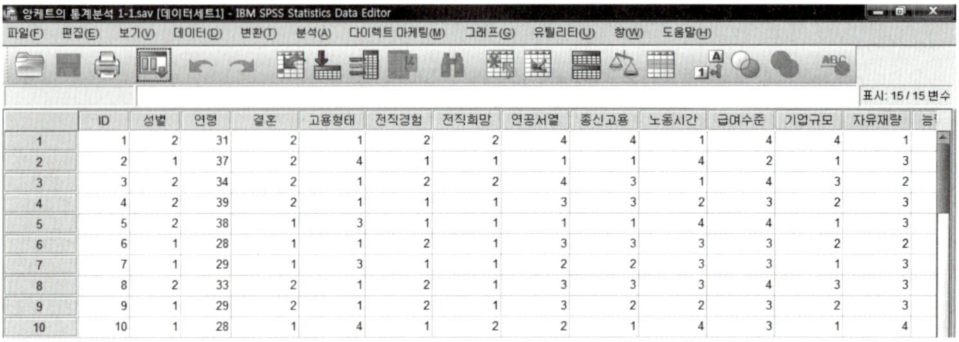

〈순서 2〉 분석수법의 선택

메뉴에서 [분석]-[차원 축소]-[요인분석]을 선택한다.

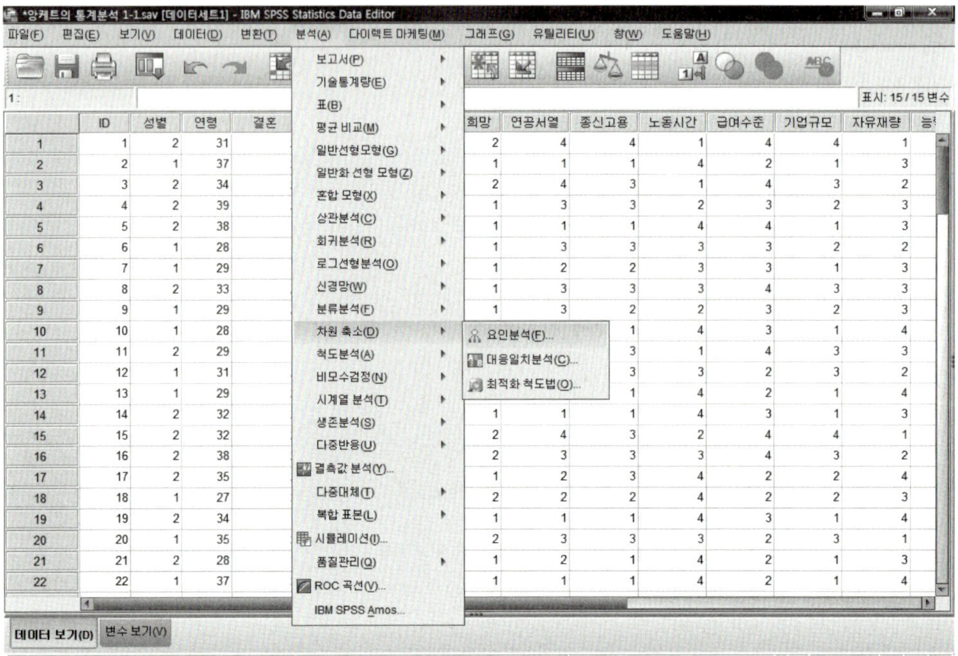

〈순서 3〉 변수의 선택

여덟 개의 질문항목을 [변수]로 이동한다.

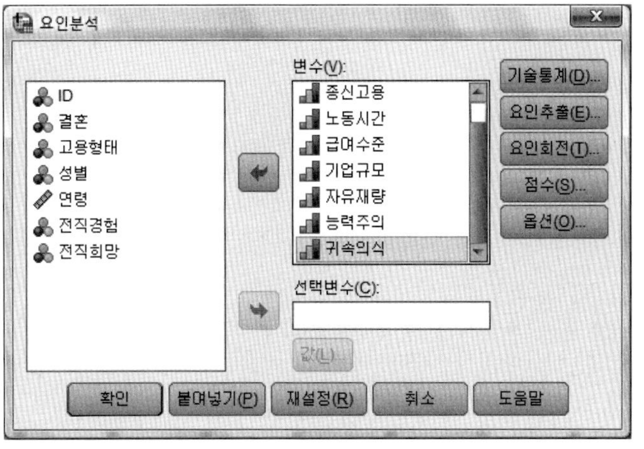

〈순서 4〉 요인추출의 선택

[요인추출]을 클릭한다. [분석]에서 [공분산행렬]을 체크한다. [고정된 요인 수]에 '2'를 입력한다. [계속]을 클릭한다.

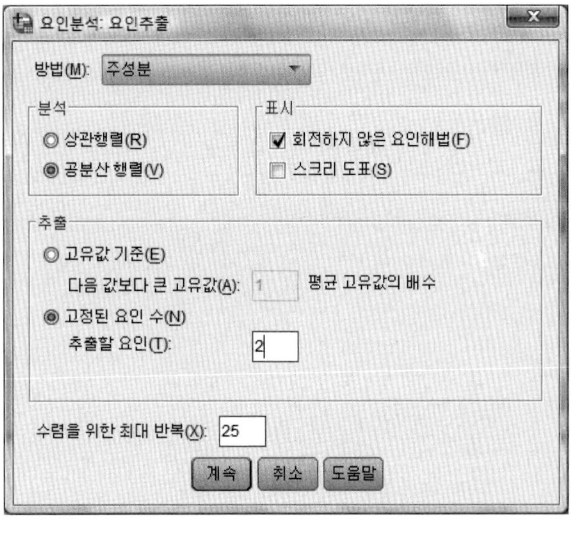

(주) [추출] 방법을 초기설정 상태로 하면 [고유값 기준] '1' 이상의 고유값을 갖는 성분이 추출된다.

〈순서 5〉 점수의 선택

[점수]를 클릭한다. [변수로 저장]에 체크한다. [요인점수 계수행렬 표시]에 체크한다. [계속]을 클릭한다.

〈순서 6〉 다음 화면에서 [확인]을 클릭한다.

〈순서 7〉 분석결과의 확인

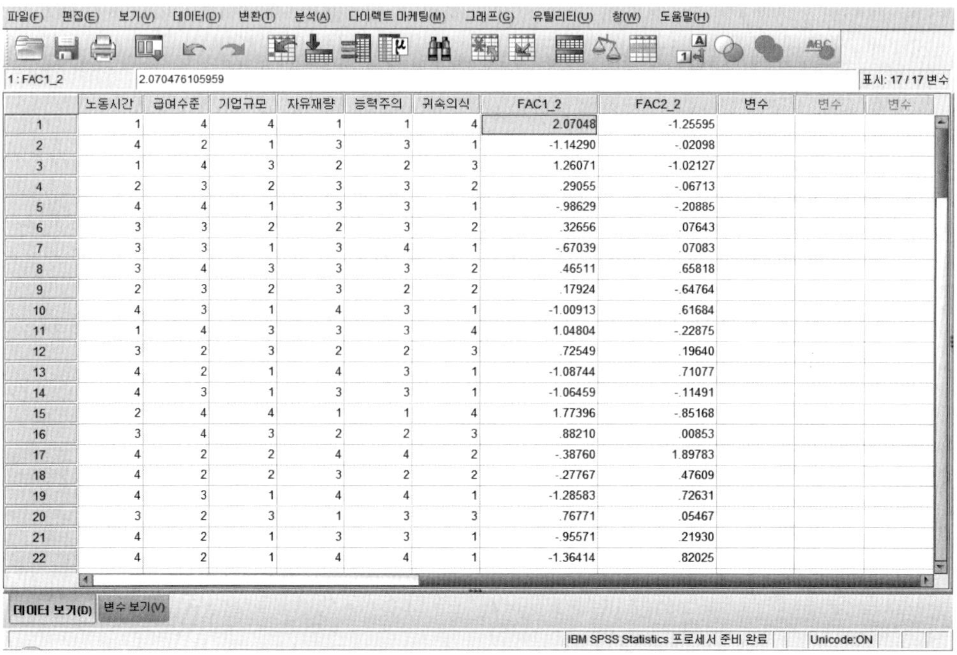

1 : FAC1_2 2.070476105959 표시: 17 / 17 변수

	노동시간	급여수준	기업규모	자유재량	능력주의	귀속의식	FAC1_2	FAC2_2	변수	변수	변수
1	1	4	4	1	1	4	2.07048	-1.25595			
2	4	2	1	3	3	1	-1.14290	-.02098			
3	1	4	3	2	2	3	1.26071	-1.02127			
4	2	3	2	3	3	2	.29055	-.06713			
5	4	4	1	3	3	1	-.98629	-.20885			
6	3	3	2	2	3	2	.32656	.07643			
7	3	3	1	3	4	1	-.67039	.07083			
8	3	4	3	3	3	2	.46511	.65818			
9	2	3	2	3	2	2	.17924	-.64764			
10	4	3	1	4	3	1	-1.00913	.61684			
11	1	4	3	3	3	4	1.04804	-.22875			
12	3	2	3	2	2	3	.72549	.19640			
13	4	2	1	4	3	1	-1.08744	.71077			
14	4	3	1	3	3	1	-1.06459	-.11491			
15	2	4	4	1	1	4	1.77396	-.85168			
16	3	4	3	2	2	3	.88210	.00853			
17	4	2	2	4	4	2	-.38760	1.89783			
18	4	2	2	3	2	2	-.27767	.47609			
19	4	3	1	4	4	1	-1.28583	.72631			
20	3	2	3	1	3	3	.76771	.05467			
21	4	2	1	3	3	1	-.95571	.21930			
22	4	2	1	4	4	1	-1.36414	.82025			

〈순서 8〉 군집분석 수법의 선택

메뉴에서 [분석]-[분류분석]-[K-평균 군집]을 선택한다.

〈순서 9〉 변수의 선택

FAC1_2와 FAC2_2, 즉 제1주성분 점수와 제2주성분 점수를 [변수]로 이동한다. [군집 수]에 '4'를 입력한다.

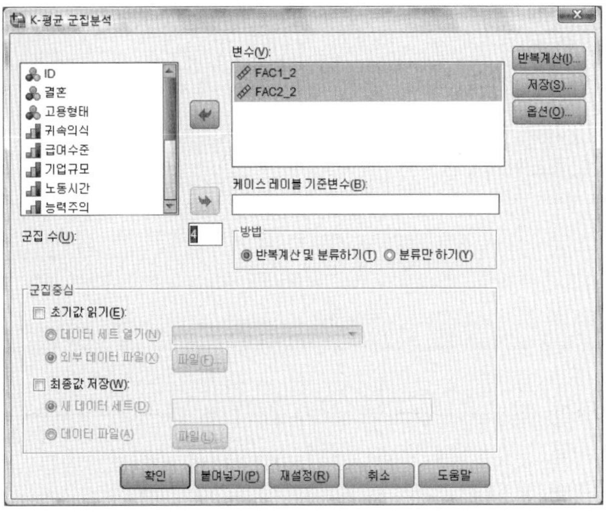

〈순서 10〉 저장의 선택

[저장]을 클릭한다. [소속군집]에 체크하고 [계속]을 클릭한다.

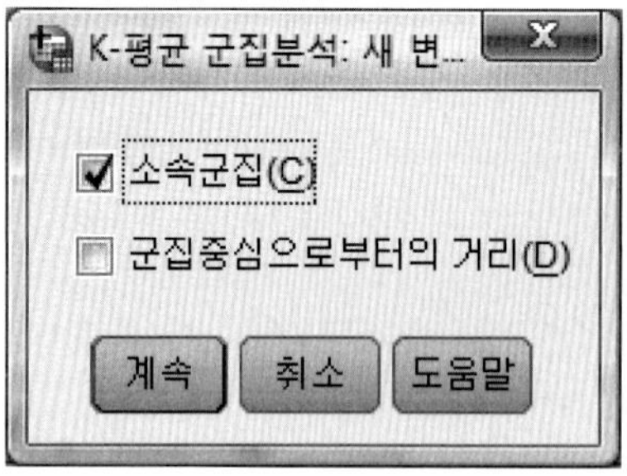

〈순서 11〉 군집분석의 실행

다음 화면으로 되돌아오면 [확인]을 클릭한다.

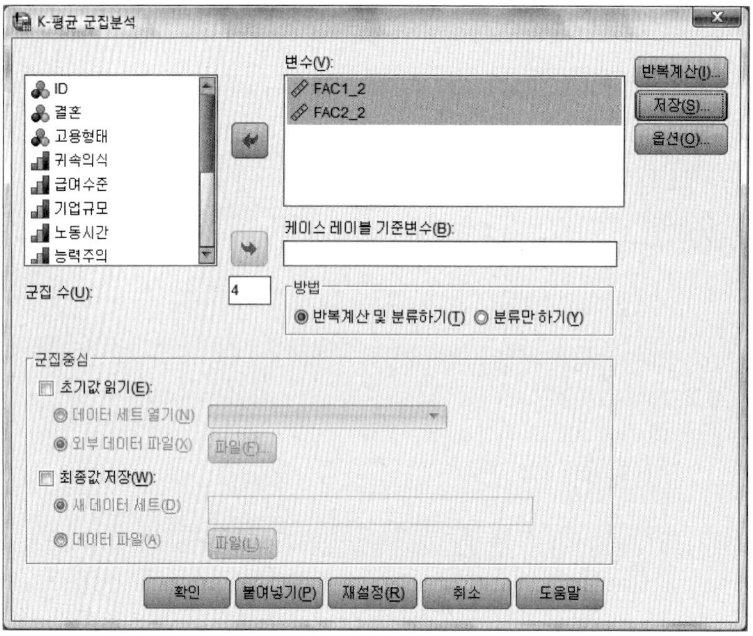

» 분석결과(1)

군집중심초기값

	군집			
	1	2	3	4
REGR factor score 1 for analysis 2	1.98097	-1.36414	-.77747	1.11965
REGR factor score 2 for analysis 2	-.90620	.82025	-2.02003	3.17283

최종 군집중심

	군집			
	1	2	3	4
REGR factor score 1 for analysis 2	1.38430	-.63091	-.56214	.69727
REGR factor score 2 for analysis 2	-.41652	.34412	-1.13931	1.84365

각 군집의 케이스 수

군집	1	24.000
	2	45.000
	3	21.000
	4	10.000
유효		100.000
결측		.000

이 표는 네 개의 군집에 속하는 조사회답자의 수를 나타낸다.

» 분석결과(2)

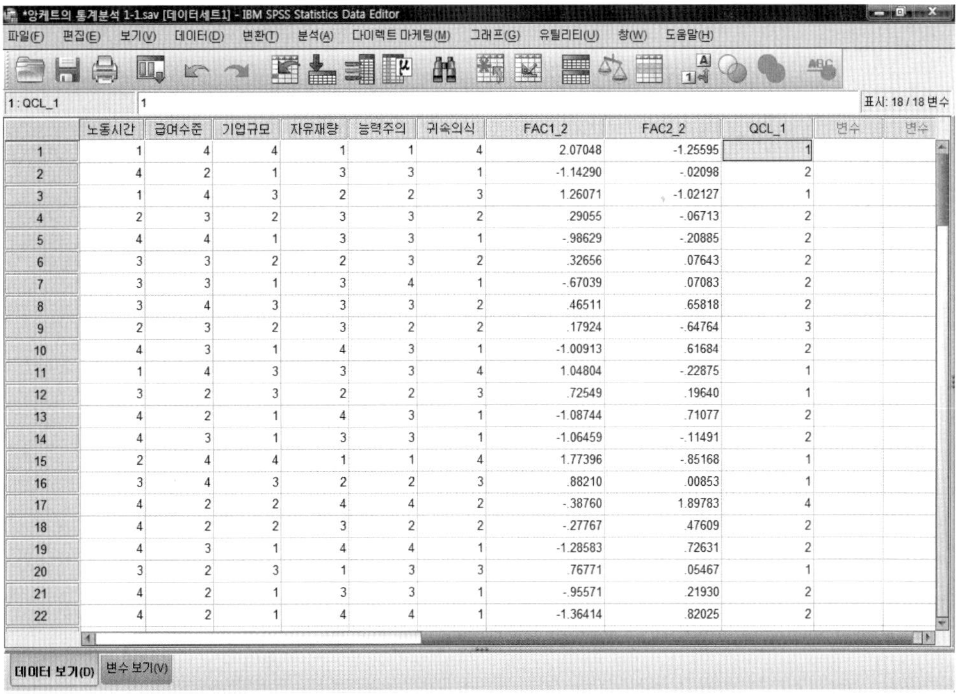

	노동시간	급여수준	기업규모	자유재량	능력주의	귀속의식	FAC1_2	FAC2_2	QCL_1	변수	변수
1	1	4	4	1	1	4	2.07048	-1.25595	1		
2	4	2	1	3	3	1	-1.14290	-.02098	2		
3	1	4	3	2	2	3	1.26071	-1.02127	1		
4	2	3	2	3	3	2	.29055	-.06713	2		
5	4	4	1	3	3	1	-.98629	-.20885	2		
6	3	3	2	2	3	2	.32656	.07643	2		
7	3	3	1	3	4	1	-.67039	.07083	2		
8	3	4	3	3	3	2	.46511	.65818	2		
9	2	3	2	3	2	2	.17924	-.64764	3		
10	4	3	1	4	3	1	-1.00913	.61684	2		
11	1	4	3	3	3	4	1.04804	-.22875	1		
12	3	2	3	2	2	3	.72549	.19640	1		
13	4	2	1	4	3	1	-1.08744	.71077	2		
14	4	3	1	3	3	1	-1.06459	-.11491	2		
15	2	4	4	1	1	4	1.77396	-.85168	1		
16	3	4	3	2	2	3	.88210	.00853	1		
17	4	2	2	4	4	2	-.38760	1.89783	4		
18	4	2	2	3	2	2	-.27767	.47609	2		
19	4	3	1	4	4	1	-1.28583	.72631	2		
20	3	2	3	1	3	3	.76771	.05467	1		
21	4	2	1	3	3	1	-.95571	.21930	2		
22	4	2	1	4	4	1	-1.36414	.82025	2		

QCL_1을 보면 100명의 조사회답자가 어느 군집에 속해 있는지 잘 알 수 있다. 그리고 이 군집을 산점도로 표현할 수도 있다.

13.5 | 네 개 군집의 그래프 표현

앞에서 구한 네 개의 군집을 산점도로 표현해 보자.

» SPSS의 순서

〈순서 1〉 데이터의 준비

앞의 분석결과 데이터 파일을 준비한다.

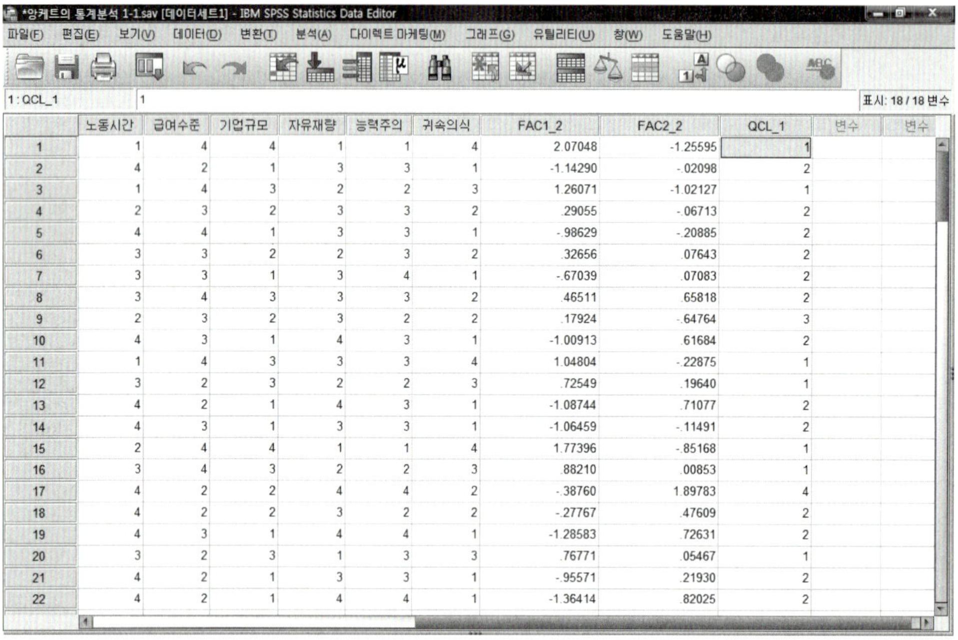

	노동시간	급여수준	기업규모	자유재량	능력주의	귀속의식	FAC1_2	FAC2_2	QCL_1
1	1	4	4	1	1	4	2.07048	-1.25595	1
2	4	2	1	3	3	1	-1.14290	-.02098	2
3	1	4	3	2	2	3	1.26071	-1.02127	1
4	2	3	2	3	3	2	.29055	-.06713	2
5	4	4	1	3	3	1	-.98629	-.20885	2
6	3	3	2	2	3	2	.32656	.07643	2
7	3	3	1	3	4	1	-.67039	.07083	2
8	3	4	3	3	3	2	.46511	.65818	2
9	2	3	2	3	2	2	.17924	-.64764	3
10	4	3	1	4	3	1	-1.00913	.61684	2
11	1	4	3	3	3	4	1.04804	-.22875	1
12	3	2	3	2	2	3	.72549	.19640	1
13	4	2	1	4	3	1	-1.08744	.71077	2
14	4	3	1	3	3	1	-1.06459	-.11491	2
15	2	4	4	1	1	4	1.77396	-.85168	1
16	3	4	3	2	2	3	.88210	.00853	1
17	4	2	2	4	4	2	-.38760	1.89783	4
18	4	2	2	3	2	2	-.27767	.47609	2
19	4	3	1	4	4	1	-1.28583	.72631	2
20	3	2	3	1	3	3	.76771	.05467	1
21	4	2	1	3	3	1	-.95571	.21930	2
22	4	2	1	4	4	1	-1.36414	.82025	2

〈순서 2〉 분석수법의 선택

① 메뉴에서 [그래프]-[레거시 대화상자]-[산점도/점도표]를 선택한다.

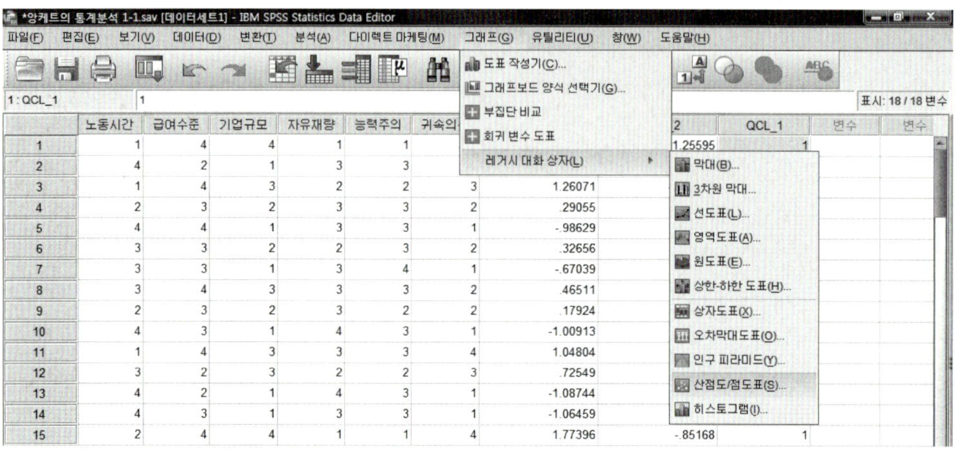

② 다음 화면에서 [단순 산점도]를 선택하고 [정의]를 클릭한다.

③ [X축]에 FAC1_2(제1주성분 점수), [Y축]에 FAC2_2(제2주성분 점수)를 이동하고 [표식 기준]에 QCL_1(케이스의 군집 수)을 이동한다. [확인]을 클릭한다.

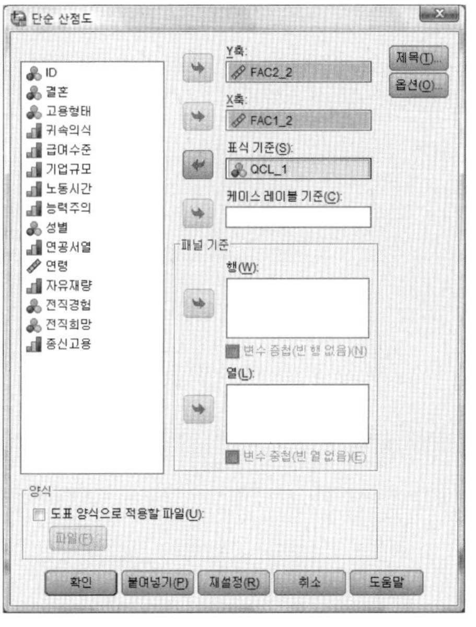

» 분석결과

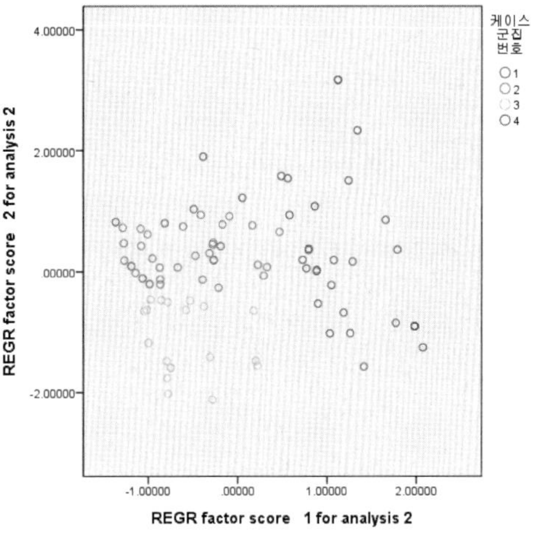

도표 편집기를 이용해서 그래프를 수정하고, 군집을 나누어 본다. 그래프 영역 내에서 마우스 오른쪽 버튼을 눌러 [본문과의 배치]-[글 뒤로]를 선택하고 필요한 글자를 입력한다.

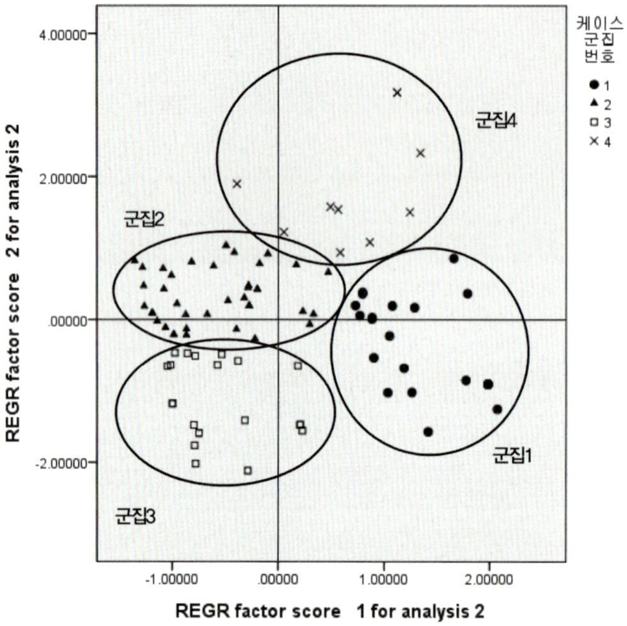

이 산점도를 보면 네 개의 군집의 특징이 확실히 들어나고 있음을 알 수 있다.
그래프의 가로축은 생활의 안정도를 나타내고, 세로축은 업무의 충실도를 나타내고 있다.

군집1 : ● 표시 그룹은 업무의 충실보다도 생활의 안정을 추구하는 그룹이다.
군집2 : ▲ 표시 그룹은 생활의 안정보다도 업무의 충실을 추구하는 그룹이다.
군집3 : □ 표시 그룹은 의욕이 없는 그룹이다.
군집4 : × 표시 그룹은 적극적인 그룹이다.

13.6 | 상관행렬에 의한 방법

상관행렬에 의한 방법으로 구한 제1주성분 점수, 제2주성분 점수를 사용해서 K-평균 군집분석을 실시해보자. 군집의 수는 역시 네 개로 한다. 그리고 제1주성분 점수, 제2주성분 점수를 각각 가로축, 세로축으로 해서 산점도를 작성해 보자.

» 분석결과(1)

분석결과는 다음과 같다.

군집중심초기값

	군집			
	1	2	3	4
REGR factor score 1 for analysis 1	2.01884	-1.32185	-.20128	.89571
REGR factor score 2 for analysis 1	-.35713	.82633	-2.84596	3.37024

최종 군집중심

	군집			
	1	2	3	4
REGR factor score 1 for analysis 1	1.45196	-.75134	-.37231	.71241
REGR factor score 2 for analysis 1	-.43662	.35305	-1.03356	1.63190

각 군집의 케이스 수

군집	1	22.000
	2	42.000
	3	24.000
	4	12.000
유효		100.000
결측		.000

» 분석결과(2)

*앙케트의 통계분석 1-1.sav [데이터세트1] - IBM SPSS Statistics Data Editor

파일(F) 편집(E) 보기(V) 데이터(D) 변환(T) 분석(A) 다이렉트 마케팅(M) 그래프(G) 유틸리티(U) 창(W) 도움말(H)

1 : FAC1_1 2.17166301213663 표시: 18 / 18 변수

	자유재량	능력주의	귀속의식	FAC1_1	FAC2_1	QCL_1
1	1	1	4	2.17166	-1.06226	1
2	3	3	1	-1.12675	-.65404	3
3	2	2	3	1.33352	-.38436	1
4	3	3	2	.26351	.26421	2
5	3	3	1	-.88870	-.12974	2
6	2	3	2	.31362	.01041	2
7	3	4	1	-.70002	.46804	2
8	3	3	2	.44418	.91193	4
9	3	2	2	.24249	-.63474	3
10	4	3	1	-.99353	.34146	2
11	3	3	4	1.02123	.83381	4
12	2	2	3	.69759	-.61036	1
13	4	3	1	-1.11256	.07931	2
14	3	3	1	-1.00773	-.39189	2
15	1	1	4	1.88662	-.99678	1
16	2	2	3	.93564	-.08606	1
17	4	4	2	-.56751	1.51857	2
18	3	2	2	-.27441	-.59859	3
19	4	4	1	-1.32185	.82633	2
20	1	3	3	.70606	-.41831	1
21	3	3	1	-.95126	-.43377	2
22	4	4	1	-1.44088	.56418	2

데이터 보기(D) 변수 보기(V)

» **분석결과(3)**

제1주성분 점수와 제2주성분 점수에 의한 산점도는 다음과 같다.

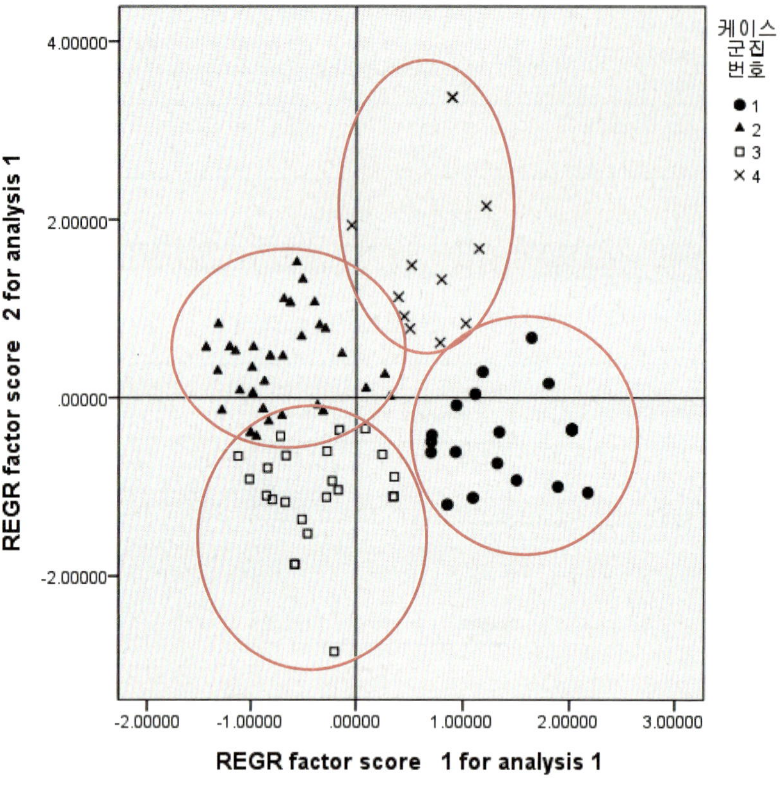

분류상태는 분산공분산행렬을 이용한 주성분분석의 결과보다 명확하지 못하다.

CHAPTER

14

판별분석

CHAPTER 14 **판별분석**

14.1 | 분류와 판별

군집분석을 사용해서 100명의 조사회답자를 네 개의 그룹으로 분류했다. 여기에서 알고 싶은 것은 다음의 두 가지 사항이다.

첫째, 네 개의 그룹 분류에 공헌한 것은 여덟 개의 질문항목 중 어느 항목일까?

둘째, 100명의 조사회답자가 네 개의 그룹으로 분류되었는데, 각 그룹에 있어서의 중요한 질문항목은 어느 것일까?

항목 2.2 귀하는 회사선택에 있어서 이하의 조건을 어느 정도 중시하십니까?

	중시하지 않는다	별로 중시하지 않는다	약간 중시 한다	중시 한다	
(1) 근속년수에 따라 확실히 연봉이 오를 것	1	2	3	4	(연공서열)
(2) 종신고용제도가 보증되어 있을 것	1	2	3	4	(종신고용)
(3) 노동시간이 짧을 것	1	2	3	4	(노동시간)
(4) 급여수준이 높을 것	1	2	3	4	(급여수준)
(5) 어느 정도의 규모 있는 기업일 것	1	2	3	4	(기업규모)
(6) 일의 계획이나 예정을 자신이 정할 것	1	2	3	4	(자유재량)
(7) 자신의 능력을 살릴 수 있을 것	1	2	3	4	(능력주의)
(8) 회사에 일체감을 느낄 것	1	2	3	4	(귀속의식)

이와 같은 때는 판별분석을 실시한다. 판별분석의 사용방법에 대해서는 다음과 같은 방법이 있다.

[방법 1] 판별분석을 하면,

- 판별에 영향력이 있는 질문항목
- 판별에 기여하고 있는 질문항목

을 발견할 수 있다.

[방법 2] 각 그룹의 평균치를 보면서,

- 그룹에서 중요한 질문항목

을 탐색할 수 있다.

[방법 3] Fisher의 분류함수계수도,

- 중요한 질문항목의 발견

에 도움이 되는 경우가 있다.

판별분석(discriminant analysis)은 어떤 관측대상이 소속하는 그룹을 예측하기 위한 수법이다. 그룹의 예측이란, 예를 들면 양품 그룹과 불량품 그룹, 구입자 그룹과 비구입자 그룹 어느 쪽에 속하는가를 예측하는 것이다. 이와 같은 예측을 판별이라 하고, 그룹의 수가 둘인 경우를 2군의 판별, 그룹의 수가 셋 이상의 경우를 다군(多群)의 판별이라고 한다.

k개($k \geq 2$)의 그룹이 존재하고 있고, 어느 그룹에 속하는지 알고 있는 관측대상에 대해 몇 개의 데이터가 수집되어 있다고 한다. 이때에 어느 그룹에 속하는지 불분명한 대상이 얻어졌을 경우, 이미 수집되어 있는 데이터에 의거해서 그 대상이 소속하는 그룹을 예측하는 것이 판별분석이다.

판별과 분류는 비슷한 개념이지만 별개의 문제이다. 관측되어 있는 데이터에 의거해서 대상을 몇 개의 그룹으로 나누는 것이 분류이다. 분류의 경우에 대상이 몇 개의 그룹으로 나누어지는가는 데이터를 보기 전까지는 불분명하다. 이에 비해서 존재하는 그룹의 수를 알고 있고 새로운 대상이 그 중의 어느 그룹에 속하는지를 결정하는 것이 판별이다. 분류의 문제에 이용되는 수법에 **군집분석(cluster analysis)**이 있다.

이분형 로지스틱 회귀분석도 판별분석으로써 이용할 수 있다. 그리고 질문항목의 중요도를 조사하는 방법에 컨조인트 분석이 있다.

14.2 | 판별분석의 실제

군집분석에 의해서 얻어진 네 개의 그룹에 대해서 판별분석을 실시해 보자.

» SPSS의 순서

〈순서 1〉 제13장에서 실시한 군집분석의 결과 얻어진 데이터를 준비한다.

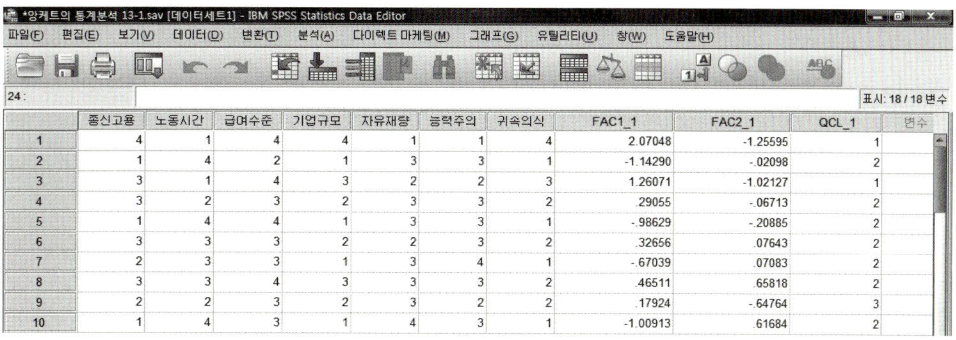

	종신고용	노동시간	급여수준	기업규모	자유재량	능력주의	귀속의식	FAC1_1	FAC2_1	QCL_1	변수
1	4	1	4	4	1	1	4	2.07048	-1.25595	1	
2	1	4	2	1	3	3	1	-1.14290	-.02098	2	
3	3	1	4	3	2	2	3	1.26071	-1.02127	1	
4	3	2	3	2	3	3	2	.29055	-.06713	2	
5	1	4	4	1	3	3	1	-.98629	-.20885	2	
6	3	3	3	2	2	3	2	.32656	.07643	2	
7	2	3	3	1	3	4	1	-.67039	.07083	2	
8	3	3	4	3	3	3	2	.46511	.65818	2	
9	2	2	3	2	3	2	2	.17924	-.64764	3	
10	1	4	3	1	4	3	1	-1.00913	.61684	2	

(주) FAC1_1은 제1주성분 점수, FAC2_1은 제2주성분 점수, QCL_1은 각 케이스가 소속하는 군집의 번호를 가리킨다.

〈순서 2〉 분석수법의 선택

메뉴에서 [분석]-[분류분석]-[판별분석]을 선택한다.

〈순서 3〉 변수의 선택

① 케이스의 군집 수(QCL_1)를 [집단변수]로 이동한다.

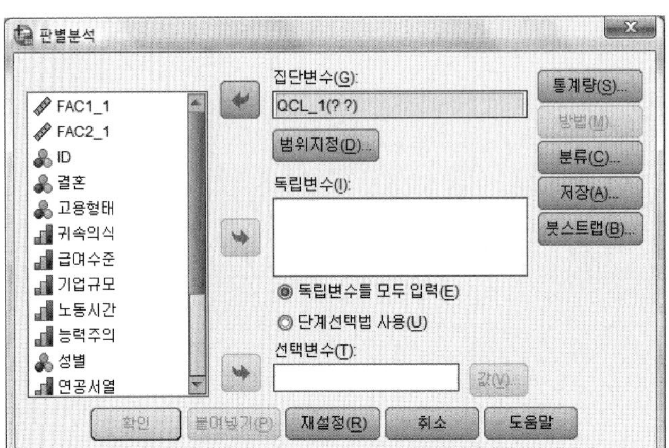

② [범위지정]을 클릭하고 다음과 같이 입력한다. [계속]을 클릭한다.

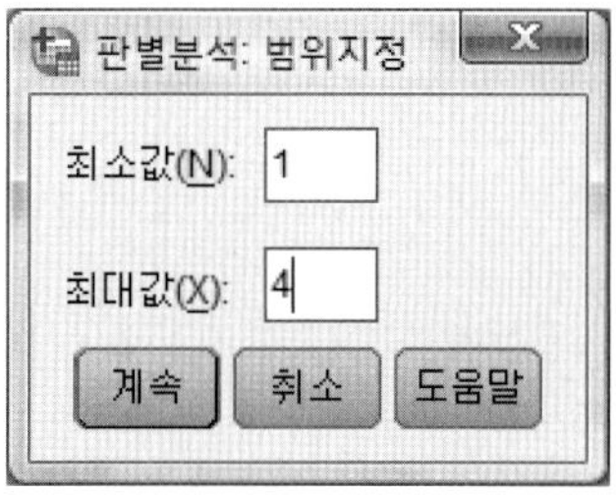

③ 그러면 [집단변수]에 입력된 변수가 다음과 같이 되어 있다.

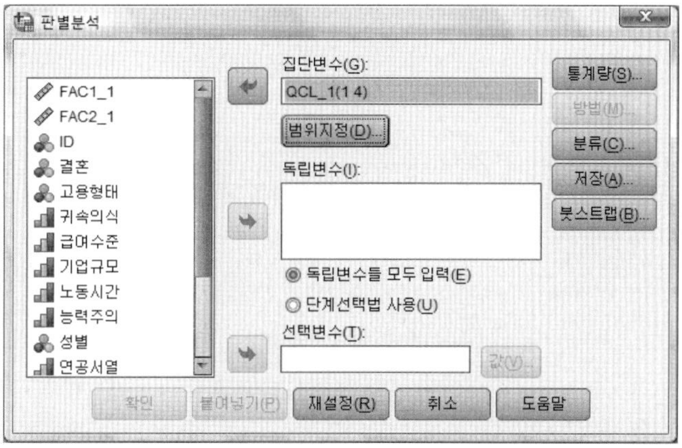

④ 다음에 여덟 개의 질문항목을 [독립변수]로 이동한다.

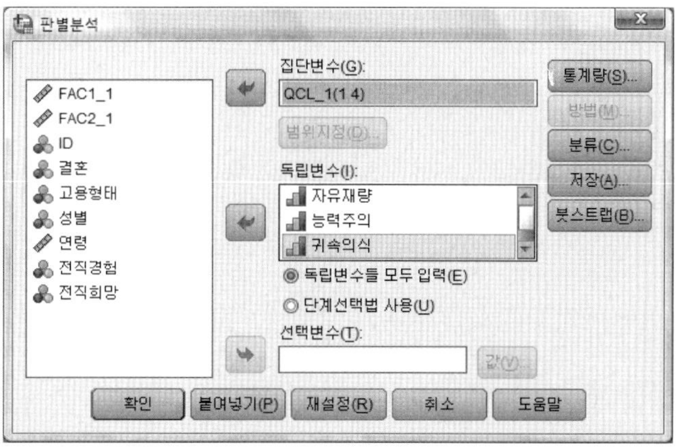

〈순서 4〉 통계량의 선택

이번에는 [통계량]을 클릭한다. [함수의 계수]에서 [비표준화]를 체크한다. [계속]을 클릭한다.

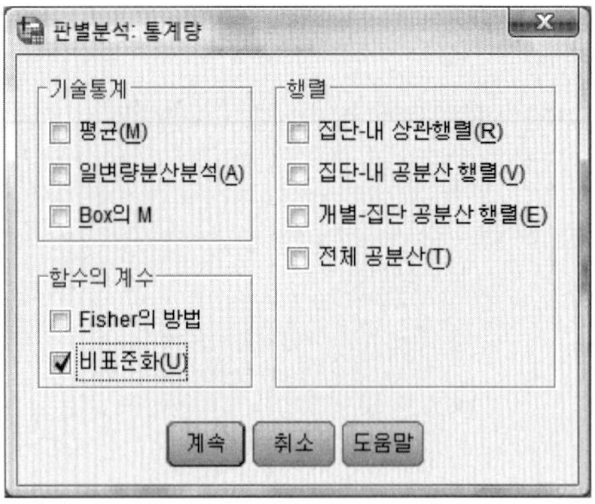

〈순서 5〉 저장의 선택

앞의 화면으로 되돌아가면 이번에는 [저장]을 클릭한다. [판별점수]를 체크하고 [계속]을 클릭한다.

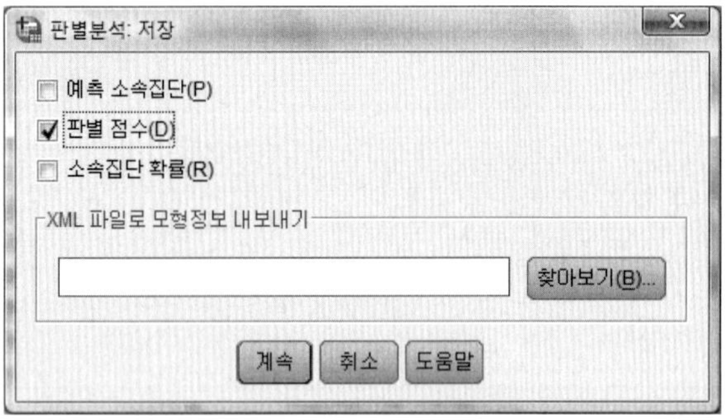

〈순서 6〉 분류의 선택

앞의 화면으로 되돌아가면 이번에는 [분류]를 클릭한다. [도표]의 [결합-집단]을 체크하고 [계속]을 클릭한다.

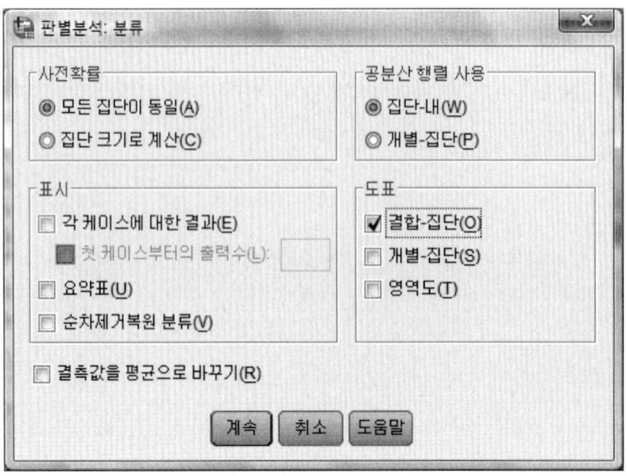

〈순서 7〉 판별분석의 실행

앞의 화면으로 되돌아가면 [확인]을 클릭한다.

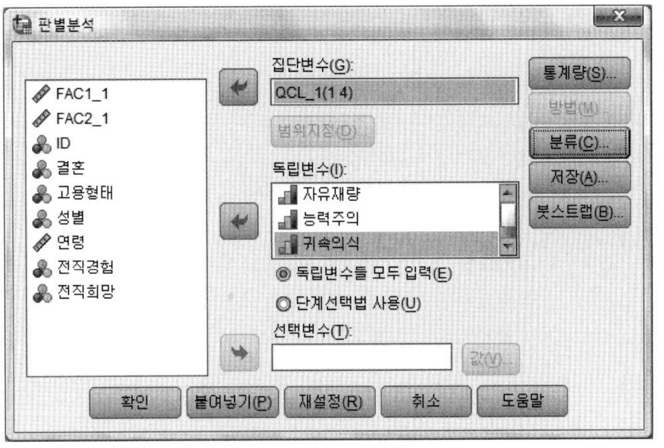

» 분석결과(1)

표준화 정준 판별함수 계수

	함수		
	1	2	3
연공서열	.180	.152	-.284
종신고용	.163	.543	.075
노동시간	.000	.933	-.068
급여수준	.052	.011	.956
기업규모	.430	.130	.326
자유재량	.195	.465	.389
능력주의	-.119	.747	-.139
귀속의식	.555	-.059	-.291

표준화된 판별함수의 계수의 절대값이 큰 변수가 판별에 기여하고 있는 변수이다.

판별함수의 개수는 (그룹의 수-1)이 된다.

함수1의 계수를 보면, 플러스의 계수에서는 {기업규모 자유재량 귀속의식}의 질문항목이 큰 것을 알 수 있다. 마이너스의 계수에서는 {능력주의}의 질문항목이 큰 것 같다.

고유값

함수	고유값	분산의 %	누적 %	정준 상관
1	3.711[a]	55.9	55.9	.888
2	2.829[a]	42.6	98.5	.860
3	.100[a]	1.5	100.0	.301

a. 첫 번째 3 정준 판별함수가 분석에 사용되었습니다.

고유값은 각각의 함수가 갖고 있는 정보량을 나타내고 있다.

» 분석결과(2)

정준 판별함수 계수

	함수		
	1	2	3
연공서열	.265	.224	-.419
종신고용	.245	.814	.112
노동시간	.000	1.233	-.089
급여수준	.065	.014	1.181
기업규모	.668	.202	.506
자유재량	.270	.645	.540
능력주의	-.183	1.143	-.213
귀속의식	.919	-.098	-.482
(상수)	-4.905	-11.177	-3.636

비표준화 계수

이 판별함수는 표준화되어 있지 않은 판별함수이다.

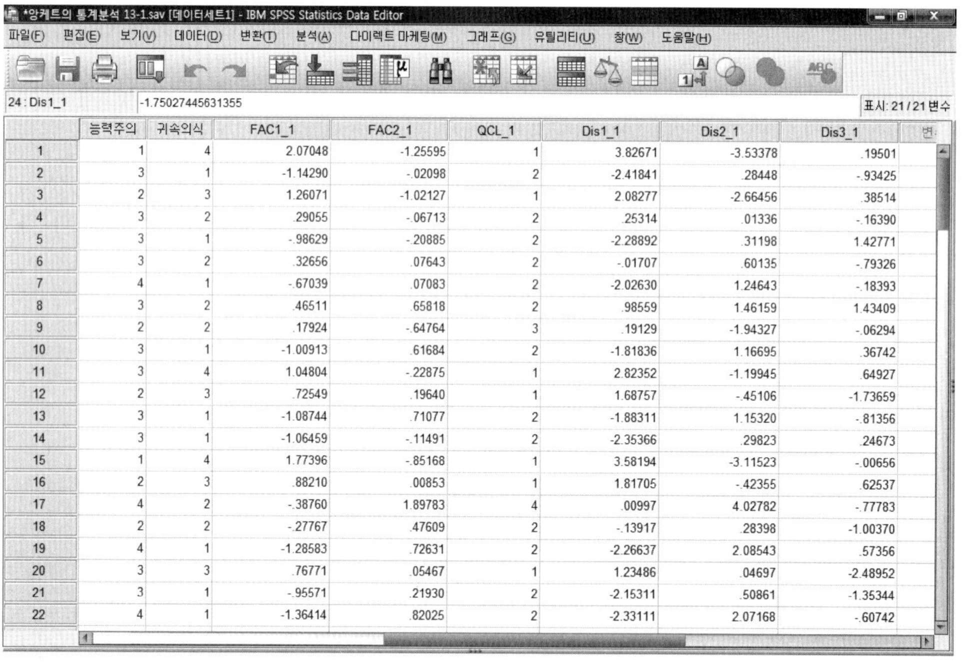

	능력주의	귀속의식	FAC1_1	FAC2_1	QCL_1	Dis1_1	Dis2_1	Dis3_1
1	1	4	2.07048	-1.25595	1	3.82671	-3.53378	.19501
2	3	1	-1.14290	-.02098	2	-2.41841	.28448	-.93425
3	2	3	1.26071	-1.02127	1	2.08277	-2.66456	.38514
4	3	2	.29055	-.06713	2	.25314	.01336	-.16390
5	3	1	-.98629	-.20885	2	-2.28892	.31198	1.42771
6	3	2	.32656	.07643	2	-.01707	.60135	-.79326
7	4	1	-.67039	.07083	2	-2.02630	1.24643	-.18393
8	3	2	.46511	.65818	2	.98559	1.46159	1.43409
9	2	2	.17924	-.64764	3	.19129	-1.94327	-.06294
10	3	1	-1.00913	.61684	2	-1.81836	1.16695	.36742
11	3	4	1.04804	-.22875	1	2.82352	-1.19945	.64927
12	2	3	.72549	.19640	1	1.68757	-.45106	-1.73659
13	3	1	-1.08744	.71077	2	-1.88311	1.15320	-.81356
14	3	1	-1.06459	-.11491	2	-2.35366	.29823	.24673
15	1	4	1.77396	-.85168	1	3.58194	-3.11523	-.00656
16	2	3	.88210	.00853	1	1.81705	-.42355	.62537
17	4	2	-.38760	1.89783	4	.00997	4.02782	-.77783
18	2	2	-.27767	.47609	2	-.13917	.28398	-1.00370
19	4	1	-1.28583	.72631	2	-2.26637	2.08543	.57356
20	3	3	.76771	.05467	1	1.23486	.04697	-2.48952
21	3	1	-.95571	.21930	2	-2.15311	.50861	-1.35344
22	4	1	-1.36414	.82025	2	-2.33111	2.07168	-.60742

표준화되어 있지 않은 판별함수의 값이 판별득점이다.

Dis1_1 : 판별함수1의 판별득점

Dis2_1 : 판별함수2의 판별득점

Dis3_1 : 판별함수3의 판별득점

» 분석결과(3)

판별함수1의 판별득점과 판별함수2의 판별득점 간의 그래프는 다음과 같다.

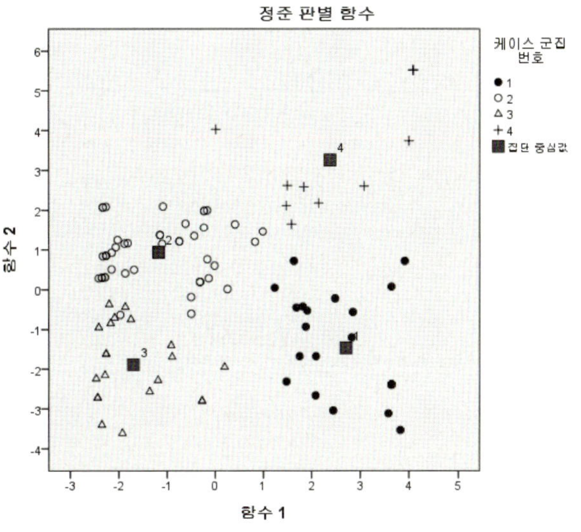

이 산점도와 군집분석의 산점도는 매우 비슷하다.

이 산점도의 가로축은 판별함수1의 판별득점, 세로축은 판별함수2의 판별득점이다.

14.3 | 그룹마다의 중요항목 탐색

» SPSS의 순서

〈순서 1〉 14.2절 <순서 3>의 (4)에서 [통계량]을 클릭한다.

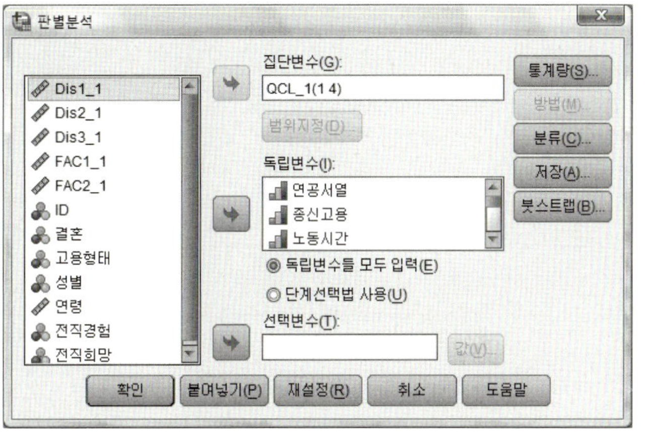

〈순서 2〉 통계량의 선택

다음 화면에서 [기술통계]의 [평균]을 체크한다. [함수의 계수]에서 [Fisher의 방법]을 체크하고 [계속]을 클릭한다.

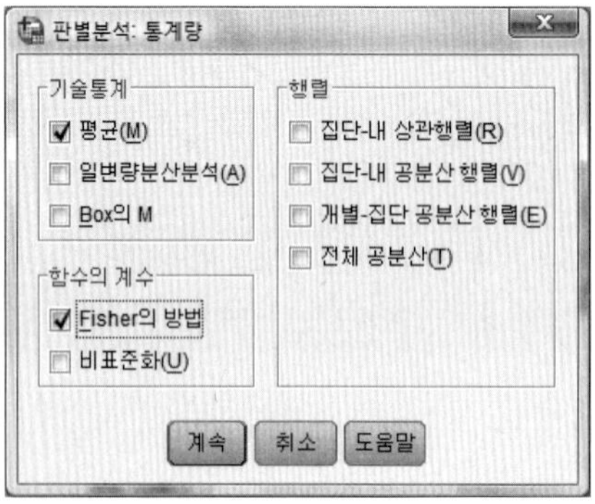

〈순서 3〉 판별분석의 실행

다음 화면으로 되돌아오면 [확인]을 클릭한다.

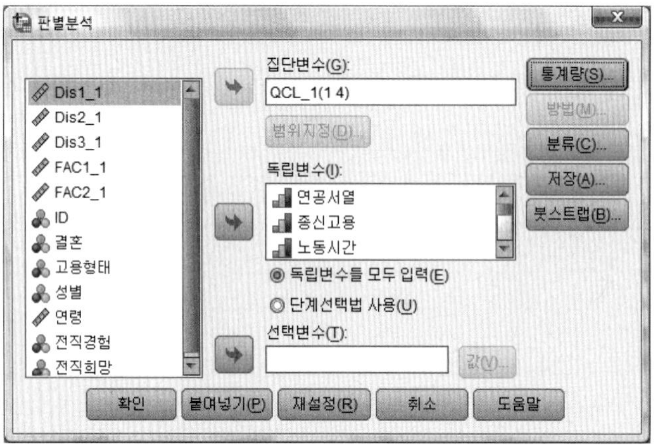

» 분석결과(1)

질문항목의 회답은 다음과 같이 되어 있다.

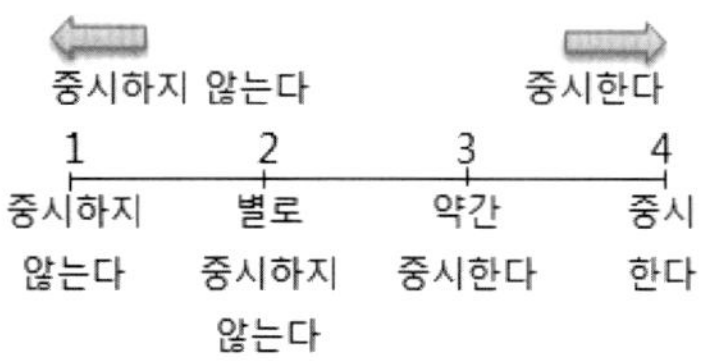

그 때문에 평균이 큰 질문항목이 중시되게 된다.

집단통계량

케이스 군집 번호		평균	표준편차	유효 N(목록별)	
				가중되지 않음	가중됨
1	연공서열	3.50	.590	24	24.000
	종신고용	3.50	.511	24	24.000
	노동시간	1.88	.900	24	24.000
	급여수준	3.46	.977	24	24.000
	기업규모	3.58	.504	24	24.000
	자유재량	1.63	.711	24	24.000
	능력주의	2.00	.590	24	24.000
	귀속의식	3.42	.654	24	24.000
2	연공서열	1.73	.618	45	45.000
	종신고용	1.67	.798	45	45.000
	노동시간	3.42	.583	45	45.000
	급여수준	2.60	.688	45	45.000
	기업규모	1.62	.684	45	45.000
	자유재량	3.29	.695	45	45.000
	능력주의	3.33	.640	45	45.000
	귀속의식	1.44	.624	45	45.000
3	연공서열	1.43	.811	21	21.000
	종신고용	1.29	.463	21	21.000
	노동시간	2.38	.973	21	21.000
	급여수준	3.10	.889	21	21.000
	기업규모	1.48	.602	21	21.000
	자유재량	2.67	.856	21	21.000
	능력주의	2.67	.796	21	21.000
	귀속의식	1.19	.402	21	21.000
4	연공서열	3.30	.823	10	10.000
	종신고용	3.40	.699	10	10.000
	노동시간	3.60	.516	10	10.000
	급여수준	3.60	.699	10	10.000
	기업규모	3.30	.823	10	10.000
	자유재량	3.40	.516	10	10.000
	능력주의	3.40	.516	10	10.000
	귀속의식	3.10	.738	10	10.000
전체	연공서열	2.25	1.095	100	100.000
	종신고용	2.20	1.137	100	100.000
	노동시간	2.85	1.019	100	100.000
	급여수준	3.01	.893	100	100.000
	기업규모	2.23	1.118	100	100.000
	자유재량	2.77	.993	100	100.000
	능력주의	2.88	.856	100	100.000
	귀속의식	2.03	1.114	100	100.000

평균으로 보는 군집번호1의 중요항목 :

여덟 개의 질문항목 중, 평균이 전체의 평균보다 큰 질문항목은 {연공서열 종신고용 급여수준 기업규모 귀속의식}으로 되어 있다. 이 다섯 개의 질문항목이 군집번호1의 중요항목이다. 따라서 군집번호1에서는 생활의 안정을 바라고 있다는 것을 알 수 있다.

평균으로 보는 군집번호2의 중요항목 :

여덟 개의 질문항목 중, 평균이 전체의 평균보다 큰 질문항목은 {노동시간 자유재량 능력주의}로 되어 있다. 이 세 개의 질문항목이 군집번호2의 중요항목이다.

평균으로 보는 군집번호3의 중요항목 :

여덟 개의 질문항목 중, 평균이 전체의 평균보다 큰 질문항목은 [급여수준]뿐이다.

평균으로 보는 군집번호4의 중요항목 :

이 군집에서는 모든 질문항목의 평균이 전체의 평균보다 큰 값으로 되어 있다. 모든 질문항목이 중요하다고 하는 것은 군집번호4의 사람들은 의욕적이라고 하는 것을 알 수 있다.

» 분석결과(2)

분류 함수 계수

	케이스 군집 번호			
	1	2	3	4
연공서열	3.895	3.421	2.391	4.550
종신고용	8.157	9.154	6.799	12.004
노동시간	12.247	15.211	11.676	17.997
급여수준	5.427	5.154	5.811	6.362
기업규모	9.750	7.614	7.010	10.868
자유재량	7.686	8.158	6.532	11.047
능력주의	11.473	14.936	11.674	16.765
귀속의식	3.993	.207	-.291	2.868
(상수)	-85.352	-89.341	-59.635	-142.805

Fisher의 선형 판별함수

이것이 Fisher의 분류함수이다.

분류함수에 의한 군집번호1의 중요항목 :

네 개의 분류함수 중에서 군집번호1의 계수가 큰 질문항목은 {연공서열 기업규모 귀속의식}이므로, 이 세 개의 질문항목이 중요항목이다. 따라서 군집번호1은 생활의 안정을 바라고 있는 것 같다.

분류함수에 의한 군집번호2의 중요항목 :

네 개의 분류함수 중에서 군집번호2의 계수가 큰 질문항목은 {종신고용 노동시간 자유재량 능력주의}이므로, 이 네 개의 질문항목이 중요항목이다. 따라서 군집번호2는 업무의 충실에 흥미가 있는 것 같다.

분류함수에 의한 군집번호3의 중요항목 :

네 개의 분류함수 중에서 군집번호3의 계수가 큰 질문항목은 {급여수준}뿐이다.

분류함수에 의한 군집번호4의 중요항목 :

네 개의 분류함수 중에서 군집번호4의 계수가 큰 질문항목은 거의 대부분이다. 군집번호4에는 적극성이라고 하는 것이 느껴진다.

힌트 : 판별분석의 판별방법

판별분석에는 선형판별함수에 의한 판별방법과 마하라노비스의 거리에 의한 판별방법의 두 종류가 있다. 이 두 가지 방법의 차이는 그룹 간의 경계선을 넣는 방식에 있다.

선형판별함수에 의한 경계선은 직선이지만, 마하라노비스의 거리에 의한 경계선은 그룹 간의 분류가 가능한 한 잘 되도록 곡선으로 한다.

힌트 : 마하라노비스의 거리

마하라노비스의 거리는 군집분석이나 판별분석에서 가장 많이 사용되는 거리개념으로서, 두 지점의 단순한 거리뿐만이 아니라, 변수의 특성을 나타내는 표준편차와 상관계수가 함께 고려된다는 특징을 가지고 있다.

군집분석을 실시하는 대부분의 경우, 군집분석을 실시하기 전에 모든 변수들을 평균이 0이고 분산이 1의 변환된 변수로 표준화시킨다. 마하라노비스의 거리는 변수들 사이의 표준편차와 상관관계를 고려하여 만들어진 거리로서, 만일 모든 변수가 표준화되어 있고 모든 변수들이 서로 독립적인 관계를 가지고 있다면, 마하라노비스의 거리는 유클리디안 거리와 일치하게 된다.

CHAPTER

15

비모수적 검정

CHAPTER 15 비모수적 검정

15.1 | 그룹 간의 차이 검정

앙케트 조사의 항목 2.1의 '전직희망'에서 전직하고 싶다고 생각하는 그룹과 전직하고 싶다고 생각하지 않는 그룹 사이에서는 항목 2.2의 '능력주의' "자신의 능력을 살리고 싶다"라고 하는 항목에 관해서 차이가 있을까?

전직하고 싶다고 생각하는 사람일수록 자신의 능력을 살리고 싶다고 생각하고 있을까?

항목 2.1 귀하는 장래 전직하고 싶다고 생각하십니까?
1. 생각한다 2. 생각하지 않는다

항목 2.2 귀하는 회사선택에 있어서 이하의 조건을 어느 정도 중시하십니까?

	중시하지 않는다	별로 중시하지 않는다	약간 중시 한다	중시 한다	
(7) 자신의 능력을 살릴 수 있을 것	1	2	3	4	(능력주의)

이와 같은 때는 비모수적 검정을 실시해 보자.

비모수적 검정에는

- Mann-Whitney의 검정 · · · · · · · · · 그룹 간에 대응 없음
- Kruskal-Wallis의 검정 · · · · · · · · · 그룹 간에 대응 없음
- Wilcoxon의 부호순위검정 · · · · · · · · 그룹 간에 대응 있음

등이 있다.

여기에서는 항목 2.1의 '전직희망'이 전직하고 싶다고 생각하는 그룹과 전직하고 싶다고 생각하지 않는 그룹과 같이 대응(對應)이 없는 두 개의 그룹으로 나누어져 있으므로, Mann-Whitney의 검정을 실시해 보자. 이 검정의 가설은

귀무가설 H_0 : 두 개의 그룹은 같다

대립가설 H_1 : 두 개의 그룹은 다르다

가 된다.

세 개 이상의 그룹 간 차의 검정을 실시하고 싶을 때는, Kruskal-Wallis의 검정을 실시한다. 대응이 없는 그룹의 경우 그룹 간의 조사회답자는 다른 사람이다.

반면에 대응이 있는 그룹의 경우 그룹 간의 조사회답자는 같은 사람이다.

> **힌트 : 모수적 검정과 비모수적 검정**
>
> 가설검정에서 계량치의 경우에는 정규분포를 가정해서 이론이 구축되어 있는 방법이 많고, 계수치의 경우에는 이항분포나 포아송분포가 가정되고 있다. 정규분포를 가정한 검정과 같이 어떤 특정의 분포를 가정한 검정을 **모수적 검정**(parametric test)이라고 부르고 있다. 이것에 비해서 정규분포와 같은 특정의 분포를 가정하지 않는 검정을 **비모수적 검정**(nonparametric test)이라고 부른다.

15.2 | 비모수적 검정의 실제

그룹이 두 개로 나누어져 있으므로, Mann-Whitney의 검정을 실시하기로 한다.

» SPSS의 순서

〈순서 1〉 데이터의 입력

<표 1.1>의 데이터를 입력한다.

	ID	성별	연령	결혼	고용형태	전직경험	전직희망	연공서열	종신고용	노동시간	급여수준	기업규모	자유재량
1	1	2	31	2	1	2	2	4	4	1	4	4	1
2	2	1	37	2	4	1	1	1	1	4	2	1	3
3	3	2	34	2	1	2	2	4	3	1	4	3	2
4	4	2	39	2	1	1	1	3	3	2	3	2	3
5	5	2	38	1	3	1	1	1	1	4	4	1	3
6	6	1	28	1	1	2	1	3	3	3	3	2	2
7	7	1	29	1	3	1	1	2	2	3	3	1	3
8	8	2	33	2	1	2	1	3	3	3	4	3	3
9	9	1	29	2	1	2	1	3	2	2	3	2	3
10	10	1	28	1	4	1	2	2	1	4	3	1	4
11	11	2	29	1	1	2	2	3	3	1	4	3	3
12	12	1	31	2	1	2	2	3	3	3	2	3	2
13	13	1	29	2	3	1	1	2	1	4	2	1	4
14	14	2	32	2	2	1	1	1	1	4	3	1	3
15	15	2	32	2	1	2	2	4	3	2	4	4	1

〈순서 2〉 분석수법의 선택

① 메뉴에서 [분석]-[비모수검정]-[독립표본]을 선택한다.

② 다음 화면에서 [사용자 정의에 의한 분석]을 선택한다. 그리고 [필드] 탭을 클릭한다.

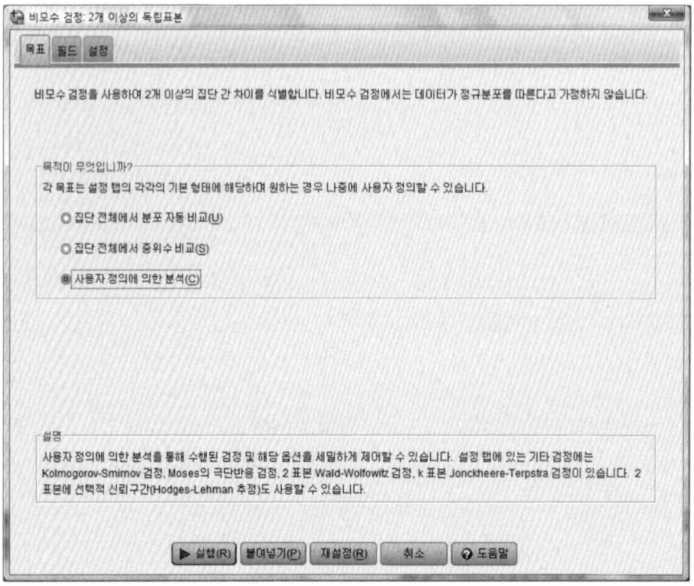

③ 다음 화면이 되면, 능력주의, 자유재량, 급여수준을 [검정 필드]로, 전직희망을 [집단]으로 이동한다. 자유재량, 급여수준을 추가로 선택했다. 그리고 [설정] 탭을 클릭한다.

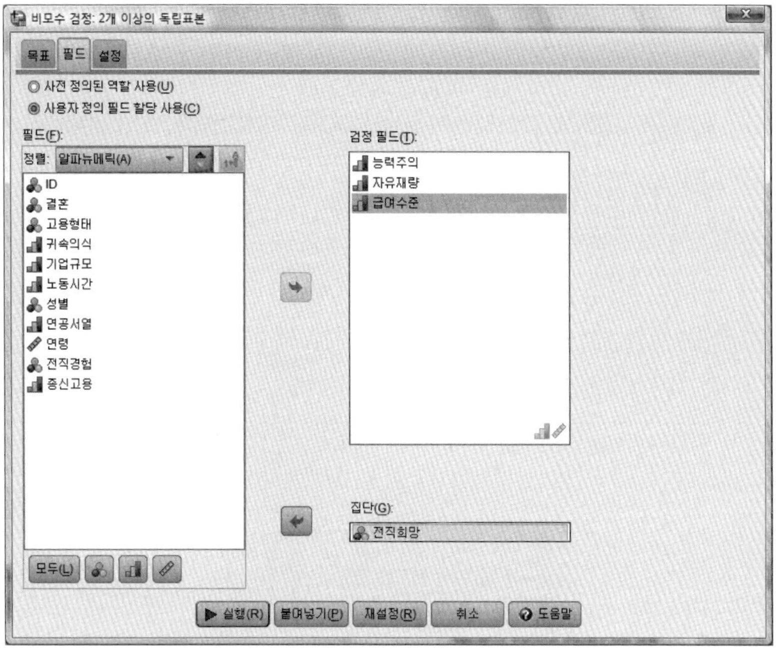

④ 다음 화면이 되면, [사용자 정의에 의한 검정]을 클릭한 다음 [Mann-Whitney의 U(2표본)]을 체크한다. 마지막으로 [실행]을 클릭한다.

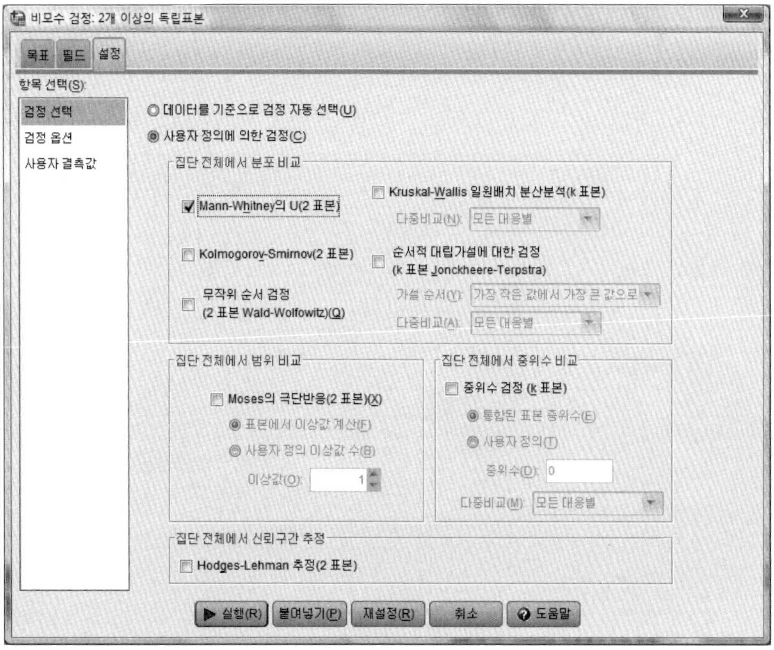

(주) Mann-Whitney의 검정과 Wilcoxon의 순위합검정은 같은 검정결과가 된다.

» **분석결과**

가설검정 요약

	영가설	검정	유의확률	의사결정
1	능력주의의 분포가 전직희망의 범주에서 같습니다.	독립표본 Mann-Whitney의 U 검정	.012	영가설을 기각합니다.
2	자유재량의 분포가 전직희망의 범주에서 같습니다.	독립표본 Mann-Whitney의 U 검정	.000	영가설을 기각합니다.
3	급여수준의 분포가 전직희망의 범주에서 같습니다.	독립표본 Mann-Whitney의 U 검정	.008	영가설을 기각합니다.

근사 유의확률이 표시됩니다. 유의수준이 .05입니다.

위 표의 각 행을 더블클릭하면 다음과 같은 표가 나타난다.

[능력주의]

독립표본 Mann-Whitney의 U 검정

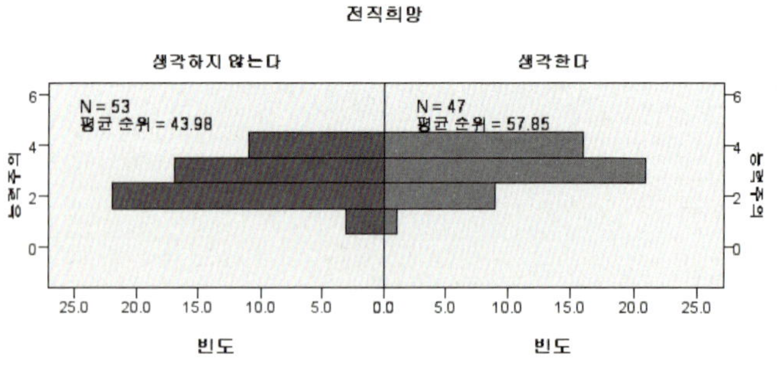

전체 N	100
Mann-Whitney의 U	900.000
Wilcoxon의 W	2,331.000
검정 통계량	900.000
표준오차	137.036
표준화된 검정 통계량	-2.521
근사 유의확률 (양측검정)	.012

능력주의의 유의확률 0.012 ≤ 유의수준 0.05이므로, 귀무가설 H_0는 기각된다.

다시 말하면, "전직하고 싶다고 생각하는 그룹과 전직하고 싶다고 생각하지 않는 그룹 사이에서는, 자신의 능력을 살리고 싶다고 하는 생각에 차가 있다"라고 하는 것을 알았다.

[자유재량]

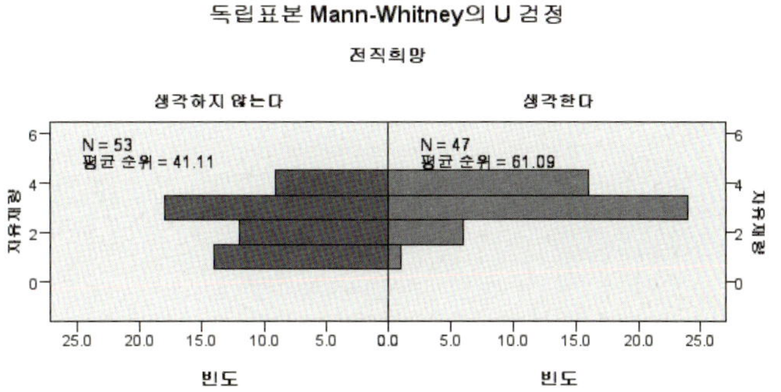

전체 N	100
Mann-Whitney의 U	748.000
Wilcoxon의 W	2,179.000
검정 통계량	748.000
표준오차	137.455
표준화된 검정 통계량	-3.619
근사 유의확률 (양측검정)	.000

[급여수준]

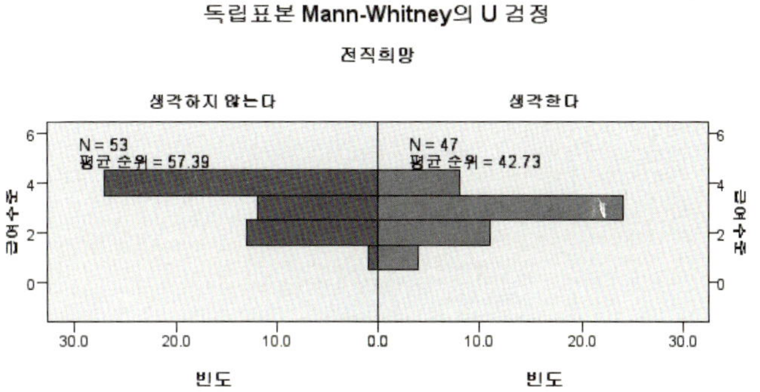

전체 N	100
Mann-Whitney의 U	1,610.500
Wilcoxon의 W	3,041.500
검정 통계량	1,610.500
표준오차	137.107
표준화된 검정 통계량	2.662
근사 유의확률 (양측검정)	.008

» **여성의 그룹과 남성의 그룹 사이에서는 능력주의에 대한 생각에 차가 있는지 어떤지 검정해 보자.**

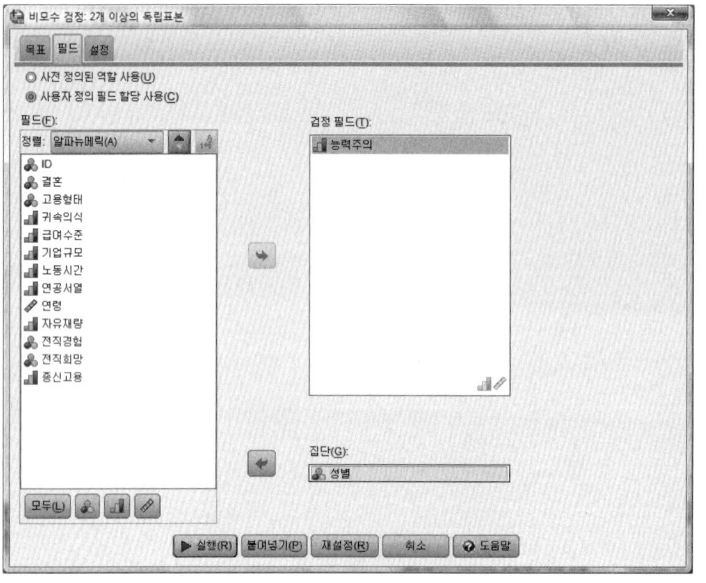

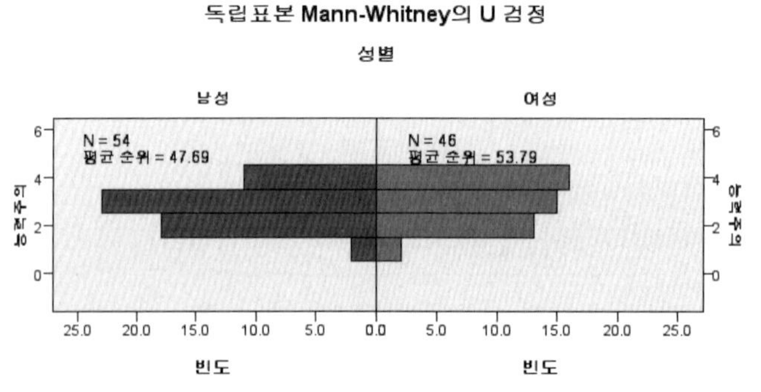

전체 N	100
Mann-Whitney의 U	1,090.500
Wilcoxon의 W	2,575.500
검정 통계량	1,090.500
표준오차	136.843
표준화된 검정 통계량	-1.107
근사 유의확률 (양측검정)	.268

유의확률 0.268 ≥ 유의수준 0.05이므로, 귀무가설 H_0는 기각되지 않는다. 즉, 여성의 그룹과 남성의 그룹 사이에서는 능력주의에 대한 생각에 차가 없다.

» **미혼 그룹과 결혼 그룹 사이에서는 급여수준에 대한 생각에 차가 있는지 어떤지 검정해 보자.**

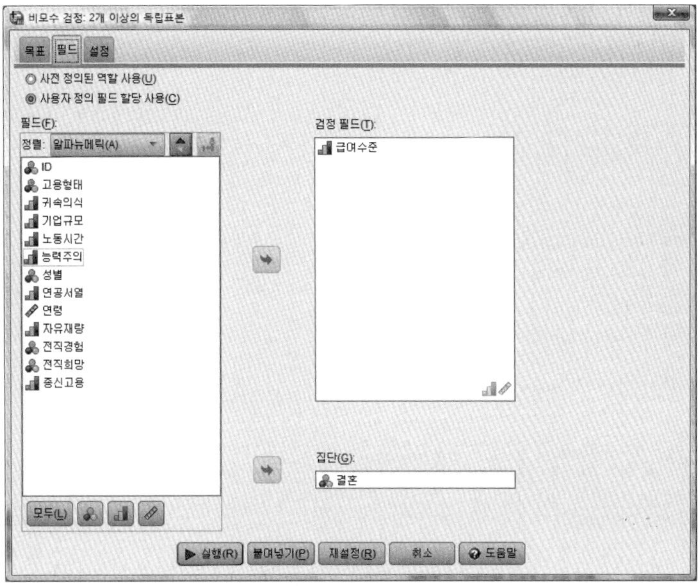

독립표본 Mann-Whitney의 U 검정

결혼

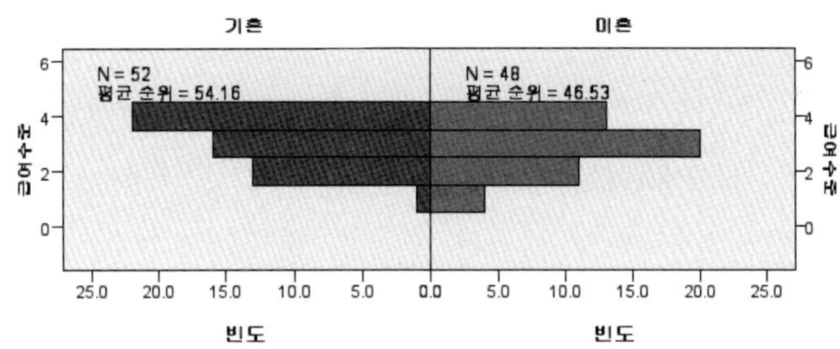

전체 N	100
Mann-Whitney의 U	1,438.500
Wilcoxon의 W	2,816.500
검정 통계량	1,438.500
표준오차	137.244
표준화된 검정 통계량	1.388
근사 유의확률 (양측검정)	.165

유의확률 0.165 ≥ 유의수준 0.05이므로, 귀무가설 H_0는 기각되지 않는다. 즉, 미혼 그룹과 결혼 그룹 사이에서는 급여수준에 대한 생각에 차가 없다.

» **전직경험이 있는 그룹과 없는 그룹 사이에서는 능력주의에 대한 생각에 차가 있는지 어떤지 검정해 보자.**

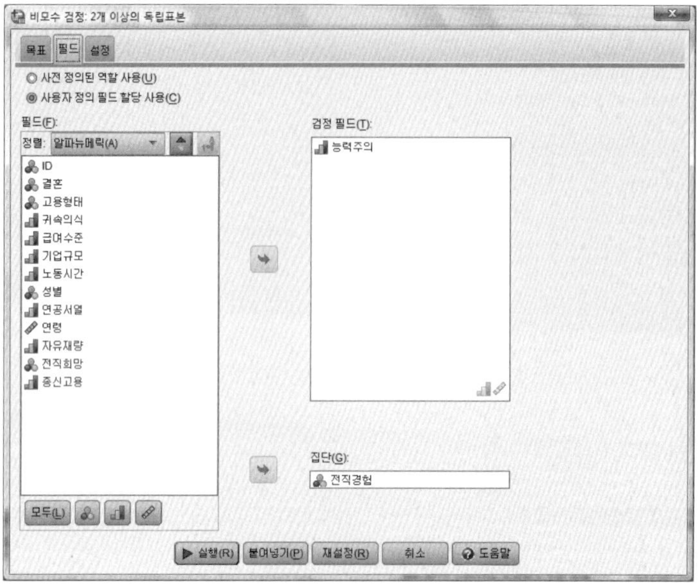

독립표본 Mann-Whitney의 U 검정

전직경험

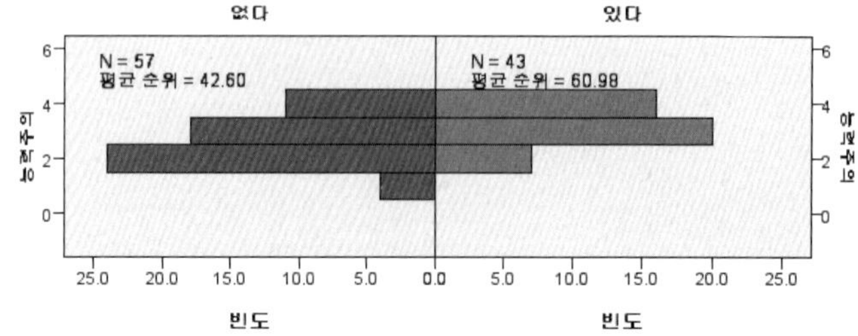

전체 N	100
Mann-Whitney의 U	775.000
Wilcoxon의 W	2,428.000
검정 통계량	775.000
표준오차	135.931
표준화된 검정 통계량	-3.314
근사 유의확률 (양측검정)	.001

유의확률 $0.001 \leq$ 유의수준 0.05이므로, 귀무가설 H_0는 기각된다. 즉, 전직경험이 있는 그룹과 없는 그룹 사이에서는 능력주의에 대한 생각에 차가 있다.

» **전직경험이 있는 그룹과 없는 그룹 사이에서는 급여수준에 대한 생각에 차가 있는지 어떤지 검정해 보자.**

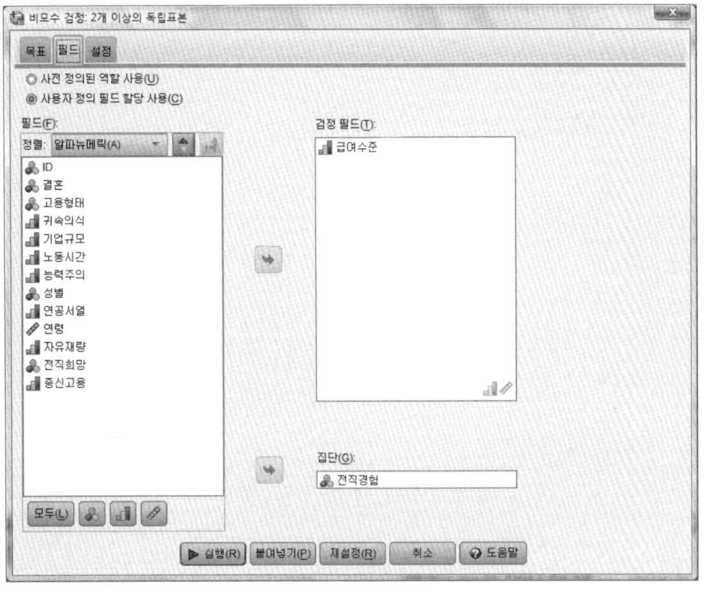

독립표본 Mann-Whitney의 U 검정

전직경험

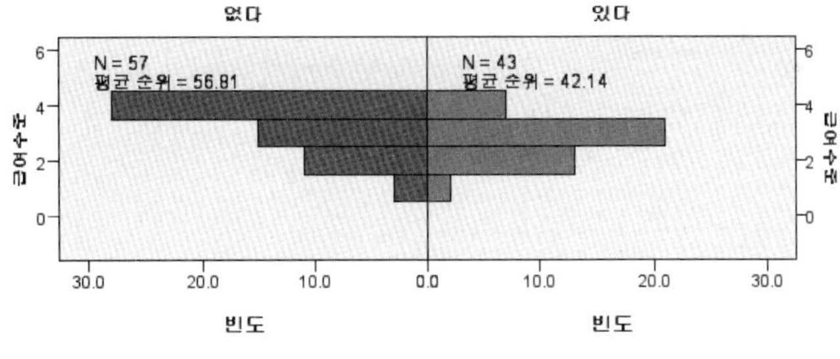

전체 N	100
Mann-Whitney의 U	1,585.000
Wilcoxon의 W	3,238.000
검정 통계량	1,585.000
표준오차	136.001
표준화된 검정 통계량	2.643
근사 유의확률 (양측검정)	.008

유의확률 $0.008 \leq$ 유의수준 0.05이므로, 귀무가설 H_0는 기각된다. 즉, 전직경험이 있는 그룹과 없는 그룹 사이에서는 급여수준에 대한 생각에 차가 있다.

» **전직경험이 있는 그룹과 없는 그룹 사이에서는 자유재량에 대한 생각에 차가 있는지 어떤지 검정해 보자.**

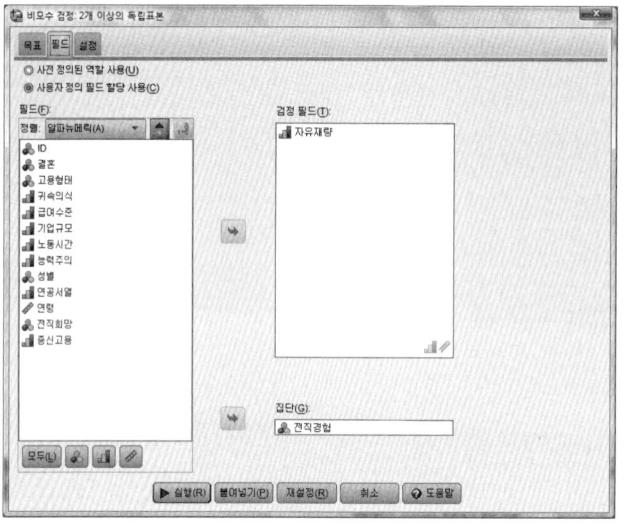

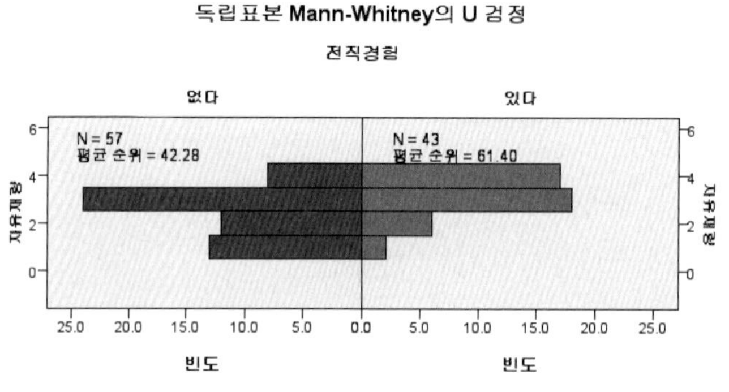

전체 N	100
Mann-Whitney의 U	757.000
Wilcoxon의 W	2,410.000
검정 통계량	757.000
표준오차	136.347
표준화된 검정 통계량	-3.436
근사 유의확률 (양측검정)	.001

유의확률 $0.001 \le$ 유의수준 0.05이므로, 귀무가설 H_0는 기각된다. 즉, 전직경험이 있는 그룹과 없는 그룹 사이에서는 자유재량에 대한 생각에 차가 있다.

» **전직경험이 있는 그룹과 없는 그룹 사이에서는 귀속의식에 대한 생각에 차가 있는지 어떤지 검정해 보자.**

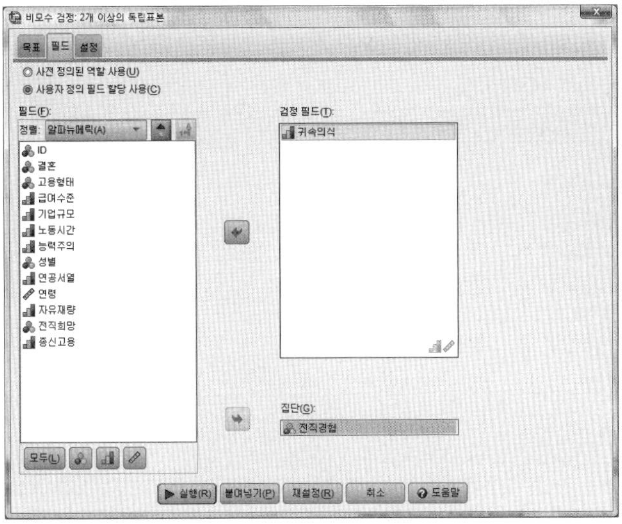

독립표본 Mann-Whitney의 U 검정

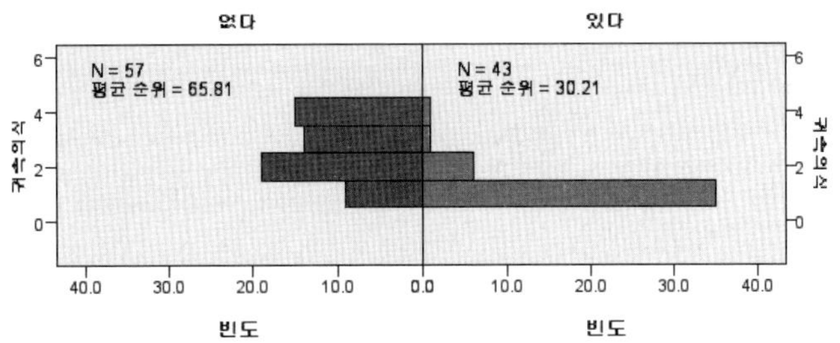

전체 N	100
Mann-Whitney의 U	2,098.000
Wilcoxon의 W	3,751.000
검정 통계량	2,098.000
표준오차	135.637
표준화된 검정 통계량	6.433
근사 유의확률 (양측검정)	.000

유의확률 0.000 ≤ 유의수준 0.05이므로, 귀무가설 H_0는 기각된다. 즉, 전직경험이 있는 그룹과 없는 그룹 사이에서는 귀속의식에 대한 생각에 차가 있다.

» **여성의 그룹과 남성의 그룹 사이에서는 귀속의식에 대한 생각에 차가 있는지 어떤지 검정해 보자.**

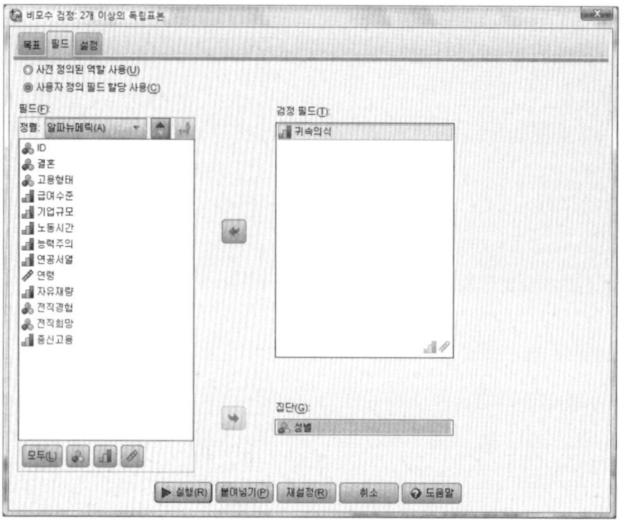

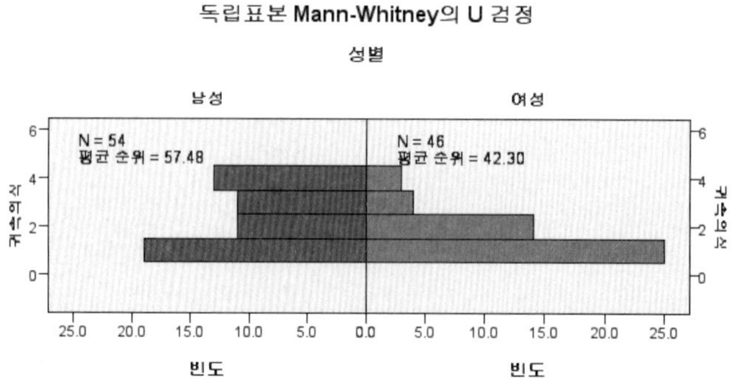

전체 N	100
Mann-Whitney의 U	1,619.000
Wilcoxon의 W	3,104.000
검정 통계량	1,619.000
표준오차	136.547
표준화된 검정 통계량	2.761
근사 유의확률 (양측검정)	.006

유의확률 0.006 ≤ 유의수준 0.05이므로, 귀무가설 H_0는 기각된다. 즉, 여성의 그룹과 남성의 그룹 사이에서는 귀속의식에 대한 생각에 차가 있다.

참고문헌

[국내문헌]

1. 강병서. 「인과분석을 위한 연구방법론」. 무역경영사, 1999.
2. 강병서·김계수. 「사회과학 통계분석」. 고려정보산업, 1998.
3. 노형진. 「EXCEL을 활용한 유형별 데이터의 통계분석」. 학현사, 2010.
4. 노형진. 「SPSS를 활용한 정성적 데이터의 통계분석」. 학현사, 2010.
5. 노형진. 「SPSS를 활용한 조사방법 및 통계분석」(제2판). 학현사, 2014.
6. 노형진 외 2인. 「SPSS를 활용한 일반선형모형 및 일반화선형혼합모형」. 학현사, 2013.
7. 노형진. 「SPSS를 활용한 분할표의 분석 및 대응분석」. 학현사, 2011.
8. 노형진·정한열. 「SPSS에 의한 통계분석 입문」. 한올출판사, 2008.
9. 노형진. 「SPSS를 활용한 주성분분석과 요인분석」. 한올출판사, 2014.
10. 노형진. 「SPSS를 활용한 회귀분석과 일반선형모형」. 한올출판사, 2014.
11. 노형진. 「다변량해석－질적 데이터의 수량화－」. 석정, 1990.
12. 송문섭·김계수. 「비모수통계학개론」. 자유아카데미, 1994.
13. 양병화. 「다변량 데이터 분석법의 이해」. 커뮤니케이션북스, 2006.
14. 이주일 옮김. Nicola Brace, Richard Kemp & Rosemary Snelgar. 「SPSS를 활용한 심리연구분석」(제2판). 시그마프레스, 2005.

[일본문헌]

1. 石村貞夫. 「SPSSによる統計處理の手順」. 東京圖書, 1995.
2. 石村貞夫. 「SPSSによる多變量データ解析の手順」. 東京圖書, 1998.
3. 石村貞夫. 「SPSSによる分散分析と多重比較の手順」. 東京圖書, 1997.
4. 石村貞夫. 「SPSSによる時系列分析の手順」. 東京圖書, 1999.
5. 石村貞夫. 「SPSSによるカテゴリカルデータ分析の手順」. 東京圖書, 2001.
6. 內田治. 「SPSSによるアンケートのコレスポンデンス分析」. 東京圖書, 2006.
7. 內田治. 「SPSSによるノンパラメトリック檢定」. Ohmsha, 2014.
8. 內田治. 「SPSSでやさしく學ぶアンケート處理」. 東京圖書, 2015.
9. 小林龍一. 「數量化入門」. 日科技連出版, 1981.
10. 芳賀·橋本. 「回歸分析と主成分分析」. 日科技連出版, 1980.
11. 林知己夫, 「數量化の方法」. 東洋經濟新報社, 1974.
12. 柳井·高木 編者. 「多變量解析ハンドブック」. 現代數學社, 1986.

[서양문헌]

1. Akaike, H. (1973). Information theory and an extension of the maximum likelihood principle. In Petrov, B. N. and Csaki, F.[Eds.], *Proceedings of the 2nd International Symposium Theory*. Budapest: Akademiai Kiado, 267~281.
2. Akaike, H. (1987). Factor analysis and AIC. *Psychometrika,* 52, 317~332.
3. Anderson, T. W. (1957). Maximun likelihood estimates for a multivariate normal distribution when some observations are missing. *Journal of the American Statistical Association*, 52. 200~203.
4. Anderson, T. W. (1984). *An introduction to multivariate statistical analysis*. New York: Wiley.
5. Beale, E. M. L. and Little, R. J. A. (1975). Missing values in multivariate analysis. *Journal of the Royal Statistical Society Series B*, 37, 129~145.
6. Bentler, P. M. (1980). Multivariate analysis with latent variables: Causal modeling. *Annual Review of Psychology*, 31, 419~456.
7. Diaconis, P. and Efron, B. (1993). Computer-intensive methods in statistics. *Scientific American*, 248(5), 116~130.

8. Kendall, M. G. and Stuart, A. (1973). *The advanced theory of statistics*. (vol. 2nd, 3rd edition). New York: Hafner.
9. Little, R. J. A. and Rubin, D. B. (1987). *Statistical analysis with missing data*. New York: Wiley.
10. Little, R. J. A. and Rubin, D. B. (1989). The analysis of social science data with missing values. *Sociological Methods and Research*, 18, 292~326.
11. Little, R. J. A. and Schenker, N. (1995). Missing data. In G. Arminger, C.C. Clogg and M.E. Sobel [Eds.] *Handbook of statistical modeling for the social and behavioral sciences*. New York: Plenum.
12. Mardia, K. V. (1970). Measures of multivariate skewness and kurtosis with applications. *Biometrika*, 57, 519~530.
13. Mardia, K. V. (1974). Applications of some measures of multivariate skewness and kurtosis in testing normality and robustness studies. *Sankhya*, Series B, 36, 115~128.
14. McDonald, R. P. and Marsh, H. W. (1990). Choosing a multivariate model: Noncentrality and goodness of fit. *Psychological Bulletin*, 107, 247~255.
15. Rubin, D. E. (1976). Inference and missing data. *Biometrika*, 63, 581~592.
16. Rubin, D. E. (1987). *Multiple imputation for nonresponse in surveys*. New York: Wiley
17. Schafer, J. L. (1997). *Analysis of incomplete multivariate data*. London, UK: Chapman and Hall.
18. Wothke, W. (1993). Nonpositive definite matrices in structural modeling. In Bollen, K.A. and Long, J.S. [Eds.], *Testing structural equation models* (pp. 256~293). Newbury Park, California: Sage.
19. Wothke, W. (1999). Longitudinal and multi-group modeling with missing data. In T.D. Little, K.U. Schnabel and J. Baumert [Eds.] *Modeling longitudinal and multiple group data: Practical issues, applied approaches and specific examples*. Mahwah, New Jersey: Lawrence Erlbaum Associates.

찾아보기

▸ ㄱ

검색방법 5
계통추출법 8
공변량 178
공분산 142, 147
공통요인 208
구체적인 앙케트 조사의 기획 7
군집분석 232, 253

▸ ㄷ

다단추출법 8
다른 조건에서의 로지스틱 회귀분석 185
다른 항목 사이의 독립성검정 172
다변량분석 138
다변량분석의 목적 138
다변량분석의 종류 138
다중분할표 105
다중응답 44
다지선택법 14
단순무작위추출법 7
단순집계 86
단순집계결과의 그래프화 112
단순집계의 방법 86
단일회답의 그래프화 112
대응분석 222
대응분석의 개요 223
대화상자나 출력결과의 변수 표시방법 35
데이터 편집기 24
데이터의 유형 26
데이터의 크리닝 58
덴드로그램 157
독립성검정 169
동질성검정 172

▸ ㄹ

로지스틱 회귀분석 178

▸ ㅁ

마이너스의 상관관계 146
마하라노비스의 거리 263
면접상황 기록표의 작성 13
모수적 검정 267
모수적 검정과 비모수적 검정 267

▸ ㅂ

범주별 상관계수의 산출 160
베리멕스 회전 211
변동 143
변수 유형 41
변수값 설명 43
변수의 설명 33
변수의 이름 32
변수의 이름 붙이기 32
보고서・논문의 작성 22
복수회답의 그래프화 125
복수회답의 단순집계 92
부정합의 발견 72
부정회답의 처리 58
분류와 판별 252
분산 142, 144
분산공분산행렬 150
분산공분산행렬과 상관행렬 197

분산공분산행렬로부터 출발하는 주성분분석 192
분할표 100, 168
분할표의 분석 168
분할표의 종류 104
분할표의 타입 105
비모수적 검정 266, 267
비용이나 시간의 검토 9

▸ ㅅ

산점도 145
삼중분할표 105
상관계수 149
상관도 145
상관분석 154
상관이 없다 146
상관행렬 150, 154
상관행렬로부터 출발하는 주성분분석 192
상관행렬에 의한 주성분분석 203
선행연구에 대한 조사 5
설문조사 데이터 26
순위법 14
순위회답의 그래프화 127
시계열 데이터 29
실험 데이터 27

▸ ㅇ

앙케트 4
앙케트 조사 2
앙케트 조사 결과 21
앙케트 조사 결과의 입력 55
앙케트 조사 관련자 9
앙케트 조사의 개시 21
앙케트 조사표 회수 시의 점검 21
앙케트 조사표의 배포와 회수의 방법 8
앙케트 조사표의 수정 17
앙케트 조사표의 수정 및 점검 17
앙케트 조사표의 완성 18
앙케트 조사표의 점검 17
앙케트 조사표의 표지 11
양자택일법 13
예측확률 179
요인분석 208
요인분석과 주성분분석의 차이 209
요인분석의 용도 209
요인의 회전 209
우송조사법 8
유치조사법 8
이상치나 입력 실수의 발견 61

▸ ㅈ

자동 코딩변경 88
자유기술법 14
자유도 144
작업 공정 경로도 2
잔류효과 17
전자조사법 9
전화조사법 8
정보량 143
정합성 72
조사 테마 · 연구 테마의 결정 5
조사결과의 집계 86
조사대상자의 선정 7
조사방법의 선정 7
조사원에 대한 교육과 앙케트 조사표의 배포 21
조사표의 작성 10
종합적 특성 190
주성분분석 190
주성분분석과 요인분석 191
주축 요인추출법 211
주축요인추출에 의한 요인분석 217
질문항목 작성상의 주의 15
질문항목의 작성 13
집계결과의 그래프 표현 112
집합조사법 9

▸ ㅊ

최대우도법 211
출력결과 34
층별한 분할표 105
층화추출법 8

▸ ㅋ

카이제곱 검정 169
컴플라이언스 16
크로스 집계 100
크로스 집계결과의 그래프화 128
크로스 집계표 100

▸ ㅌ

테마의 선정과 구체화 6
텍스트 마이닝 15
트리플 크로스 집계표 105

▸ ㅍ

판별분석 253
편차 143
편차제곱합 143
평정법 13
표준편차 144
표준화 151
표지의 작성 10
프로멕스 회전 211
프리터 16
플러스의 상관관계 146

▸ 2

2×2 분할표의 그래프화 128

▸ C

cluster analysis 232, 253
correlation coefficient 149
correlation matrix 150
correspondence analysis 222
covariate 178

▸ D

deviation 143
discriminant analysis 253

▸ F

face sheet 13
factor analysis 208

▸ K

Kendall의 순위상관계수 158
Kruskal-Wallis의 검정 267

▸ L

L×M 분할표의 그래프화 133

▸ M

Mann-Whitney의 검정 266
multistage extraction method 8
multivariate analysis 138

▸ N

nonparametric test 267

▸ P

parametric test 267
principal component analysis 190

▸ S

simple random sampling method 7
Spearman의 순위상관계수 158
standard deviation 144
standardization 151
stratified sampling method 8
system extraction method 8

▸ V

variance 144
variance-covariance matrix 150
variation 143

저/자/소/개

노형진

- 서울대학교 공과대학 졸업(공학사)
- 고려대학교 대학원 수료(경영학박사)
- 일본 쓰쿠바대학 대학원 수료(경영공학 박사과정)
- 일본 문부성 통계수리연구소 객원연구원
- 일본 동경대학 사회과학연구소 객원교수
- 러시아 극동대학교 한국학대학 교환교수
- 중국 중국해양대학 관리학원 객좌교수
- 국방과학연구소 연구원 역임
- 현재, 경기대학교 경상대학 경영학과 교수
  전공, 품질경영 · 기술경영 · 다변량분석(조사방법 및 통계분석)
- 중소기업청 Single-PPM 심의위원
- 대한상공회의소 심사위원·지도위원
- Single-PPM 품질경영연구회 회장
- 한중전략경영연구회 회장
- 한국제안활동협회 회장

▸ **주요저서**

- EXCEL을 활용한 앙케트 조사 및 분석(학현사)
- Amos로 배우는 구조방정식모형(학현사)
- SPSS를 활용한 분할표의 분석 및 대응분석(학현사)
- SPSS/Excel을 활용한 알기쉬운 시계열분석(학현사)
- SPSS를 활용한 정성적 데이터의 통계분석(학현사)
- SPSS를 활용한 조사방법 및 통계분석(제2판)(학현사)
- SPSS를 활용한 일반선형모형 및 일반화선형혼합모형(학현사)
- EXCEL에 의한 경영과학(한올출판사)
- SPSS를 활용한 회귀분석과 일반선형모형(한올출판사)
- SPSS를 활용한 주성분분석과 요인분석(한올출판사)
- Excel 및 SPSS를 활용한 다변량분석 원리와 실천(한올출판사)
- SPSS를 활용한 비모수통계분석 및 대응분석(지필미디어)

e-mail: hjno@kyonggi.ac.kr

SPSS를 활용한
앙케트의 통계분석

Statistical Analysis of Questionnaire using SPSS

발 행 일 2015년 11월 20일 초판 인쇄
저　　자 노형진
발 행 인 김성남
발 행 처 (주)지필미디어

주　　소 서울 서대문구 충정로6안길 29, 101호
전　　화 (02) 362-4504
팩　　스 (02) 393-4509
이 메 일 book@jiphil.co.kr
홈페이지 www.jiphil.co.kr

등록번호 제 312-1997-000043호 (1997년 07월 16일)
I S B N 979-11-86674-27-7 93310
편　　집 디자인 콤마
가　　격 25,000원